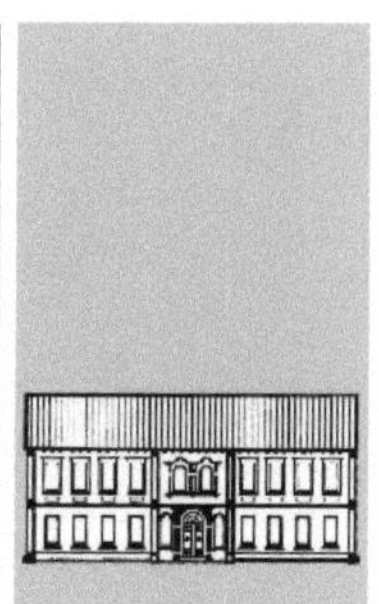

NORDFRIISK
INSTITUUT

Wegweiser zu den Quellen der Landwirtschaftsgeschichte Schleswig-Holsteins

Abschnitt VIII: Kreis Stormarn

Von
Harry Kunz

Herausgegeben vom Nordfriisk Instituut
in Zusammenarbeit mit dem Landesarchiv Schleswig-Holstein

Gedruckt im Rahmen der Förderung des Projekts „Wegweiser zu den Quellen der Landwirtschaftsgeschichte Schleswig-Holsteins“ durch die Stiftung Schleswig-Holsteinische Landschaft.

Umschlagbilder, geschaffen von Gerhard Bradt (1935–1996)
vorne: Torhaus des Gutes Tangstedt, Aquarell 1989
hinten: Portal des Herrenhauses Jersbek, Aquarell 1984
Gedruckt mit freundlicher Genehmigung der Redaktion des Jahrbuchs für den Kreis Stormarn.

Bibliografische Information Der Deutschen Bibliothek

Die Deutsche Bibliothek verzeichnet diese Publikation in der Deutschen Nationalbibliografie;

Nr. 146g

Herstellung: Books on Demand, Norderstedt
ISBN 978-3-88007-363-0

Inhaltsverzeichnis

	Vorbemerkungen	9
	Dr. Johannes Spallek: Geschichte Stormarns	11
I.	Methodischer Leitfaden und Quellenkunde	16
II. a	Orts- und Jurisdiktionsverzeichnis	27
II. b	Verzeichnis kleinerer Wohnplätze	41
II. c	Verzeichnis der adeligen Güter	45
III.	Quellenverzeichnis	46
	Herzogtum Holstein	46
	Amt Reinbek	49
	- Kirchspiel Alt-Rahlstedt	61
	- Kirchspiel Kirchsteinbek	63
	- Kirchspiel Siek	69
	Amt Reinfeld	71
	- Kirchspiel Hamberge	79
	- Kirchspiel Oldesloe	80
	- Kirchspiel Reinfeld	81
	- Kirchspiel Zarpen	89
	Amt Rethwisch	97
	- Kirchspiel Klein Wesenberg	101
	- Kirchspiel Oldesloe	103
	Amt Traventhal	107
	- Kirchspiel Oldesloe	113
	Amt Tremsbüttel	114
	- Kirchspiel Bargteheide	122
	- Kirchspiel Bergstedt	132
	- Kirchspiel Eichede	132
	Amt Trittau	135
	- Kirchspiel Eichede	149
	- Kirchspiel Kirchsteinbek	153
	- Kirchspiel Oldesloe	154
	- Kirchspiel Siek	155
	- Kirchspiel Trittau	156

Städte 162
- Ahrensburg 162
- Bad Oldesloe 163
- Bargteheide 168
- Glinde 168
- Reinbek 168
- Reinfeld 168

Stadt Hamburg 169
- Landherrenschaft der Geestlande 169

Adelige Güterdistrikte 176
Itzehoer Güterdistrikt 177
- Gut Ahrensburg 179
- Gut Blumendorf 192
- Gut Grabau 192
- Gut Hohenholz 193
- Gut Hoisbüttel 193
- Gut Höltenklinken 193
- Gut Jersbek 194
- Gut Krummbek 205
- Gut Mönkenbrook 205
- Gut Schulenburg 209
- Gut Stegen 209
- Gut Wulksfelde 211

Preetzer Güterdistrikt 213
- Gut Fresenburg 216
- Gut Nütschau 217
- Gut Tralau 218

Kanzleigüter 219
- Gut Silk 219
- Gut Tangstedt 221

Lübsche Güter 224
- Gut Trenthorst 225
- Gut Wulmenau 225

Lübecker Stadtstiftsdörfer 226
- Heiligengeist-Hospital 227
- Marienkirche 228
- Westerauer Stiftung 228

Fürstbistum Lübeck 229
Lübecker Domkapitel / Amt Großvogtei 230

Hamburger Domkapitel 238

IV. Literaturverzeichnis 239
- Geschichte, Landeskunde, Topographie, Übersichts- und Nachschlagewerke 239
- Landwirtschafts-, Familien- und Sozialgeschichte 242
- Recht und Verwaltung 247
- Steuerwesen 249
- Gedruckte Quellen, Quellenkunde, Statistiken, Archive und sonstige Hilfsmittel 250
- Haus- und Familiengeschichte, Ortschroniken 253

V. Anhang 263
Adressenverzeichnis 263
Abkürzungen 269

Vorbemerkungen

Die Landwirtschaft hat in Schleswig-Holstein nicht nur eine große ökonomische Bedeutung, sie darf, ja muss in einem agrarisch geprägten Land auch als besonderes Kulturgut betrachtet werden. Allerdings befindet sich dieses Gut in großer Gefahr, spätestens seit dem zügigen Voranschreiten der europäischen Vereinheitlichung und vermehrt im Zuge der aktuellen Globalisierungsbestrebungen. „Die Kenner der ländlichen Arbeits- und Lebensverhältnisse vor den großen Agrarstrukturreformen werden nicht jünger, bei den folgenden Generationen sind bereits erhebliche Wissenslücken über die früheren Zustände festzustellen“, betonte vor einigen Jahren Staatssekretär a. D. Brar C. Roeloffs. 1996 gab er am *Nordfriisk Instituut* in Bredstedt den Anstoß für ein Projekt zur Sicherung des landwirtschaftlichen Kulturgutes. Für die finanzielle Förderung konnte die Stiftung Schleswig-Holsteinische Landschaft gewonnen werden. Dankenswerterweise hält sie dem Vorhaben unentwegt die Treue!

Angestrebt wurden zunächst Höfe-Archive, doch erwiesen sich bald die „Wegweiser“ als der praktikablere Weg zu den reichlich vorhandenen Quellen im Lande, vorwiegend im Landesarchiv Schleswig-Holstein. Es galt vor allem, die historischen und oft nicht leicht durchschaubaren Jurisdiktionsverhältnisse, die sich zum Leidwesen vieler Interessierter in den Ordnungsprinzipien der Archive widerspiegeln, aufzuschlüsseln und so vor allem der Gruppe der Laienforscherinnen und -forscher einen Erfolg versprechenden Einstieg in ihr Quellenstudium zu ermöglichen.

Als Resultate wurden im Verlag *Nordfriisk Instituut* in Zusammenarbeit mit dem Landesarchiv Schleswig-Holstein zwischen 1998 und 2007 die „Wegweiser zu den Quellen der Landwirtschaftsgeschichte“ für die Kreise Nordfriesland (ISBN 3-88007-259-0, 20,35 Euro), Dithmarschen (ISBN 3-88007-276-0, 20,35 Euro), Schleswig-Flensburg (ISBN 3-88007-289-2, 20,35 Euro), Ostholstein (ISBN 3-88007-303-1, 19,90 Euro), Plön (ISBN 3-88007-321-X, 24,00 Euro), Steinburg (ISBN 978-3-88007-340-1, 29,80 Euro) und Segeberg (ISBN 978-3-88007-354-8, 27,90 Euro) veröffentlicht.

Als achtes Ergebnis des landesweiten Projektes liegt nun der Wegweiser für den Kreis Stormarn vor. Aufbau und Gliederung entsprechen den bisher erschienenen Bänden:

Teil I führt in die Thematik ein, deutet Erfolg versprechende Vorgehensweisen bei der Haus- und Höfeforschung an und skizziert die wichtigsten Quellen zur Landwirtschaftsgeschichte.

Das Orts- und Jurisdiktionsverzeichnis in Teil II befasst sich mit jenen Eigenheiten der Archive, die durch die Aufteilung des Landes unter verschiedene Obrigkeiten in vorpreußischer Zeit entstanden sind. Um an die richtigen Aktenfundstellen zu gelangen, muss man die verschiedenen historischen Verwaltungs- und Gerichtszuständigkeiten im Forschungsgebiet kennen.

Teil III beinhaltet das umfangreiche Quellenverzeichnis. Es dient als Bestellkatalog für die der landwirtschaftlichen Geschichtsforschung zur Verfügung stehenden Archivalien.

Teil IV ist ein Literaturangebot. Auf den Abschnitt „Haus- und Familiengeschichte, Ortschroniken“ sei besonders hingewiesen. Das Verzeichnis ist umfangreich, eine Garantie auf Vollständigkeit kann jedoch nicht gegeben werden.

Ein ganz besonderer Dank gilt erneut Brar C. Roeloffs sowie der Stiftung Schleswig-Holsteinische Landschaft für die finanzielle Förderung des Projekts. Dem Landesarchiv Schleswig-Holstein und seinen Mitarbeiterinnen und Mitarbeitern sei gedankt für die Bereitstellung der auszuwertenden Findmittel. Frau Dernehl und Frau Modersitzki leisteten ausgezeichnete Betreuung im Lesesaal.

Mit freundlicher Erlaubnis des Autors Dr. Johannes Spallek konnte diesem Band ein Abriss zur Geschichte Stormarns vorangestellt werden. Wertvolle Anregungen insbesondere für das Literaturverzeichnis kamen erneut von Prof. Dr.-Ing. Klaus Timm.

Besonders gedankt sei dem *Nordfriisk Instituut*, insbesondere Institutsdirektor Prof. Dr. Thomas Steensen und Geschäftsführerin Marlene Kunz für die logistische und verlagstechnische Betreuung des Projekts. Dank gilt darüber hinaus all jenen, die mit Gesprächen, Hinweisen und Ratschlägen die Sicherung des Kulturguts Landwirtschaft auf ihre Weise unterstützten.

Allen interessierten Forscherinnen und Forschern sei so viel Ausdauer und Energie gewünscht, wie sie für die Auswertung der für den Kreis Stormarn reichlich vorhandenen Quellen benötigen. Bewahren Sie sich Geduld und Beharrlichkeit und lassen Sie nicht den Kopf hängen, wenn das erste Quellenstudium nicht gleich den erhofften Erfolg bringt! Versuch und Irrtum, das liegt in der Natur der Sache, werden auch künftig die Beschäftigung mit historischem Material begleiten. Mit Hilfe des Wegweisers allerdings sollten Sie zumeist die richtige Spur verfolgen – es gilt nur noch fündig zu werden.

Bredstedt im Februar 2011
Harry Kunz

Johannes Spallek

Geschichte Stormarns

Geschichte bis zur Gründung des Kreises 1867

Mit Eroberung der nordelbischen Gebiete durch Kaiser Karl den Großen wird das Gebiet des heutigen Landkreises Stormarn Teil der deutschen Reichsgeschichte. Stormarn bildete nördlich der Elbe den östlichen sächsischen Grenzgau und wurde Teil der konfliktreichen Entwicklungen zu den östlich des Limes Saxioniae wohnenden Wenden. Der Name „Stormarn" leitet sich vom Stammesnamen „Sturmarii" ab.

Stormarn war zusammen mit Holstein und Dithmarschen einer der drei sächsischen Gaue nördlich der Elbe. Der Gau erstreckte sich östlich etwa von der Krückau und dem Kisdorfer Wohld bis östlich zum Asbrook-Sachsenwald. Den Mittelpunkt bildete Hamburg.

Nach sächsischer Verfassung stand dem Gau ein Overbode vor; die ihm unterstellten Boden verwalteten die sogenannten Gauviertel. Zusammen mit Holstein wurde das Stormarner Kerngebiet Bestandteil der Grafschaft Holstein-Stormarn, die 1111 den Schauenburgern als Lehen übertragen wurde. Seit 1189 führte Adolf III. von Schauenburg „Stormarn" auch als Herrschaftstitel. Unter den Schauenburgern dürfte sich die Kirchspieleinteilung herausgebildet haben, u. a. mit den Kirchspielen Rellingen, Eppendorf, Nienstetten, (Kirch-) Steinbek, und im Zuge der späteren Osterweiterung mit den Kirchspielen Bergstedt, Siek sowie Trittau, Lütjensee und Bargteheide. Je erfolgreicher der Selbstständigkeitsprozess der Stadt Hamburg verlief, umso mehr verlor Stormarn seinen Hauptort. Nach der erneuten Herrschaftssicherung der Schauenburger in der Schlacht von Bornhöved 1227 bauten sie ihre Herrschaft und Verwaltung in Stormarn weiter aus.

Im 13. Jahrhundert blühten das um 1187 gegründete Kloster Reinfeld und das um 1227 gegründete Kloster Reinbek auf. Die Landesteilungen unter den Nachkommen Graf Adolf IV. in verschiedene Linien des Grafenhauses führten de facto zur Auflösung der Grafschaft in einzelne Teilbereiche und schließlich zur Teilung in den Anteil Holstein-Pinneberg, der westlich und nördlich von Hamburg lag, und in den östlichen Anteil der Plöner Linie, was 1306 zur Grenzziehung entlang der Alster und am 15. April 1322 zum Friedensschluss von Oldesloe führte.

Der Tausch der Burg und Vogtei Arnesvelde gegen Reinfelder Landbesitz in Trittau durch den Landesherrn Graf Johann III., dem Milden, führte zur Gründung der Vogtei Trittau. Die ehemaligen Verwaltungszentren Arnesvelde, Spökelburg (bei Steinbek) und Oldenburg (bei Boberg) verloren ihre Bedeutung. Auch die Burgen des Landadels in Wohltorf und Stegen sowie in Linau und Steinhorst im Lauenburgischen versuchte der Landesherr mit Hilfe der Hansestädte Hamburg und Lübeck in ihrem Machtpotential zu mindern bzw. zu zerstören.

In die Fehde der Hamburger Bürgerschaft mit dem Hamburger Domkapitel wurden vierzehn Stormarner Dörfer hineingezogen; es kam zu Verheerungen und Verwüstungen.

Um 1349/50 wütete wie in ganz Nordeuropa auch in Stormarn die Pest. Die Städtepolitik der Schauenburger mit den Hansestädten Hamburg und Lübeck führte zu deren praktischer Selbstständigkeit. Die Förderung von kleineren Landstädten brachte nur bedingt Erfolge. So gewährten die Schauenburger der Stadt Oldesloe, die eine wichtige Zollstelle an der Transitstrecke zwischen Hamburg und Lübeck beherbergte, im 14. Jahrhundert die Münzhoheit. Trotz des Umschlagplatzes an der Trave blieb Oldesloe im Mittelalter eine kleine Ackerbürgerstadt.

Nach dem Aussterben der Schauenburger Grafenfamilie bekam Stormarn mit dem Ripener Vertrag 1460 König Christian I. von Dänemark als neuen Landesherrn. Obwohl mit der Neubildung des Herzogtums Holstein die Grafschaft Stormarn aufgelöst wurde, führte die Königsfamilie der Oldenburger den Grafentitel für „Stormarn“ kontinuierlich weiter und betonte diesen Herrschaftsanspruch zusätzlich durch die Neuschaffung eines eigenständigen Siegelemblems und Wappens. Erst Königin Margrethe II. von Dänemark gab 1972 offiziell den Herrschaftsanspruch über die Grafschaft Stormarn auf.

Die Reformation setzte im Kloster Reinbek früh ein, das sich 1528/29 auflöste. Besitzungen und Rechte übernahm der Landesherr König Friedrich. 1543 besetzten Lübecker Streitkräfte die Vogtei und Burg Trittau (Krim) und zerstörten die Gebäude des aufgelassenen Klosters Reinbek. Bei der Landesteilung 1544 erhielt Herzog Adolf I. von Gottorf u. a. die stormarnschen Ämter Reinbek, Trittau und Tremsbüttel. Das Kloster Reinfeld wurde erst 1582 aufgelöst. Seine Besitzungen fielen an die Plöner Linie der Gottorfer. Wie Herzog Adolf zusätzlich zur schon bestehenden Burg Trittau in Reinbek sein Schloss als Herrschaftsrepräsentanz errichtete (1572–78), so bauten auch die Plöner Schloss Reinfeld (1599–1604). Die Reformation brachte mit den neuen kirchlichen Verhältnissen auch eine neue Sozialstruktur einer adlig ständisch geprägten Gesellschaft.

Adlige Güter entstanden mit ihrer nahezu autonomen Rechtsstruktur, z. B. durch Peter Rantzau in Wandsbek und Heinrich Rantzau in Nütschau (1577 Bau des Herrenhauses) oder in Ahrensburg, wo die ehemalige Klostervogtei Woldenhorn an Daniel und später Peter Rantzau fiel und 1595 das repräsentative Renaissanceschloss errichtet wurde. Später bildeten sich u. a. die Güter Blumendorf, Fresenburg, Jersbek und Tralau. Im Gut Ahrensburg kam es zu Bauernrevolten zur Zeit der Leibeigenschaft aufgrund unsozialer Verhältnisse (1718–42).

Stormarn wurde wiederholt in die europäischen machtpolitischen Konflikte hineingezogen. Die Bevölkerung litt unter den kriegerischen Auseinandersetzungen in Folge der verschiedenen europäischen Allianzen, u. a. zwischen Dänemark und dem deutschen Reich gegenüber Schweden und Frankreich als Hauptpartner. Im Dreißigjährigen Krieg schlugen Wallensteins Truppen 1627 während der Erpressungsverhandlungen mit Hamburg ihr Hauptquartier im Schloss Trittau auf. Die kaiserlichen Truppen plünderten Stormarn. Im Karl-Gustavschen- und im Polacken-Krieg, dem Zweiten Schwedisch-Polnischen

Erbfolgekrieg 1657/1658, war Stormarn enorm hohen Kontributationsforderungen der Schweden ausgesetzt. Aufgrund seiner militärstrategischen Lage als Einfallstor nach Schleswig-Holstein und Jütland oder als Sammelplatz von Armeen für Feldzüge in den europäischen Festlandkontinent kam es im Nordischen Krieg zu verheerenden Folgen für die Bevölkerung.

Im Friedensvertrag von 1720 verloren die Gottorfer Herzöge ihren Anteil an der gemeinsamen Regierung des Herzogtums Schleswig. Der 20-jährige Herzog Karl-Friedrich setzte auf das erstarkte Russische Reich und ging für längere Zeit nach Russland. 1739 starb er in Rohlfshagen. Mit seinem Sohn, der 1742 Zar Peter III. wurde, begann für Stormarn die großfürstliche Zeit, die bis 1773 dauerte, als Katharina die Große von Russland auf alle Gottorfer Anrechte in Holstein und in Stormarn zugunsten des Königs von Dänemark verzichtete. Staatsrechtlich gehörte das Herzogtum Holstein und damit Stormarn weiter zum Deutschen Reich, jedoch unter gesamtstaatlicher dänischer Regierung. In der zweiten Hälfte des 18. Jahrhunderts führte die große Agrarreform zur Verkoppelung, die den Weg für ein Privateigentum der Bauern bahnte. Die ländlichen Lebensverhältnisse verbesserten sich wesentlich.

Barocke Zeugnisse der Herrenhauskultur sind der große Jersbeker Park (1726–40) des Bendix v. Ahlefeldt und die umfassenden Modernisierungen ab 1765 in Ahrensburg durch Heinrich Carl Schimmelmann. Wandsbek mit Matthias Claudius und Tremsbüttel mit Christian Graf zu Stolberg-Stolberg bildeten im letzten Viertel des 18. Jahrhunderts Zentren literarisch-gelehrter Gesellschaften. In Trittau wirkte Joachim Heinrich Campe 1783–86.

Die Napoleonischen Kriege überzogen Stormarn erneut mit großen Verheerungen, als im Winter 1812/13 Hamburg als französische Festung von den Truppen der großen Allianz belagert wurde. Infolge der Kontinentalsperre kam der internationale Handel zum Erliegen, und die etwa 30 Kupfermühlen in Stormarn stellten ihren Betrieb ein. Nur wenige überdauerten mit geänderter Funktion wie die Papiermühle in Grönwohld und die Farbholz-Mühle in Glinde. Die großen Forderungen der Französischen Revolution nach gesellschaftlicher Verbesserung und dem Ruf nach einer aufgeklärten bürgerlichen Gesellschaft gingen am dänischen Gesamtstaat nicht spurlos vorbei. Nachdem bereits in einigen Ämtern und Gütern in Stormarn die Leibeigenschaft aufgehoben worden war, erfolgte ihre gesetzliche Aufhebung in Holstein 1805.

Im Jahr 1813 wurde die Allgemeine Schulordnung eingeführt, die das Einrichten von Gelehrten-, Bürger- und Landschulen vorsah. Mit dem *Oldesloer Privilegirten Wochenblatt* erschien 1839 eine Zeitung, die bis heute als *Stormarner Tageblatt* über Politik und Regionales berichtet.

Das Pionierprojekt einer ersten Eisenbahn zwischen Hamburg und Lübeck in den 1830er Jahren verhinderte die dänische Verwaltung. Stattdessen kam es 1840 zum Chausseebau der Strecke Lübeck–Oldesloe–Elmenhorst–Altona und 1843 zum Abzweig von Elmenhorst über Ahrensburg, Wandsbek nach Hamburg. An der Eisenbahnstrecke Hamburg–Berlin gelegen, erhielt Reinbek 1846 als erster Stormarner Ort einen Bahnanschluss. Die direkte Verbindung zur Großstadt Hamburg legte die Grundlage für die Entwicklung zum bevorzugten Villenvorort. Erst 1865 wurde die Eisenbahnverbindung Hamburg–Lübeck eröffnet. Weitere Linien folgten, u. a. 1907 die Südstormarnsche Kreisbahn von Trittau nach Hamburg, was die Verkehrsanbindungen erheblich verbesserte. Die Industrialisierung begann in der zweiten Hälfte des 19. Jahrhunderts in unmittelbarer Nachbarschaft zu Hamburg: Wandsbek, Sande und Schiffbek.

Der Kreis Stormarn ab 1867

1867 annektierte Preußen Schleswig-Holstein und führte die Gewerbefreiheit und die preußische Kommunalverfassung ein. Der preußische Landkreis Stormarn in der Provinz Schleswig-Holstein entstand als Verwaltungsgebiet mit einer Fläche von 927 km² und als moderne kommunale Gebietskörperschaft für 67 281 Einwohner. Wilhelm von Levetzau, der letzte Amtmann der Ämter Reinbek, Trittau und Tremsbüttel, wurde erster Landrat von Stormarn. Sein Dienstsitz Schloss Reinbek blieb zunächst Landratsamt. 1873 wurde die Kreisverwaltung nach Wandsbek verlegt und verblieb auch dort, als Wandsbek 1901 eigener Stadtkreis wurde. Eine Modernisierung der Infrastruktur setzte mit dem Ausbau von Straßen, Eisenbahn, Schulwesen und öffentlichen Versorgungsbetrieben ein. So schuf der Kreis Stormarn 1913 mit der Überlandleitung einen kreiseigenen Betrieb zur elektrischen Stromversorgung fast des gesamten ländlichen Raumes. Ebenfalls 1913 wurde die Kreissparkasse Stormarn gegründet.

Die Versorgungsnotlage des Ersten Weltkriegs weitete sich aus und bedingte neben Inflation, Bankenkrach und Wirtschaftskrise die großen sozialen Probleme: Arbeitslosigkeit, verstärkt durch aus Hamburg zugezogene Arbeitslose, nicht ausreichender Wohnraum sowie unzureichende kommunale Finanzen kennzeichneten die 1920er Jahre in Stormarn. Die allgemeine Wohlfahrtspflege wurde eine der wichtigsten Selbstverwaltungsaufgaben wie z. B. die Einrichtung von Notküchen 1924. Weitere Maßnahmen waren der Wohnungsbau sowie der Ausbau von Infrastruktur. 1928 baute der Kreis in Bad Oldesloe das Kreiskrankenhaus. Im selben Jahr gründeten sich die Verkehrsbetriebe des Kreises Stormarn, die den ländlichen Raum durch Autobuslinien erschlossen.

Die Verfassung der Weimarer Republik hatte erstmals demokratische Wahlen für Männer und Frauen zugelassen. In Stormarn kam es analog zum Deutschen Reich zum Aufbau demokratischer Strukturen und zur Gründung von Parteien. Mehrfach fanden politisch bedingte Putschversuche oder Aufstände statt, z. B. der rechtsgerichtete Kapp-Putsch (1920) und der kommunistische Hamburger Aufstand (1923).

Die nationalsozialistische Gewaltherrschaft setzte 1933 mit obrigkeitsstaatlichen Maßnahmen ein. Hatte das Unterelbegebietsgesetz (1927) für Stormarn nur geringe Gebietsabgaben gebracht, führte das Groß-Hamburg-Gesetz (1937) zum Verlust des industriell-gewerblichen Hamburg-Randgebiets. Stormarn trat die Landgemeinden Bergstedt, Billstedt, Bramfeld, Duvenstedt, Hummelsbüttel, Lemsahl-Mellingstedt, Lohbrügge, Poppenbüttel, Rahlstedt,

Sasel, Steilshoop und Wellingsbüttel an Hamburg ab. Die Übernahme von Großhansdorf-Schmalenbeck konnte den großen Bevölkerungsverlust nicht ausgleichen. Die Kreiseinwohnerzahl fiel von ursprünglich 131 000 auf rund 60 300 Einwohner.

Zur Verkehrsverbesserung sowie im Hinblick auf Planungen zum Zweiten Weltkrieg wurde die Autobahn Hamburg-Lübeck 1937 fertiggestellt. Mit der H. Walter KG in Ahrensburg und der Kurbelwellenwerk GmbH des Krupp-Konzerns (Essen) in Glinde produzierten zwei namhafte Betriebe für die Rüstung. Sie konnten ebenso wie Landwirtschaft, Handwerk, Gewerbe und Kommunen nur mit Hilfe von über 8 000 Zwangsarbeitenden die Produktion aufrechterhalten. In Folge des Bombenkriegs wurde 1943 nach der Ausbombung des Stormarnhauses die Kreisverwaltung in das Kreisgebiet verlegt und 1944 in Bad Oldesloe zusammengefasst, das 1949 endgültig Kreisstadt wurde. Durch die Aufnahme von Bombenflüchtlingen aus Hamburg ab 1943 und Flüchtlingen und Vertriebenen verdoppelte sich die Einwohnerzahl des Kreises Stormarn bis 1945.

In den Nachkriegsjahrzehnten veränderte Stormarn rasant seine soziale Struktur. Begünstigt durch die Nähe zur Industrie- und Handelsmetropole Hamburg entwickelte sich der Kreis seit den 1970er Jahren zu einem der bedeutendsten gewerblich-industriellen Räume Schleswig-Holsteins. Die Gemeinden in Hamburger Randlage verzeichneten enorme Steigerungen der Einwohnerzahlen. Die Verstädterung schlug sich in den Stadtrechtsverleihungen nieder: Ahrensburg 1949, Reinbek 1952, Bargteheide 1970 und Glinde 1979. Zwar verlor Stormarn 1970 die wirtschaftsstarken Gemeinden Harksheide und Glashütte an den Kreis Segeberg durch das Norderstedt-Gesetz. Der Siedlungsdruck, der Prozess der gewerblich-industriellen Suburbanisierung sowie die Steigerung der Bevölkerungszahlen gingen dennoch stetig weiter. Zählte Stormarn 1972 noch 163 000 Einwohner, so stieg die Zahl 1982 auf 192 000 und 2002 auf 221 000. Eher ländlich-agrarisch geprägt blieben Teile des nordstormarnschen Raumes um Bad Oldesloe und den ehemaligen Luftkurort Reinfeld. Heute gehört Stormarn in der übergreifenden Landesplanung zur Metropolregion Hamburg.

(Der Beitrag wurde mit freundlicher Genehmigung des Autors dem Stormarn-Lexikon, Neumünster 2003, entnommen: Dr. Johannes Spallek: Stormarn, Geschichte, S. 346–351.)

Teil I: Methodischer Leitfaden und kleine Quellenkunde

Auch der achte „Wegweiser zu den Quellen der Landwirtschaftsgeschichte Schleswig-Holsteins“ wendet sich in erster Linie, doch nicht ausschließlich, an die wachsende Schar engagierter Hobbyforscherinnen und -forscher im Lande. Er befasst sich mit dem Kreis Stormarn und enthält die vor allem im Landesarchiv Schleswig-Holstein reichlich vorhandenen Akten und Unterlagen zu den Themen „Haus- und Höfeforschung“ bzw. „Landwirtschaftliche Geschichtsschreibung“ sowie Tipps und Ratschläge im Umgang mit der Fülle des historischen Materials.

Wir unterstellen dabei, dass das Beschaffen von Unterlagen ab dem 20. Jahrhundert keine großen Schwierigkeiten bereiten wird, da z. B. sämtliche Veränderungen am Grundeigentum in den Grundbüchern festgehalten werden. Deshalb konnte auf die nach 1900 entstandenen Quellen in dem Wegweiser weitgehend verzichtet werden. Für die Zeit davor jedoch sind die Dokumentations- und Überlieferungsverhältnisse wesentlich undurchsichtiger, was die Arbeit an Ortschroniken oder bei der Höfeforschung auf vielfältige Weise erschwert. Mittels einer ausführlichen Dokumentation der für die landwirtschaftliche Geschichtsforschung in Frage kommenden Quellen und dem Angebot weiterer Hilfsmittel will Sie der „Wegweiser“ bei Ihrer Arbeit mit dem Archivmaterial unterstützen.

Bevor Sie mit der Erforschung historischer landwirtschaftlicher Verhältnisse beginnen, sollten Sie sich unbedingt nach bereits geleisteten Vorarbeiten zum Thema umsehen. Das *Literaturverzeichnis* (Teil IV) hält hierzu u. a. eine große Auswahl von Chronikarbeiten zu vielen Ortschaften des Kreisgebietes parat. Ein Studium der für Sie interessanten Werke bringt Sie vielleicht schon auf eine erste heiße Spur zu Ihrem Forschungsobjekt, zumindest jedoch werden Sie interessante Einblicke in die methodische Arbeitsweise Ihrer Vorgänger erhalten. Den aktuellsten Überblick zum Thema verschaffen Sie sich am besten bei einem Besuch im Kreisarchiv in Bad Oldesloe[1], wo man Sie auch auf Neuerscheinungen aufmerksam machen kann.

Bei der Haus- und Höfeforschung scheint es am sinnvollsten, mit der Arbeit von der Gegenwart auszugehen und mit der *Recherche vor Ort* zu beginnen. Das gilt auch für den Fall, dass Sie nicht der Besitzer des Forschungsobjektes sind. Bevor Sie Ämter oder Archive um Akteneinsicht bemühen, fragen Sie auf dem Hof nach alten Dokumenten nach und versuchen Sie, damit die Geschichte des Hauses so weit wie möglich zurückzuverfolgen.[2] Eine gewisse Hartnäckigkeit bei der Suche nach alten Unterlagen könnte sich dabei durchaus lohnen, weshalb man seiner Phantasie beim Aufspüren von Aktenverstecken keine Grenzen setzen sollte. Es ist zu empfehlen, Dachböden, Keller, Schuppen, Abstellräume, Kammern,

---

[1] Adressen von Ämtern und Institutionen finden Sie ab Seite 263.

[2] Vgl. Ute Neuhaus-Schröder (Hrsg.): Heimatforschung in Schleswig-Holstein. Handbuch für Chronisten, Regionalforscher und Historiker, Husum 2001; Peter Ingwersen (Hrsg.): Methodisches Handbuch für Heimatforschung, Schleswig 1954.

Schränke und Truhen genauestens zu inspizieren, denn das amtliche „Ersatz“material wird sehr wahrscheinlich viel nüchterner ausfallen als private Dokumente. Tagebucheintragungen z. B. könnten einen schlichten Kaufvertrag um allerhand Interessantes über die Umstände seines Zustandekommens bereichern und amtliche oder juristische Fakten zu einem lebendigen Stück Vergangenheit werden lassen.

Wenn alle Möglichkeiten vor Ort ausgeschöpft sind, ziehen Sie eine erste Bilanz und versuchen dann, die sich abzeichnenden Dokumentationslücken mit Hilfe der Archive zu schließen. Stellen sich zur Hofgeschichte für das 20./21. Jahrhundert noch Fragen bezüglich der Besitzerfolge oder zeigen sich Unklarheiten bei der Hofgröße oder bei der Lage der dazugehörigen Ländereien, so lassen sich diese Mängel am ehesten mit einem Blick in die entsprechenden *Grundbuch- und Katasterunterlagen* beseitigen. Die für Ihre Forschungsvorhaben zuständigen Grundbuchämter finden Sie bei den Amtsgerichten Ahrensburg, Lübeck, Norderstedt und Reinbek (siehe Teil II. a).

In ein Grundbuch können Sie problemlos Einsicht nehmen, wenn Sie ein „berechtigtes Interesse“ nachweisen. Dies ist selbstverständlich dann der Fall, wenn Sie als Eigentümer einer Immobilie Ihre eigenen Unterlagen einsehen möchten. Berechtigten Zugriff können aber auch Personen erhalten, die juristisch oder geschäftlich mit dem fraglichen Objekt betraut sind, oder jemand, der Rechte aus der zweiten oder dritten Abteilung (siehe unten) des Grundbuchblatts ableiten kann. Will man sich als Forscher mit anderen als seinen eigenen Grundakten beschäftigen, so empfiehlt es sich, Vollmachten zur Akteneinsicht von den betroffenen Eigentümern einzuholen. Wer z. B. aus wissenschaftlichen Gründen generellen Zugang zu den Grund- und Liegenschaftsbüchern erhalten will, muss eine Genehmigung des zuständigen Gerichts einholen. In unserem Fall ist dazu ein formloser Antrag an den Präsidenten des Landgerichts Lübeck zu stellen.

Grundstücke sind laut Bürgerlichem Gesetzbuch (§ 905) ein abgegrenzter Teil der Erdoberfläche und müssen in einem Grundbuch registriert werden, um Klarheit über die Rechtsverhältnisse zu schaffen.[3] Die Grundbücher werden von Grundbuchämtern geführt. Sie sind alphabetisch geordnet nach Gemarkungen, die aber nicht immer identisch sind mit den Namen der heutigen politischen Gemeinden. Genaue Auskunft darüber erteilt das Katasteramt, wie weiter unten gezeigt wird.

Jedes Grundstück erhält im Grundbuch ein Grundbuchblatt mit der Grundbuchnummer. Kennt man diese Nummer und die Gemarkung, auf der das Grundstück liegt, dann findet man das gewünschte Grundbuch am schnellsten. Eine zweite Zugriffsmöglichkeit ist die, mit Namen und Geburtsdatum des Besitzers über den Bestandskatalog zu der jeweiligen Grundbuchnummer zu gelangen.

Ein Grundbuch besteht aus dem Deckblatt, dem Bestandsverzeichnis und drei Abteilungen.

---

[3] Zum Grundbuch und zur Grundbuchordnung (GBO) vgl. Manfred Bengel und Franz Simmerding: Grundbuch, Grundstücke, Grenze, 3. Aufl., Neuwied/Frankfurt a. M. 1989 sowie im Internet: www.Grundbuch.de.

Das Deckblatt ist der Ort für besondere Vermerke über das Grundeigentum (z. B. über Denkmalschutz). Interessant könnte dabei die Eintragung „Hof gemäß der Höfeordnung" sein. In einem solchen Fall haben wir es mit einem auf besondere Weise geschützten landwirtschaftlichen Objekt zu tun. So ist beim Ableben des Hofbesitzers nicht etwa dessen Testament ausschlaggebend für die Erbfolge, sondern ein vom Landwirtschaftsgericht auszustellendes Hoffolgezeugnis. Dieses attestiert, dass der Hof in wirtschaftlich relevanter Größe erhalten bleibt und auf einen geeigneten Nachfolger übergeht. Zu Lebzeiten des Hofbesitzers kann dies mit Hilfe eines Überlassungsvertrages geregelt werden. Entschließt sich ein Landwirt zur Auflösung seines Hofes, wird die Eintragung auf dem Deckblatt des Grundbuchblattes gelöscht.

Das Bestandsverzeichnis enthält die Daten aus dem Katasteramt. Sie betreffen die vermessungstechnische Größe und Lage des Grundeigentums. Wir werden später darauf zurückkommen.

In der ersten Abteilung des Grundbuches stehen Angaben über die Eigentumsverhältnisse und die Erwerbsgründe wie z. B. Kauf, Erbe, Flurbereinigung, freiwilliger Tausch usw.

Die zweite Abteilung führt Belastungen und Verfügungsbeschränkungen auf, soweit diese keine Grundpfandrechte betreffen. Hier sind etwa Abmachungen zum Altenteil, über persönliche Dienstbarkeiten, Nießbrauch usw. festgehalten – auch und gerade für den Sozialforscher ein geeignetes Betätigungsfeld.

Die dritte Abteilung dokumentiert die Grundschulden und Hypotheken, mit denen das Grundeigentum belastet ist.

Parallel zum Grundbuchblatt wird die Grundakte geführt. Sie ist eine Art Protokollbuch und enthält alle Originalurkunden und Anträge, die zu einem Eintrag in das Grundbuchblatt geführt haben. Diese Grundakte ist für Forschungszwecke das weitaus interessantere Dokument, und in der chronologischen Ordnung rückwärts gehend stößt man dort schließlich auf das Eröffnungsdatum des Grundbuches. Die wichtigste Eintragung für uns ist dabei der Verweis auf die Folio-Nummer in einem der Schuld- und Pfandprotokolle der Vorgrundbuchzeit. Wir befinden uns hier an der Schnittstelle zwischen der Einführung der Grundbücher etwa ab 1886 durch die preußischen Amtsgerichte und den vielfältigen Jurisdiktionen unter königlicher, herzoglicher, bischöflicher und anderer Obrigkeit in der Zeit davor.

Bevor Sie nun Ihren Forschungsschwerpunkt z. B. ins Landesarchiv und damit zu den älteren Quellen verlagern, sollten Sie eventuell noch einen Blick in das *Katasteramt* in Lübeck werfen. Es ist neben dem Grundbuchamt eine weitere wichtige Institution zur Verwaltung von Liegenschaften. Das Katasteramt führt „das amtliche Verzeichnis aller Grundflächen eines Landes, das als Grundlage für das Grundbuch und für die Bemessung der Grundsteuer dient".[4] Dazu gehören die Flurkarte und das Liegenschaftsbuch.

[4] Brockhaus-Enzyklopädie, 21. Aufl., Band 14, Mannheim 2006.

Etwa zur Zeit der Einführung des Grundbuches wurde auch das Land neu vermessen. Diese sogenannte Stückvermessung lieferte die Daten für die – natürlich laufend fortgeschriebenen – Flurkarten. Sie enthalten in Maßstäben von 1:500 bis 1:5000 Angaben über Grenzen, Abmarkungen und Nummern von Flurstücken sowie über Gebäude, Nutzungsarten und Bodenschätzungsmerkmale. Diese Daten gehen, wie oben bereits angedeutet, in das Bestandsverzeichnis des Grundbuchblattes ein und bilden somit den beschreibenden Teil des Grundbuches.

Aus der Flurkarte erfährt man z. B. auch den Namen der Gemarkung, unter welcher ein bestimmtes Grundbuch eingeordnet ist. Auf diese Weise lassen sich Probleme bei der Bezeichnung von ehemaligen Gemarkungen und heutigen politischen Gemeinden zweifelsfrei aufklären. Die Flurkarten dienen dem Nachweis von Liegenschaften und bilden die Grundlage für den zweiten Teil des katasteramtlichen Verzeichnisses, das Liegenschaftsbuch.

Im Liegenschaftsbuch finden Sie die personenbezogenen Angaben zum Eigentümer des betreffenden Grundstücks. Der Eigentumsnachweis gründet sich auf eine entsprechende Eintragung in einem der sogenannten Flurbücher, auch Grundsteuermutterrollen genannt, aus der Zeit vor Einführung des Grundbuchs.

Um diese alten Listen der Gebäude- und Grundsteuerpflichtigen und die oben bereits erwähnten Schuld- und Pfandprotokolle einsehen zu können, wenden wir uns nun den verschiedenen historischen Archiven zu. Den Weg zu den benötigten Unterlagen zeigt Ihnen das *Orts- und Jurisdiktionsverzeichnis* (Teil II. a in diesem Buch). Zur Benutzung des Verzeichnisses müssen Sie nur wissen, in welchem Ort Ihr Forschungsobjekt liegt oder lag.

In der ersten Spalte des Verzeichnisses finden Sie in alphabetischer Reihenfolge die Ortschaften der früheren Ämter Reinbek, Reinfeld, Rethwisch, Traventhal, Tremsbüttel und Trittau sowie der adeligen Güter und weiterer Jurisdiktionsbezirke. Als Unterlagen für die Erstellung des Orts- und Jurisdiktionsverzeichnisses dienten die Topografien von Johannes v. Schröder/Hermann Biernatzki und Henning Oldekop[5] sowie Angaben des Statistischen Landesamtes[6]. Sollten Sie hier eine Angabe vermissen, so handelt es sich dabei sehr wahrscheinlich um eine kleinere Siedlungseinheit, einen Wohnplatz, eine Streusiedlung, einen einzelnen Hof usw. Zur Abklärung solcher Fragen wurde ein *Wohnplatzverzeichnis*[7] entwickelt, das die kleineren Wohnplätze jeweils einem Ort aus Spalte 1 zuordnet. Allerdings kann hier keine Vollständigkeit garantiert werden.

In der zweiten Spalte finden Sie die verschiedenen Verwaltungs- und Jurisdiktionsverhältnisse, die in den einzelnen Ortschaften im Laufe der Jahrhunderte herrschten. Diese zu kennen

[5] Johannes v. Schröder und Hermann Biernatzki: Topographie der Herzogthümer Holstein und Lauenburg, des Fürstenthums Lübeck und des Gebiets der freien und Hanse-Städte Hamburg und Lübeck, Oldenburg (Holstein) 1855; Henning Oldekop: Topographie des Herzogtums Holstein, 2 Bände, Kiel 1908.

[6] Statistisches Landesamt Schleswig-Holstein (Hrsg.): Die schleswig-holsteinischen Kreise und Verzeichnis der Gemeinden nach der Gebietsreform vom 26.4.1970, Kiel 1970; dass. (Hrsg.): Die Bevölkerung der Gemeinden in Schleswig-Holstein 1867–1970 (Historisches Gemeindeverzeichnis), Kiel 1972.

[7] Das Wohnplatzverzeichnis finden Sie auf Seite 41 ff. Es wurde mit den gleichen Hilfsmitteln erstellt wie das Orts- und Jurisdiktionsverzeichnis.

ist wichtig, weil die historischen Archive nicht „nach topographischen Gesichtspunkten, nach Landesteilen, Landschaften oder Orten, auch nicht nach einzelnen Personen, Familien oder Geschlechtern gegliedert"[8] sind, sondern nach dem Provenienz- oder Herkunftsprinzip. Das bedeutet, dass die Archive nach den alten Behörden (Ämter, Landschaften, Kirchspiele, adelige und kirchliche Güterdistrikte etc.) geordnet sind und es zum Auffinden der Akten unerlässlich ist, über die ehemaligen Verwaltungseinheiten genaue Kenntnis zu haben. Die weltlichen Kirchspiele bildeten die untersten Verwaltungs- und Gerichtsinstanzen, in denen u. a. auch Akten entstanden, die landwirtschaftliche Verhältnisse betrafen. Ein weltliches Kirchspiel konnte, musste aber nicht identisch sein mit dem geistlichen Kirchspiel, das all jene Orte und Wohnplätze umfasste, die einem bestimmten Pastorat zugeordnet waren.

Die Seitenzahlen zeigen Ihnen, wo überall im *Quellenverzeichnis* (Teil III) Sie nachschlagen müssen, um keine der in den Archiven vorhandenen Unterlagen bei Ihren Nachforschungen zu vergessen.

Zur Erstellung des Quellenverzeichnisses wurden die für das Gebiet des heutigen Kreises Stormarn zuständigen Archive – allen voran das Landesarchiv Schleswig-Holstein in Schleswig (LAS) – nach relevanten Unterlagen zur Erforschung der Landwirtschaftsgeschichte untersucht. Im Kreisarchiv Stormarn (KrAS) ist die Bestandsgruppe A „Vorpreußische Verwaltungen und Fremdprovenienzen bis 1867" von Interesse. Sie ist leider nicht erschlossen und konnte somit keinen Eingang in das Quellenverzeichnis finden. Es liegt aber eine Bestandsliste vor, die mit Hilfe des Archivpersonals in Bad Oldesloe eingesehen werden kann. Besonders aufmerksam machen möchte ich Sie auf den Bestand „KrAS S 100 Stormarner Lebensläufe". Es handelt sich um rund 150 Interviews, die u. a. Einblicke in das Landleben vor und nach dem Zweiten Weltkrieg geben.

Einige Gutsarchive sowie die Stadtarchive von Ahrensburg, Bad Oldesloe, Bargteheide, Glinde und Reinbek wurden im Landesarchiv in Schleswig verzeichnet und mikroverfilmt und als „LAS, Fremde Archive" in den Wegweiser aufgenommen.

Eine wertvolle erste Quelle können auch die Objekt- bzw. Gebäudeakten insbesondere von Höfen sein, die die Untere Denkmalschutzbehörde bei der Kreisverwaltung Stormarn in Bad Oldesloe angelegt hat.

Falls Sie Kontakt mit den genannten Archiven aufnehmen wollen, finden Sie die nötigen Angaben im Adressenverzeichnis im Anhang des Wegweisers. Weitere Hilfe und Anleitung geben Ihnen gerne die jeweils zuständigen Archivpfleger. Auch der schleswig-holsteinische Archivführer kann weiterhelfen.[9] Damit sollten alle zugänglichen Archivalien zum Thema erfasst worden sein.

---

[8] Gottfried Ernst Hoffmann: Der Weg zu den archivalischen Quellen der Heimat- und Landesforschung. In: Peter Ingwersen (Hrsg.): Methodisches Handbuch für Heimatforschung, Schleswig 1954, S. 26.

[9] Veronika Eisermann und Hans Wilhelm Schwarz (Bearb.): Archive in Schleswig-Holstein, Schleswig 1996 (= Veröffentlichungen des Schleswig-Holsteinischen Landesarchivs, Band 43); fortgeschrieben im Internet unter www.archive.schleswig-holstein.de.

Das Quellenverzeichnis wurde systematisch gegliedert nach den früheren politischen und juristischen Verwaltungseinheiten im Herzogtum Holstein. Den genauen Aufbau entnehmen Sie bitte dem Inhaltsverzeichnis des Wegweisers.

Beim Umgang mit dem Quellenverzeichnis sollten Sie unbedingt darauf achten, mit welchem Archiv Sie es zu tun haben. Damit es nicht zu Verwechslungen kommt, wurden die Akten archivweise gebündelt, obwohl sie thematisch sehr gut zu Akten eines anderen Archivs passen oder diese ergänzen. So finden sich z. B. Kaufkontrakte sowohl im Landesarchiv Schleswig (LAS) als auch in Gutsarchiven. Fremde Archive (aus Sicht des Landesarchivs) wurden im Wegweiser kursiv gesetzt. Im Anschluss an die Archivbezeichnung sehen Sie eine Abteilungsnummer oder eine Abteilungsbezeichnung und schließlich die Bestellnummer(n) der Akte(n). Es folgen weiter die Bezeichnung der Akte und der Zeitraum, in den die Vorgänge in der Akte fallen. Wenn Sie die Angaben aus dem Quellenverzeichnis exakt übernehmen, sollten Sie bei der Aktenbestellung in den Archiven aber keine Probleme bekommen.

Schnell werden Sie feststellen, dass der Umfang an interessanten Akten in einigen Verwaltungseinheiten so groß ist, dass eine thematische Untergliederung nötig und sinnvoll erschien. Aus gleich noch näher zu erläuternden Gründen sind die Schuld- und Pfandprotokolle (SchuPfPr) diejenige Quellengruppe, mit der Sie sich zuerst beschäftigen sollten. Weitere Themenbereiche bilden die Amtsrechnungen, das Steuerwesen, das Landwesen einschließlich der Akten über Pachtverhältnisse sowie die Durchführung der Verkoppelung, Erb-, Testaments- und Vormundschaftssachen, die Brandkataster und schließlich statistische Erhebungen wie Volks- und Viehzählungen. Innerhalb der einzelnen Themenblöcke wurden die Akten chronologisch geordnet.

Wie bereits angedeutet, liefern die Grundakten mit Angabe einer Folio-Nummer den Anschluss an die *Schuld- und Pfandprotokolle*, die man als deren Vorläufer ansehen kann. Sie liegen in umfangreichen Bändereihen im Landesarchiv und können in der Regel bis etwa 1650 zurückverfolgt werden. Seitdem besteht ein Eintragungszwang für alle Schulden und Verträge. Je nach Anlageform hat jeder Hof (Realfolium) oder jeder Besitzer (Personalfolium) sein Folium (Blatt), auf welchem alle Veränderungen des unbeweglichen Vermögens festgehalten werden mussten.

Protokolliert wurde z. B. der Kauf einer Immobilie und die dafür eventuell benötigten Kredite, die eingegangenen Bürgschaften oder sämtliche vermögensrechtlichen Verträge, die nötig waren, wenn ein Grundstück seinen Besitzer wechselte. Bei Besitzvererbung war fast immer ein Abnahmevertrag zu schließen und zu dokumentieren, beim vorzeitigen Tode eines Ehepartners und vor dessen zweiter Heirat wurde das Erbe der Kinder aus erster Ehe in einem Aussagebrief oder Setzungskontrakt festgehalten und gesichert.

Die gehaltvollere Geschichtsquelle stellen aber die parallel zum Protokollbuch geführten Neben- oder Kontraktenbücher – verschiedentlich auch als Obligations- oder Expeditionsprotokolle bezeichnet – dar, die die Urkunden und Verträge über die Besitzverhältnisse im vollen Wortlaut enthalten und viele Details beispielsweise über Hofinventare oder Hinterlassenschaften bereit halten.[10] Hier ist die Fülle des bevölkerungs-, familien-, kultur- und (land)wirtschaftsgeschichtlichen Geschehens festgehalten, und es lassen sich interessante Einblicke in die jeweiligen Verhältnisse der Familien, aber auch allgemein des Dorfes und der Zeit gewinnen.

Der Umgang mit Protokoll und Nebenbuch wird durch Querverweise erleichtert. Eine Notiz am Ende der Eintragung im Schuld- und Pfandprotokoll verweist auf die entsprechende Stelle im dazu gehörenden Nebenbuch. Das bedeutet, dass Sie im Nebenbuch den Vorgang im vollen Wortlaut aufgeschrieben finden. Umgekehrt steht auch hinter der Abschrift im Nebenbuch ein Verweis auf das zum Vorgang gehörende Protokoll. Auf dieser Seite findet man auch den Hinweis auf eine vorangegangene Eintragung zu dieser Immobilie in einem früheren Schuld- und Pfandprotokoll und kann sich so zielstrebig in die Vergangenheit zurückarbeiten.

Eine manchmal ärgerliche Eigenheit der Schuld- und Pfandprotokolle besteht in der Tatsache, dass das Nebenprotokoll und das entsprechende Folium im Schuld- und Pfandprotokoll nicht vom gleichen Schreiber und auch nicht immer zur gleichen Zeit verfasst wurden. Es ist deshalb möglich, dass Sie auf unterschiedliche Angaben stoßen. In solchen Fällen ist es gut zu wissen, dass die verbindliche Aussage im Nebenbuch steht, von dem der Grundbesitzer auch immer eine Abschrift erhalten hat.[11]

Nach der Auswertung der Schuld- und Pfandprotokolle wird die Forschung schwieriger und vielfach auch unsicherer.[12] Hauptsächlich gilt es nun, den im ältesten vorhandenen Schuld- und Pfandprotokoll ermittelten Besitzer in einer der *Amtsrechnungen* wiederzufinden.

Die Amts- und Gutsrechnungen sowie die Rechnungsbücher der Klöster sind aus zwei Gründen für den Forscher besonders wertvoll: Zum einen setzen sie meist schon im 16. Jahrhundert ein und reichen bis zur Einführung der preußischen Landgemeindeordnung 1867. Vor allem für die Zeit des 16. und 17. Jahrhunderts, in der in Schleswig-Holstein die sonstige Überlieferung vielfach lückenhaft ist, bilden sie eine wichtige Quelle. Zum anderen wurden sie regelmäßig und jährlich geführt, was bedeutet, dass hier ein dichter Quellenbestand überliefert ist, dessen Wahrheitsgehalt kaum angezweifelt werden muss.[13]

„Die Amtsrechnungen sind die jährlichen Rechnungslegungen der Amtsverwalter über ihre Einnahmen und Ausgaben.“[14] Sie bestehen aus einem Rechnungsband und einem mehr oder minder umfangreichen Stapel von Beilagen, die oftmals detaillierte Ausführungen

---

[10] Otto Thiesen: Das Schuld- und Pfandprotokoll als Quelle der Familienforschung. In: Jahrbuch des Heimatvereins der Landschaft Angeln, Band 3, Kappeln 1932, S. 48–54.

[11] Otto Clausen: Die Bedeutung der Schuld- und Pfandprotokolle für die Hof- und Familienforschung. In: Busdorfer Hefte 1 (1988), S. 42–48.

[12] Gottfried Ernst Hoffmann: Der Weg zu den archivalischen Quellen ..., S. 29.

[13] Silke Göttsch: Möglichkeiten der Erfassung und Auswertung von Amtsrechnungen. In: KBlV XV (1983), S. 163–172.

[14] Kurt Hector: Zur Verwaltung und Rechtspflege in Schleswig-Holstein vor 1864. In: Peter Ingwersen (Hrsg.): Methodisches Handbuch für Heimatforschung, Schleswig 1954, S. 119–135; Zitat S. 128.

zu den im Rechnungsbuch aufgeführten Posten enthalten. „Jeder Rechnungsband enthält einen Einnahme- und einen Ausgabeteil. Die Einnahmen bestehen aus den Landsteuern der Bauern, den Verbittelsgeldern der landlos ansäßigen Bevölkerung, den Pachten aus herrschaftlichen Besitzungen wie Mühlen, Vorwerken, Schäfereien, den Abgaben an herrschaftliche Zollstellen, der Brüchdingung, also den Strafgeldern aus der niederen Gerichtsbarkeit, und den sogenannten zufälligen, also nicht regelmäßigen Einnahmen, wie z. B. aus Verkäufen von Holz oder Strandgut.“[15]

Eine Amtsrechnung gibt Aufschluss über die Anzahl der Hufner, Kätner und Insten im Dorf, die Namen derselben, ihre Abgaben und Leistungen und vieles mehr. Sie verzeichnet namentlich die Steuerzahler für die einzelnen Abgaben, und die Einhaltung der Reihenfolge der Namen durch Jahrzehnte hindurch macht es möglich, Personenwechsel oder Veränderungen in deren steuerlichen Leistungen abzulesen, was gute Rückschlüsse auf Hofbesitz oder -größe zulässt. So besagt z. B. ein Wechsel in der Namenfolge, dass der Hof einen neuen Besitzer erhalten hat. Eine Vermehrung der Namen in den Rechnungslisten lässt auf Teilung von Höfen schließen, die Verminderung kann bedeuten, dass Stellen verlassen wurden oder durch Krieg und Seuchen „wüst“ geworden sind.

Die Ausgaben umfassen in erster Linie die Besoldung der Amtsbediensteten sowie Arbeitslöhne für Handwerker und anderes Personal, das für die Unterhaltung des Amtes notwendig ist. Auf diese Weise erhält man Einsichten über die personelle Zusammensetzung eines Amtes vom Amtmann bis zum Knecht, über die Höhe der Entlohnung und die Art der Arbeiten, über die Ausstattung mit Geräten und Lebensmitteln sowie ihren damaligen Preis.

„Allgemein kann man sagen, daß die Amtsrechnungen in der älteren Zeit die Schuld- und Pfandprotokolle ersetzen, weil sie ermöglichen, die Besitzgeschichte der Höfe um viele Jahrzehnte weiter rückwärts zu verfolgen.“[16] Ein weiteres Vordringen in die Zeit vor der Erstellung von Amtsrechnungen wird dann aber nur noch in Einzelfällen möglich sein. Zur Erweiterung einer Hofgeschichte über die bloße Auflistung der aufeinander folgenden Besitzer hinaus gibt es aber noch eine Reihe anderer geschichtlicher Quellen, denen wir uns im Folgenden zuwenden wollen.

Um sich über die Einnahmen und die Steuerkraft einen Überblick zu verschaffen, ließen staatliche und kirchliche Verwaltungen zu verschiedenen Zeiten für bestimmte Regionen *Erdbücher* anlegen. Sie enthalten Angaben über Ländereien (manchmal mit Nennung einzelner Flurnamen), Viehbestand, Aussaat, Abgaben und Steuerbelastung der Höfe.

Im Zusammenhang mit der Verkoppelung entstanden auf der Geest *Landaufteilungsakten*, die zusammen mit der *Flurkarte* sichere Auskünfte über die Besitzverhältnisse auf der Dorfgemarkung geben. Zuständig dafür war ab 1768 die schleswig-holsteinische Land-

---

[15] Silke Göttsch: Möglichkeiten der Erfassung und Auswertung von Amtsrechnungen. In: KBlV XV (1983), S. 163–172.
[16] Kurt Hector: Zur Verwaltung und Rechtspflege ..., S. 128.

kommission in Schleswig, die auch für die Entwicklung der Landwirtschaft, des Ackerbaus und der Viehzucht zu sorgen hatte. Die aus dieser Tätigkeit erwachsenen Akten sind nicht nur für die Geschichte des ländlichen Grundbesitzes von Bedeutung, sondern enthalten vor allem in den zahlreichen Erdbüchern und Karten reiches Quellenmaterial für wirtschaftsgeschichtliche und kulturgeografische Fragen.

Neben den Pachtgeldern basierte auch das ältere *Steuerwesen* auf dem Besitz an Grund und Boden. Die älteste Steuer, das „Herrengeld“ oder „Erdbuchgefälle“[17], war eine in Geld umgerechnete Abgabe für die landesherrschaftliche Hofhaltung an Stelle der früheren Naturalleistungen wie etwa Schweine, Gänse, Hühner, Eier u. a. Wer kein eigenes Land besaß (z. B. Kätner, Kaufleute, Handwerker, Tagelöhner), zahlte das sogenannte Verbittelsgeld. Später kam die monatliche Kontribution (Kriegssteuer) dazu, die nach der Katastereinheit „Pflug“ auch als Pflugsteuer bezeichnet wurde. 1802 trat noch eine dritte Grundsteuer hinzu, die als „Grund- und Benutzungssteuer“ von allem urbaren Land ausgeschrieben war. Andere Einnahmequellen des Staates waren z. B. die Vierprozent- oder Kollateralsteuer und die Halbprozentsteuer (beides Erbschaftssteuern) sowie die außerordentliche Kopf- und Rangsteuer.

Dokumentiert wurden alle genannten Hebungen im Hauptbuch des jeweiligen Hebungsbeamten. Für den Untertan wurde ein Quittungsbuch angelegt, das alle persönlichen Daten (Namen, Wohnort, Pflugzahl) und Angaben über die zu entrichtenden Abgaben enthielt.[18] Dieses Buch hatte als Gegenstück zum Hauptbuch des Hebungsbeamten im Besitz des Steuerzahlers zu verbleiben und könnte deshalb auch heute noch irgendwo auf den Höfen „verwahrt“ liegen.

Eine weitere lohnenswerte Quellengruppe stellen die *Brandkataster* dar. Sie beschreiben Größe und Zustand von Hof und Nebengebäuden und ermöglichen, wenn sie über längere Zeiträume erhalten sind, die Beobachtung der baulichen Veränderungen.

Personelle Veränderungen dokumentieren z. B. die amtlich protokollierten *Testamente* und *Erbschaftsverträge*. Letzte Unklarheiten lassen sich eventuell durch die Akten über *Vormundschaftsverhältnisse* beseitigen. Vielleicht stellt sich ja dabei heraus, dass der plötzlich in den Unterlagen auftauchende unbekannte Name der Vormund des noch unmündigen Erben ist.

Wer nach Namen sucht, sollte vor allem auch die Ergebnisse der amtlichen *Volkszählungen*[19] nicht außer Acht lassen. Probleme bezüglich der Familiennamen lassen sich meist am leichtesten mit Hilfe der Tauf-, Trau- und Sterberegister der Kirchengemeinden klären. Diese *Kirchenbücher* können Sie beim jeweiligen Kirchenbuchamt einsehen.

---

[17] Kurt Hector: Zur Verwaltung und Rechtspflege ..., S. 126 f.

[18] F. H. Albers: Allgemeine Darstellung des Hebungswesens in den Ämtern und Landschaften der Herzogthümer Schleswig und Holstein; mit besonderer Rücksicht auf die herrschaftlichen Gefälle und Abgaben, Kopenhagen 1840. C. Horst: Das Hebungs- und Steuerwesen, Kiel 1857.

[19] Vgl. dazu: Ingwer Ernst Momsen: Die allgemeinen Volkszählungen in Schleswig-Holstein in dänischer Zeit (1769–1860), Neumünster 1974.

Viele Erbschaftsangelegenheiten wurden dokumentiert, weil ein Gericht eingeschaltet werden musste. Deshalb finden Sie diese Vorgänge heute in den Archiven oft unter der Rubrik *Justizwesen*. Natürlich waren nicht nur Testaments-, Erb- und Vormundschaftsauseinandersetzungen Thema vor Gericht, sondern es ging dabei auch oft um Landstreitigkeiten oder um die Feststellung der Landgröße wegen der fälligen Abgaben und Steuern. Besonderes Augenmerk verdient dabei die *Landesarchiv-Abteilung 50c* (Gottorfer Obergericht). Hier befinden sich Justiz- und Justizverwaltungssachen von 1713 bis 1867. Das Findbuch für diese Abteilung ist so systematisch aufgebaut mit Inhaltsverzeichnis, alphabetischem Index, Ortsregister und Personenregister, dass auf eine Übernahme dieser umfangreichen Aktentitel in unser Quellenverzeichnis verzichtet werden konnte. Man darf davon ausgehen, dass jeder Interessierte mit diesem Findbuch problemlos zurechtkommen wird.

Bisher hatten wir es ganz überwiegend mit nüchternen Verwaltungsakten zu tun. „In ihnen tritt uns der Bauer als Subjekt, als Untertan entgegen, soweit er in seinen Lebensäußerungen für die jeweilige Obrigkeit relevant war. Er war dies in erster Linie als Steuerzahler, und deshalb finden wir vor allem in Steuerregistern Nachweise über Landbewohner, besonders Großgrundbesitzer."[20] Wollen Sie aber den Bauernhof als Wirtschaftsbetrieb beschreiben und über eine reine Aufzählung der Hofbesitzer hinausgehen, dann sind Sie auch auf nicht-amtliche Dokumente angewiesen. Für Fragen nach der Wirtschaftsweise oder ob z. B. Ackerbau, Holz- oder Milchwirtschaft im Vordergrund standen, welche Vermarktungsmöglichkeiten es gab, wie auf konjunkturelle Schwankungen reagiert wurde, welcher Bedarf an Arbeitskräften und Energie bestand, nach der Art der Ertrags- und Vermögensbilanzierung, Abgabenbelastungen und Innovationen, stehen nur wenige statistische Erhebungen zur Auswertung zur Verfügung.

Eine äußerst ergiebige Quellengruppe zu diesen Fragestellungen bilden – sofern vorhanden und aufspürbar – die privaten bäuerlichen *Anschreibe- oder Rechnungsbücher*. Es handelte sich dabei zunächst um eine Mischform aus tagebuchähnlichen Aufzeichnungen und kleinen Buchführungen über ganz unterschiedliche Dinge wie Berichte über das Wetter und Naturereignisse, über Ernteerträge und Viehhaltung, über Arbeiten und Geldgeschäfte, über Rezepte, Testamente, Familienereignisse und auch allerhand Merkenswertes (z. B. Fürstenbesuche, Verbrechen, Himmelserscheinungen).[21]

Im 18. Jahrhundert änderte sich der Charakter der Bücher, die Aufzeichnung wichtiger Bereiche der Wirtschaftsführung trat nun in den Vordergrund. „Das Gros der Aufzeichnungen dient dem Zweck, die eigene Wirtschaft besser zu überblicken; vor allem sollte sie bilanzierbar werden, den Ertrag – am besten: den Gewinn – erkennbar machen und dem Landwirt ein planendes Verhalten ermöglichen."[22] Im 19. Jahrhundert nahmen chronikalische Notizen zu, und „allerhand Begebenheiten" wurden zur Grundlage der bäuerlichen Aufzeichnungen. Mit etwas Glück kann ein privates Anschreibebuch auch eine ganze Familiengeschichte enthalten.

---

[20] Klaus-Joachim Lorenzen-Schmidt: Anschreibebücher als Quellen zur Wirtschaftsgeschichte bäuerlicher Betriebe in Schleswig-Holstein. In: (ZSHG) 109 (1984), S. 151.

[21] Klaus-Joachim Lorenzen-Schmidt: Warum schrieben Bauern? In: KBlV 27 (1995), S. 109–126.

[22] Klaus-Joachim Lorenzen-Schmidt: Warum schrieben Bauern? S. 117.

Mit Hilfe dieses autobiografischen Quellenmaterials können Sie Lebensbereiche beobachten, die mit anderen Unterlagen kaum fassbar sind. Die private Färbung der Aufzeichnungen erlaubt eventuell, Ihre Hofgeschichte mit Aussagen über die persönliche Einstellung der Hofbewohner, ihren Lebenszyklus und ihre Verhältnisse zu den Mitmenschen anzureichern. Auf diese Weise kann es gelingen, auch den bäuerlich-ländlichen Lebensstil vergangener Zeiten zu beleuchten.

Einiges von diesem Material fand als *Privatarchiv* oder *Nachlass* Eingang in die öffentlichen Archive und wurde dort zum größten Teil gesichtet und verzeichnet. Im Landesarchiv in Schleswig befinden sich solche Dokumente in der Abteilung 399 „Nachlässe und Privatarchive".

Im Anhang des Wegweisers finden Sie eine Liste der für Ihre Vorhaben relevanten Ämter und Institutionen. Die meisten wurden im methodischen Leitfaden behandelt, einige andere kommen nur für ganz spezielle Aspekte in Frage. Überall aber werden Ihnen kundige und sehr hilfsbereite Fachkräfte bei allen auftauchenden Problemen gerne zur Seite stehen.

Teil II a: Orts- und Jurisdiktionsverzeichnis

Orte	Seite[1]	Grundbuchamt	Jurisdiktionsbereiche	Seite[1]
Ahrensburg siehe **Woldenhorn**	 190	Ahrensburg	Herzogtum Holstein - Stadt Ahrensburg Adelige Güterdistrikte - Itzehoer Güterdistrikt -- Gut Ahrensburg	46 162 176 177 179
Ahrensfelde	185	Ahrensburg	Adelige Güterdistrikte - Itzehoer Güterdistrikt -- Gut Ahrensburg	176 177 179
Ahrensfelde (Trenthorst)	226	Lübeck	Herzogtum Holstein - Lübsche Güter -- Gut Wulmenau	46 224 225
Altenweide	104	Lübeck	Herzogtum Holstein - Amt Rethwisch -- Kirchspiel Oldesloe	46 97 103
Ammersbek (seit 1978) siehe Bünningstedt, Hoisbüttel				
Badendorf	90	Lübeck	Herzogtum Holstein - Amt Reinfeld -- Kirchspiel Zarpen	46 71 89
Bad Oldesloe	163	Ahrensburg	Herzogtum Holstein - Stadt Bad Oldesloe	46 163
Bargfeld-Stegen	200 211	Ahrensburg	Adelige Güterdistrikte - Itzehoer Güterdistrikt -- Gut Jersbek -- Gut Stegen	176 177 194 209
Bargteheide	122	Ahrensburg	Herzogtum Holstein - Amt Tremsbüttel -- Kirchspiel Bargteheide	46 114 122
Barkhorst	227	Ahrensburg	Herzogtum Holstein - Lübecker Stadtstiftsdörfer -- Heiligengeist-Hospital	46 226 227

Orte	**Seite**[1]	**Grundbuchamt**	**Jurisdiktionsbereiche**	**Seite**[1]
Barsbüttel	63	Reinbek	Herzogtum Holstein - Amt Trittau (bis 1609) - Amt Reinbek -- Kirchspiel Kirchsteinbek Hamburger Domkapitel	46 135 49 63 238
Benstaben	104	Lübeck	Herzogtum Holstein - Amt Rethwisch -- Kirchspiel Oldesloe	46 97 103
Blumendorf	192	Ahrensburg	Adelige Güterdistrikte - Itzehoer Güterdistrikt -- Gut Blumendorf	176 177 192
Braak	61	Reinbek	Herzogtum Holstein - Amt Reinbek -- Kirchspiel Alt-Rahlstedt	46 49 61
Brunsbek (seit 1974) siehe Kronshorst, Langelohe, Papendorf				
Bünningstedt	186	Ahrensburg	Adelige Güterdistrikte - Itzehoer Güterdistrikt -- Gut Ahrensburg	176 177 179
Dahmsdorf	91	Lübeck	Herzogtum Holstein - Amt Reinfeld -- Kirchspiel Zarpen	46 71 89
Delingsdorf	125	Ahrensburg	Herzogtum Holstein - Amt Tremsbüttel -- Kirchspiel Bargteheide	46 114 122
Eichede	149	Ahrensburg	Herzogtum Holstein - Amt Trittau -- Kirchspiel Eichede	46 135 149
Elmenhorst	201 208	Ahrensburg	Adelige Güterdistrikte - Itzehoer Güterdistrikt -- Gut Jersbek -- Gut Mönkenbrook	176 177 194 205
Feldhorst (seit 1978) siehe Havighorst, Steinfeld				

Orte	Seite[1]	Grundbuchamt	Jurisdiktionsbereiche	Seite[1]
Fischbek	126	Ahrensburg	Herzogtum Holstein - Amt Tremsbüttel -- Kirchspiel Bargteheide	46 114 122
Fresenburg	216	Ahrensburg	Adelige Güterdistrikte - Preetzer Güterdistrikt -- Gut Fresenburg	176 213 216
Glinde	63	Reinbek	Herzogtum Holstein - Amt Reinbek -- Kirchspiel Kirchsteinbek	46 49 63
Grabau	192	Ahrensburg	Adelige Güterdistrikte - Itzehoer Güterdistrikt -- Gut Grabau	176 177 192
Grande	157	Reinbek	Herzogtum Holstein - Amt Trittau -- Kirchspiel Trittau	46 135 156
Grönwohld	157	Ahrensburg	Herzogtum Holstein - Amt Trittau -- Kirchspiel Trittau	46 135 156
Groß Barnitz	237 101	Lübeck	Fürstbistum Lübeck - Lübecker Domkapitel ab 1804 Fürstentum Lübeck - Amt Großvogtei ab 1843 Herzogtum Holstein - Amt Rethwisch -- Kirchspiel Klein Wesenberg	229 230 230 46 97 101
Großensee	158	Reinbek	Herzogtum Holstein - Amt Trittau -- Kirchspiel Trittau Hamburger Domkapitel	46 135 156 238
Großhansdorf	171	Ahrensburg	Stadt Hamburg - Landherren der Geestlande	169 169

Orte	Seite[1]	Grundbuchamt	Jurisdiktionsbereiche	Seite[1]
Groß Wesenberg	82	Lübeck	Herzogtum Holstein - Amt Reinfeld -- Kirchspiel Reinfeld	46 71 81
Hamberge	237 79	Lübeck	Fürstbistum Lübeck - Lübecker Domkapitel ab 1804 Fürstentum Lübeck - Amt Großvogtei ab 1843 Herzogtum Holstein - Amt Reinfeld -- Kirchspiel Hamberge	229 230 230 46 71 79
Hamfelde	158	Ahrensburg	Herzogtum Holstein - Amt Trittau -- Kirchspiel Trittau	46 135 156
Hammoor	127	Ahrensburg	Herzogtum Holstein - Amt Tremsbüttel -- Kirchspiel Bargteheide	46 114 122
Hansfelde	237 80	Lübeck	Fürstbistum Lübeck - Lübecker Domkapitel ab 1804 Fürstentum Lübeck - Amt Großvogtei ab 1843 Herzogtum Holstein - Amt Reinfeld -- Kirchspiel Hamberge	229 230 230 46 71 79
Havighorst	64	Reinbek	Herzogtum Holstein - Amt Reinbek -- Kirchspiel Kirchsteinbek Hamburger Domkapitel	46 49 63 238
Havighorst (Oldesloe)	81	Lübeck	Herzogtum Holstein - Amt Reinfeld -- Kirchspiel Oldesloe	46 71 80
Heidberg	102	Lübeck	Herzogtum Holstein - Amt Rethwisch -- Kirchspiel Klein Wesenberg	46 97 101

Orte	Seite[1]	Grundbuchamt	Jurisdiktionsbereiche	Seite[1]
Heidekamp	82	Lübeck	Herzogtum Holstein - Amt Reinfeld -- Kirchspiel Reinfeld	46 71 81
Heilshoop	91	Lübeck	Herzogtum Holstein - Amt Reinfeld -- Kirchspiel Zarpen	46 71 89
Hohenfelde	159	Ahrensburg	Herzogtum Holstein - Amt Trittau -- Kirchspiel Trittau	46 135 156
Hohenholz	193	Ahrensburg	Adelige Güterdistrikte - Itzehoer Güterdistrikt -- Gut Hohenholz	176 177 193
Hoisbüttel	132 193	Ahrensburg	Herzogtum Holstein - Amt Tremsbüttel -- Kirchspiel Bergstedt Adelige Güterdistrikte - Itzehoer Güterdistrikt -- Gut Hoisbüttel	46 114 132 176 177 193
Hoisdorf	155	Ahrensburg	Herzogtum Holstein - Amt Trittau -- Kirchspiel Siek Hamburger Domkapitel	46 135 155 238
Höltenklinken	194	Ahrensburg	Adelige Güterdistrikte - Itzehoer Güterdistrikt -- Gut Höltenklinken	176 177 193
Jersbek	202	Ahrensburg	Adelige Güterdistrikte - Itzehoer Güterdistrikt -- Gut Jersbek	176 177 194

Orte	Seite[1]	Grundbuchamt	Jurisdiktionsbereiche	Seite[1]
Klein Barnitz	237 102	Lübeck	Fürstbistum Lübeck - Lübecker Domkapitel ab 1804 Fürstentum Lübeck - Amt Großvogtei ab 1843 Herzogtum Holstein - Amt Rethwisch -- Kirchspiel Klein Wesenberg	229 230 230 46 97 101
Klein Boden	104	Ahrensburg	Herzogtum Holstein - Amt Rethwisch -- Kirchspiel Oldesloe	46 97 103
Klein Hansdorf	128	Ahrensburg	Herzogtum Holstein - Amt Tremsbüttel -- Kirchspiel Bargteheide	46 114 122
Klein Schenkenberg	102	Lübeck	Herzogtum Holstein - Amt Rethwisch -- Kirchspiel Klein Wesenberg	46 97 101
Klein Wesenberg	103	Lübeck	Herzogtum Holstein - Amt Rethwisch -- Kirchspiel Klein Wesenberg	46 97 101

Klinken siehe Höltenklinken

Orte	Seite[1]	Grundbuchamt	Jurisdiktionsbereiche	Seite[1]
Köthel	159	Ahrensburg	Herzogtum Holstein - Amt Trittau -- Kirchspiel Trittau	46 135 156
Kronshorst	155	Reinbek	Herzogtum Holstein - Amt Trittau -- Kirchspiel Siek Hamburger Domkapitel	46 135 155 238
Krummbek	205	Ahrensburg	Adelige Güterdistrikte - Itzehoer Güterdistrikt -- Gut Krummbek	176 177 205

Orte	Seite[1]	Grundbuchamt	Jurisdiktionsbereiche	Seite[1]
Langelohe	70	Reinbek	Herzogtum Holstein - Amt Reinbek -- Kirchspiel Siek	46 49 69
Langniendorf	92	Lübeck	Herzogtum Holstein - Amt Reinfeld -- Kirchspiel Zarpen	46 71 89
Lasbek	132	Ahrensburg	Herzogtum Holstein - Amt Tremsbüttel -- Kirchspiel Eichede	46 114 132
Lokfeld	86	Lübeck	Herzogtum Holstein - Amt Reinfeld -- Kirchspiel Reinfeld	46 71 81
Lütjensee	159	Ahrensburg	Herzogtum Holstein - Amt Trittau -- Kirchspiel Trittau	46 135 156
Meddewade	104	Ahrensburg	Herzogtum Holstein - Amt Rethwisch -- Kirchspiel Oldesloe	46 97 103
Meilsdorf	188	Ahrensburg	Adelige Güterdistrikte - Itzehoer Güterdistrikt -- Gut Ahrensburg	176 177 179
Mollhagen	150	Ahrensburg	Herzogtum Holstein - Amt Trittau -- Kirchspiel Eichede	46 135 149
Mönkenbrook	208	Ahrensburg	Adelige Güterdistrikte - Itzehoer Güterdistrikt -- Gut Mönkenbrook	176 177 205
Mönkhagen	92	Lübeck	Herzogtum Holstein - Amt Reinfeld -- Kirchspiel Zarpen	46 71 89

Orte	Seite[1]	Grundbuchamt	Jurisdiktionsbereiche	Seite[1]
Neritz	154	Ahrensburg	Herzogtum Holstein - Amt Trittau -- Kirchspiel Oldesloe	46 135 154
Neuhof	86	Lübeck	Herzogtum Holstein - Amt Reinfeld -- Kirchspiel Reinfeld	46 71 81
Neverstaven	218	Ahrensburg	Adelige Güterdistrikte - Preetzer Güterdistrikt -- Gut Tralau	176 213 218
Nienwohld	203	Ahrensburg	Adelige Güterdistrikte - Itzehoer Güterdistrikt -- Gut Jersbek	176 177 194
Nütschau	217	Ahrensburg	Adelige Güterdistrikte - Preetzer Güterdistrikt -- Gut Nütschau	176 213 217
Oetjendorf	156	Ahrensburg	Herzogtum Holstein - Amt Trittau -- Kirchspiel Siek Hamburger Domkapitel	46 135 155 238
Ohe	64	Reinbek	Herzogtum Holstein - Amt Reinbek -- Kirchspiel Kirchsteinbek	46 49 63
Oststeinbek	64	Reinbek	Herzogtum Holstein - Amt Trittau (bis 1609) - Amt Reinbek -- Kirchspiel Kirchsteinbek Hamburger Domkapitel	46 135 49 63 238
Papendorf	156	Reinbek	Herzogtum Holstein - Amt Trittau -- Kirchspiel Siek Hamburger Domkapitel	46 135 155 238

Orte	Seite[1]	Grundbuchamt	Jurisdiktionsbereiche	Seite[1]
Poggensee	216	Ahrensburg	Adelige Güterdistrikte - Preetzer Güterdistrikt -- Gut Fresenburg	176 213 216
Pöhls	94	Lübeck	Herzogtum Holstein - Amt Reinfeld -- Kirchspiel Zarpen	46 71 89
Pölitz	227	Ahrensburg	Herzogtum Holstein - Lübecker Stadtstiftsdörfer -- Heiligengeist-Hospital	46 226 227
Rade	212	Norderstedt	Adelige Güterdistrikte - Itzehoer Güterdistrikt -- Gut Wulksfelde Hamburger Domkapitel	176 177 211 238
Ratzbek	94	Lübeck	Herzogtum Holstein - Amt Reinfeld -- Kirchspiel Zarpen	46 71 89
Rausdorf	160	Reinbek	Herzogtum Holstein - Amt Trittau -- Kirchspiel Siek -- Kirchspiel Trittau Hamburger Domkapitel	46 135 155 156 238
Rehhorst	94	Lübeck	Herzogtum Holstein - Amt Reinfeld -- Kirchspiel Zarpen	46 71 89
Reinbek	65	Reinbek	Herzogtum Holstein - Amt Reinbek -- Kirchspiel Kirchsteinbek	46 49 63
Reinfeld	87	Lübeck	Herzogtum Holstein - Amt Reinfeld -- Kirchspiel Reinfeld	46 71 81

Orte	**Seite**[1]	**Grundbuchamt**	**Jurisdiktionsbereiche**	**Seite**[1]
Rethwisch	105	Ahrensburg	Herzogtum Holstein - Amt Rethwisch -- Kirchspiel Oldesloe	46 97 103
Rohlfshagen	150	Ahrensburg	Herzogtum Holstein - Amt Trittau -- Kirchspiel Eichede	46 135 149
Rümpel	154	Ahrensburg	Herzogtum Holstein - Amt Trittau -- Kirchspiel Oldesloe	46 135 154
Schlamersdorf	113	Ahrensburg	Herzogtum Holstein - Amt Traventhal -- Kirchspiel Oldesloe	46 107 113
Schmachthagen	209	Ahrensburg	Adelige Güterdistrikte - Itzehoer Güterdistrikt -- Gut Schulenburg	176 177 209
Schmalenbeck	174	Ahrensburg	Stadt Hamburg - Landherren der Geestlande	169 169
Schönningstedt	68 220	Reinbek	Herzogtum Holstein - Amt Reinbek -- Kirchspiel Kirchsteinbek Kanzleigüter - Gut Silk	46 49 63 219 219
Schulenburg	209	Ahrensburg	Adelige Güterdistrikte - Itzehoer Güterdistrikt -- Gut Schulenburg	176 177 209
Schwienköben	209	Ahrensburg	Adelige Güterdistrikte - Itzehoer Güterdistrikt -- Gut Schulenburg	176 177 209
Seefeld	216	Ahrensburg	Adelige Güterdistrikte - Preetzer Güterdistrikt -- Gut Fresenburg	176 213 216

Orte	Seite[1]	Grundbuchamt	Jurisdiktionsbereiche	Seite[1]
Sehmsdorf	105	Ahrensburg	Herzogtum Holstein - Amt Rethwisch -- Kirchspiel Oldesloe	46 97 103
Siek	70	Ahrensburg	Herzogtum Holstein - Amt Reinbek -- Kirchspiel Siek	46 49 69
Silk	220	Reinbek	Kanzleigüter - Gut Silk	219 219
Sprenge	151	Ahrensburg	Herzogtum Holstein - Amt Trittau -- Kirchspiel Eichede Hamburger Domkapitel	46 135 149 238
Stapelfeld	62	Reinbek	Herzogtum Holstein - Amt Reinbek -- Kirchspiel Alt-Rahlstedt	46 49 61
Steensrade	106	Ahrensburg	Herzogtum Holstein - Amt Rethwisch -- Kirchspiel Oldesloe	46 97 103
Stegen	211	Ahrensburg	Adelige Güterdistrikte - Itzehoer Güterdistrikt -- Gut Stegen	176 177 209

Steinburg (seit 1978) siehe Eichede, Mollhagen, Sprenge

Orte	Seite[1]	Grundbuchamt	Jurisdiktionsbereiche	Seite[1]
Steinfeld	87	Lübeck	Herzogtum Holstein - Amt Reinfeld -- Kirchspiel Reinfeld	46 71 81
Steinhof	88	Lübeck	Herzogtum Holstein - Amt Reinfeld -- Kirchspiel Reinfeld	46 71 81
Stellau	62	Reinbek	Herzogtum Holstein - Amt Reinbek -- Kirchspiel Alt-Rahlstedt	46 49 61

Orte	Seite[1]	Grundbuchamt	Jurisdiktionsbereiche	Seite[1]
Stemwarde	68	Reinbek	Herzogtum Holstein	46
			- Amt Trittau (bis 1609)	135
			- Amt Reinbek	49
			-- Kirchspiel Kirchsteinbek	63
			Hamburger Domkapitel	238
Stubbendorf	89	Lübeck	Herzogtum Holstein	46
			- Amt Reinfeld	71
			-- Kirchspiel Reinfeld	81
Sühlen	217	Ahrensburg	Adelige Güterdistrikte	176
			- Preetzer Güterdistrikt	213
			-- Gut Nütschau	217
Tangstedt	222	Norderstedt	Kanzleigüter	219
			- Gut Tangstedt	221
Todendorf	151	Ahrensburg	Herzogtum Holstein	46
			- Amt Trittau	135
			-- Kirchspiel Eichede	149
			Hamburger Domkapitel	238
Tralau	218	Ahrensburg	Adelige Güterdistrikte	176
			- Preetzer Güterdistrikt	213
			-- Gut Tralau	218

Travenbrück (seit 1978)
siehe Neverstaven, Nütschau, Schlamersdorf, Sühlen, Tralau, Vinzier

Orte	Seite[1]	Grundbuchamt	Jurisdiktionsbereiche	Seite[1]
Tremsbüttel	129	Ahrensburg	Herzogtum Holstein	46
			- Amt Tremsbüttel	114
			-- Kirchspiel Bargteheide	122
Trenthorst	225	Lübeck	Herzogtum Holstein	46
			- Lübsche Güter	224
			-- Gut Trenthorst	225
Treuholz	106	Ahrensburg	Herzogtum Holstein	46
			- Amt Rethwisch	97
			-- Kirchspiel Oldesloe	103

Orte	Seite[1]	Grundbuchamt	Jurisdiktionsbereiche	Seite[1]
Trittau	160	Ahrensburg	Herzogtum Holstein - Amt Trittau -- Kirchspiel Trittau	46 135 156
Vinzier	218	Ahrensburg	Adelige Güterdistrikte - Preetzer Güterdistrikt -- Gut Nütschau	176 213 217
Vorburg	130	Ahrensburg	Herzogtum Holstein - Amt Tremsbüttel -- Kirchspiel Bargteheide	46 114 122

Wesenberg (seit 1978) siehe Groß Wesenberg, Ratzbek, Stubbendorf

Orte	Seite[1]	Grundbuchamt	Jurisdiktionsbereiche	Seite[1]
Westerau	228	Lübeck	Herzogtum Holstein - Lübecker Stadtstiftsdörfer -- Westerauer Stiftung - Amt Rethwisch -- Kirchspiel Klein Wesenberg	46 226 228 97 101
Wiemerskamp	212	Norderstedt	Adelige Güterdistrikte - Itzehoer Güterdistrikt -- Gut Wulksfelde Hamburger Domkapitel	176 177 211 238
Willendorf	95	Lübeck	Herzogtum Holstein - Amt Reinfeld -- Kirchspiel Zarpen	46 71 89
Willinghusen	69	Reinbek	Herzogtum Holstein - Amt Trittau (bis 1609) - Amt Reinbek -- Kirchspiel Kirchsteinbek Hamburger Domkapitel	46 135 49 63 238
Wilstedt	222	Norderstedt	Kanzleigüter - Gut Tangstedt	219 221
Witzhave	162	Reinbek	Herzogtum Holstein - Amt Trittau -- Kirchspiel Trittau	46 135 156

Orte	Seite[1]	Grundbuchamt	Jurisdiktionsbereiche	Seite[1]
Woldenhorn (ab 1867 Ahrensburg)	190	Ahrensburg	Adelige Güterdistrikte - Itzehoer Güterdistrikt -- Gut Ahrensburg	176 177 179
Wolkenwehe	192	Ahrensburg	Adelige Güterdistrikte - Itzehoer Güterdistrikt -- Gut Blumendorf	176 177 192
Wulfsdorf	191	Ahrensburg	Adelige Güterdistrikte - Itzehoer Güterdistrikt -- Gut Ahrensburg Hamburger Domkapitel	176 177 179 238
Wulksfelde	212	Norderstedt	Adelige Güterdistrikte - Itzehoer Güterdistrikt -- Gut Wulksfelde Hamburger Domkapitel	176 177 211 238
Wulmenau	226	Lübeck	Herzogtum Holstein - Lübsche Güter -- Gut Wulmenau	46 224 225
Zarpen	96	Lübeck	Herzogtum Holstein - Amt Reinfeld -- Kirchspiel Zarpen	46 71 89

[1]Angegeben ist jeweils die **erste** Seite des entsprechenden Abschnitts in Teil III: Quellenverzeichnis

Teil II b: Zuordnung kleinerer Wohnplätze

Wohnplatz	siehe unter:
Achterndiek	Hoisdorf
Allee	Jersbek
Altenfelde	Todendorf
Altenweide	Havighorst (Old.)
Altes Posthaus	Gut Ahrensburg (Vorwerk)
Arskär	Neuhof
Auf dem Höven	Treuholz
Auf der Heide	Trittau
Auf der Horst	Zarpen
Auf der Trift	Zarpen
Badendorfer Heckkaten	Badendorf
Bagatelle	Gut Ahrensburg
Bäkmissen	Gut Mönkenbrook
Bargerhorst	Gut Jersbek; Mönkenbrook
Bargfelder Rögen	Bargfeld
Barkholzkoppel	Jersbek
Barkholzstücken	Jersbek
Baumkate	Hoisdorf; Reinbek; Steinfeld
Beektwiete	Tremsbüttel
Behnkenkate	Reinfeld
Beimoor	Gut Ahrensburg
Binnenberg	Heidekamp
Binnenhorst	Bargfeld
Binnenkamp	Neuhof
Bischofsteich	Neuhof
Boland	Steinhof
Bollmoor	Lütjensee
Bornbek	Großensee
Bornhorst	Gut Stegen
Bramkamp	Bünningstedt
Brasilien	Jersbek
Brauner Hirsch	Ahrensfelde
Brökerkate	Sprenge
Broklande	Bargfeld
Bruhnkaten	Stubbendorf
Brunshorst	Jersbek
Büchsenschinken	Ohe
Buddikate	Rohlfshagen
Buhrdiek	Groß Wesenberg
Buhrholz	Meddewade
Bültenkrug	Wiemerskamp
Bunsberg	Klein Hansdorf
Buschkate	Sprenge
Butterberg	Poggensee
Daheim	Bünningstedt
Dänenteich	Gut Ahrensburg (Vorwerk)
Domhorst	Havighorst
Domskuhlen	Tremsbüttel
Dreililien	Wulfsdorf
Dröhnhorst	Steinhof
Düvelsbrook	Reinfeld
Dwerkate	Lütjensee
Ehlersberg	Gut Wulksfelde
Eichberg	Neuhof
Eicheder Hof	Eichede
Ekenhorst	Badendorf
Elendskrug	Steinfeld
Eulenkrug	Gut Ahrensburg (Stellmoor)
Fahrenhorst	Elmenhorst; Tangstedt
Fannyhof	Gut Ahrensburg
Fasanenhof	Jersbek
Fiefhusen	Trenthorst
Fleischgaffel	Heidekamp; Meilsdorf
Fliegenberg	Todendorf
Fliegenfelde	Ratzbek
Floggensee	Neritz
Frauenholz	Lübecker Stadtstiftsdörfer (Marienkirche)
Fuhlenpott	Treuholz
Fürstenkate	Hoisdorf
Gerkenfelde	Bargteheide
Gerkenteich	Neuhof
Glashütte	Großensee
Glinde (Hof)	Gut Blumendorf
Gölm	Oetjendorf; Todendorf
Gräberkate	Bargfeld
Granderheide	Grande

Wohnplatz	siehe unter:
Graskoppel	Reinbek
Grünengrase	Tremsbüttel
Grünwinkel	Treuholz
Hagen	Gut Ahrensburg
Hals	Groß Wesenberg
Hamannsöhlen	Rehhorst
Hambergen	Jersbek
Hansdorferkamp	Gut Ahrensburg (Beimoor)
Hartwigsahl	Jersbek
Hauberg	Heilshoop
Heckkate	Havighorst (Old.); Heidekamp; Rehhorst
Heerwegskate	Groß Wesenberg
Heidberghof	Heidberg
Heideteich	Neverstaven (Gut Tralau)
Heidschlag	Wulfsdorf
Heimgarten	Bünningstedt
Heinrichshof	Witzhave
Heist	Neverstaven
Hinschendorf	Reinbek
Hohenbergen	Elmenhorst
Hohenholz	Schmachthagen
Hohenhorst	Jersbek; Steinfeld
Hohenkamp	Steinfeld
Hohenleuchte	Hansfelde
Hohlenrien	Bargfeld
Holstenhof	Steinhof
Horst	Eichede; Tremsbüttel
Hude	Gut Stegen
Hüls	Mönkenbrook
Hunnau	Gut Hoisbüttel
Hunnenkate	Bad Oldesloe
Ilk	Elmenhorst
Im neuen Legan	Bad Oldesloe
Jammertal	Schlamersdorf
Kalkgraben	Steinfeld
Kalkkuhle	Todendorf
Karolinenhof	Reinbek
Ketel	Groß Wesenberg
Kiebitzkate	Grande; Witzhave
Kiefholz	Treuholz

Wohnplatz	siehe unter:
Klingberg	Neverstaven (Gut Tralau)
Klotzenkate	Treuholz
Kneeden	Bad Oldesloe
Krabbenkamp	Reinbek
Krahn	Bad Oldesloe
Kremerberg	Gut Ahrensburg
Kringel	Tangstedt
Kronshorst	Hamfelde
Krübbenberg	Langniendorf
Krühe	Eichede
Krummstück	Todendorf
Langenacker	Gut Ahrensburg (Kremerberg)
Langenjahren	Badendorf
Langereihe	Jersbek
Laberg	Gut Hoisbüttel
Lehmkamp	Neuhof
Lehmkate	Heidekamp
Lehmkuhl	Elmenhorst
Lindenhof	Rausdorf
Lokfelder Heckkaten	Lokfeld
Lombardei	Bargfeld
Lottbek	Hoisbüttel
Lurup	Seefeld
Manhagen	Elmenhorst
Mannhagen	Dahmsdorf; Todendorf
Mittelkoppel	Gut Ahrensburg (Beimoor)
Mollrade	Gut Ahrensburg (Kremerberg)
Mönkhagener Hof	Mönkhagen
Mönkhagenerteich	Mönkhagen (Mönkhagener Hof)
Mühlendamm	Großhansdorf
Neue Fleischgaffel	Meilsdorf
Neuenteich	Elmenhorst
Neuerkrug	Poggensee
Neu-Fresenburg	Gut Fresenburg
Neukoppel	Rehhorst; Gut Ahrensburg (Beimoor)
Neumühlen	Heilshoop

Wohnplatz	siehe unter:
Neuschönningstedt	Schönningstedt
Neverstaven	Gut Tralau
Niekoppel	Todendorf
Niendeel	Havighorst (Old.)
Nienwohlder Rögen	Nienwohld
Nütschauerfeld	Nütschau
Oberteich	Jersbek
Ochsenkoppel	Todendorf
Ohldörp	Rethwisch
Ohlenfelde	Neuhof
Ottenhof	Heilshoop
Papenborn	Mönkenbrook
Papierholz	Trittau
Paserwerk	Neuhof
Pfingsthorst	Jersbek
Poggenpohl	Hansfelde
Poggensiek	Delingsdorf
Pöhlserhof	Pöhls
Pöhlserwohld	Pöhls
Querblöcken	Elmenhorst
Radeland	Steinfeld; Tremsbüttel
Rauchshorst	Mönkenbrook
Redderschmiede	Groß Wesenberg
Reeshoop	Woldenhorn; Gut Ahrensburg (Bagatelle)
Regelstelle	Elmenhorst
Rehagen	Bünningstedt
Rehbrook	Tremsbüttel
Rehkoppel	Rethwisch
Reimershorst	Gut Ahrensburg (Kremerberg)
Renzel	Poggensee
Resenbüttel	Woldenhorn
Rethfurth	Gut Wulksfelde
Rethwischdorf	Kirchspiel Oldesloe (Amt Rethwisch)
Rethwischfeld	Rethwisch
Rethwischhof	Rethwisch
Rethwischhöhe	Rethwisch
Ritzen	Bad Oldesloe
Rögen	Havighorst (Old.)
Rohlfshagener Hof	Rohlfshagen

Wohnplatz	siehe unter:
Rönnbaum	Todendorf
Rosenhagen	Groß Wesenberg
Rotenmoor	Gut Stegen
Rotwegen	Klein Hansdorf
Rugenrade	Jersbek
Sandfeld	Rade
Sandkamp	Neuhof
Sattenfelde	Tremsbüttel
Schadehorn	Gut Fresenburg
Schäferdresch	Bünningstedt
Scheidekate	Elmenhorst
Schelenhorst	Gut Ahrensburg (Vorwerk)
Schierenhorst	Gut Stegen
Schierholzkate	Großensee
Schleushörn	Lütjensee
Schlutup	Jersbek
Schnurtschimmel	Neritz
Schönau	Ohe
Schönbrunn	Schwienköben
Schönningstedterfeld	Schönningstedt
Schowisch	Heidekamp
Schüberg	Hoisbüttel
Schulenburgerfeld	Schwienköben
Schüttenkaten	Havighorst (Old.)
Schwarzenbrook	Hoisdorf
Schweinkate	Reinbek
Sensenmühle	Höltenklinken
Siebenbergen	Elmenhorst; Mönkenbrook
Siekerberg	Hoisdorf; Siek
Siekerfeld	Siek
Spackmühle	Groß Barnitz
Stabenkamp	Neuhof
Stabuhr	Schlamersdorf
Stadt Kiel	Wulfsdorf
Stahwedder	Steinfeld
Stangenmühle	Lasbek
Steenern	Grönwohld
Steenhoop	Bünningstedt
Steenkamp	Rethwisch
Steenkoppel	Havighorst (Old.)
Stegen	Gut Stegen
Steinfelder Heckkaten	Steinfeld

Wohnplatz	siehe unter:
Steinfelderhof	Steinfeld
Steinfelderhude	Steinfeld
Steinfelderwohld	Steinfeld
Steinkamp	Gut Ahrensburg
Steinklinken	Mönkenbrook
Steinkoppel	Mönkhagen (Mönkhagener Hof)
Steinrade	Sprenge
Stellmoor	Gut Ahrensburg
Stubbenkoppel	Willendorf
Stückendamm	Westerau
Timmerhorn	Gut Ahrensburg
Timpenbaum	Rethwisch
Tollhaus	Grönwohld
Tonnenteich	Bargfeld
Torfkate	Pöhls
Tralauerholz	Kirchspiel Oldesloe (Amt Rethwisch)
Travenkamp	Neuhof
Travensalze	Bad Oldesloe
Tremsbütteler Hof	Tremsbüttel
Triangel	Neverstaven
Trittauerfeld	Trittau
Unterer Hof	Hansfelde
Viehrögen	Todendorf
Viehsdorfer Baumkate	Hoisdorf
Viertbruch	Bargfeld
Vogelsang	Poggensee
Vorwerk	Gut Ahrensburg; Trittau
Voßfelde	Neuhof
Voßkaten	Rehhorst
Wall	Heidekamp
Weberkate	Pöhls
Weddern	Neuhof
Weizenkoppel	Steinhof
Wendrade	Badendorf
Wesenbergerhof	Klein Wesenberg
Wiebüschen	Delingsdorf
Wiemerskamp	Jersbek
Wiesenfeld	Glinde
Windberg	Delingsdorf
Wollmershorst	Todendorf
Wormsbrook	Kirchspiel Zarpen

Wohnplatz	siehe unter:
Wulfsdorferhof	Wulfsdorf
Wulfskuhle	Tremsbüttel
Zarpener Heckkate	Zarpen
Zarpenerhof	Zarpen
Zarpenerwohld	Zarpen
Ziegelkate	Neverstaven (Gut Tralau)
Zu Meilsdorf	Bünningstedt

Teil II c: Verzeichnis der adeligen Güter

Adeliges Gut	Güterdistrikt	Kirchspiel	Seite
Ahrensburg	Itzehoer Güterdistrikt	Ahrensburg	179
Blumendorf	Itzehoer Güterdistrikt	Oldesloe	192
Fresenburg	Preetzer Güterdistrikt	Oldesloe	216
Grabau	Itzehoer Güterdistrikt	Sülfeld (Kr. Segeberg)	192
Hohenholz	Itzehoer Güterdistrikt	Oldesloe	193
Hoisbüttel	Itzehoer Güterdistrikt	Bergstedt (Hamburg)	193
Höltenklinken	Itzehoer Güterdistrikt	Oldesloe	193
Jersbek	Itzehoer Güterdistrikt	Sülfeld (Kr. Segeberg)	194
Krummbek	Itzehoer Güterdistrikt	Oldesloe	205
Mönkenbrook	Itzehoer Güterdistrikt	Sülfeld (Kr. Segeberg)	205
Nütschau	Preetzer Güterdistrikt	Oldesloe	217
Schulenburg	Itzehoer Güterdistrikt	Oldesloe	209
Silk	Kanzleigut	Kirchsteinbek	219
Stegen	Itzehoer Güterdistrikt	Sülfeld (Kr. Segeberg)	209
Tangstedt	Kanzleigut	Bergstedt (Hamburg)	221
Tralau	Preetzer Güterdistrikt	Oldesloe	218
Trenthorst	Lübsches Gut	Klein Wesenberg	225
Wulksfelde	Itzehoer Güterdistrikt	Bergstedt (Hamburg)	211
Wulmenau	Lübsches Gut	Siebenbäumen (Kr. Herzogtum Lauenburg)	225

Teil III: Quellenverzeichnis

Herzogtum Holstein

(bis 1867, danach preußische Provinz Schleswig-Holstein)

LAS 66, 335	Wüste Hufen und andere Wohnstellen	1708-1781
LAS 66, 3709	Approbierte Heuerkontrakte, Fasz. 1–94	1710-1718
LAS 66, 3710.1	Approbierte Heuerkontrakte, Fasz. 3–29	1718-1722
LAS 66, 3710.2	Approbierte Heuerkontrakte, Fasz. 30–80	1722-1726
LAS 8.2, 2024	Besetzung, Teilung, Veräußerung von Hufen und Katen	1722-1771
LAS 66, 3710.3	Approbierte Heuerkontrakte, Fasz. 81–109	1726-1727
LAS 66, 3711	Approbierte Heuerkontrakte, Fasz. 1–70	1727-1731
LAS 8.2, 274	Bestand, Besetzung, Vererbung und Veräußerung der Hufen	1730-1774
LAS 66, 3712	Approbierte Heuerkontrakte, Fasz. 71–163	1731-1734
LAS 66, 3713	Approbierte Heuerkontrakte, Fasz. 1–47a	1737-1741
LAS 66, 3714	Approbierte Heuerkontrakte, Fasz. 47b–80	1740-1744
LAS 8.2, 2025	Bondenhufen, Festehufen und leibeigene Untertanen	1749-1774
LAS 8.2, 279	Landvermessungen in den Ämtern	1763-1774
LAS 8.2, 280	Gerechtsame an der Gemeinen Weide	1763
LAS 66, 3287	Bonitierung der Marschländereien	1800-1828
LAS 66, 2329	Fuhrregister	1801-1802
LAS 66, 2330	Fuhrregister	1801-1802
LAS 66, 2325	Fuhrregister	1803-1805
LAS 309, 4660	Überlassung von Gemeinheitsländereien (Stormarn)	1869-1902
LAS 309, 4661	Überlassung von Gemeinheitsländereien	1869-1902
LAS 309, 4662	Überlassung von Gemeinheitsländereien	1869-1902
LAS 309, 4663	Überlassung von Gemeinheitsländereien	1869-1902
LAS 309, 4664	Überlassung von Gemeinheitsländereien	1869-1902
LAS 309, 4665	Überlassung von Gemeinheitsländereien	1869-1902
LAS 309, 4666	Überlassung von Gemeinheitsländereien	1869-1902
LAS 309, 4667	Überlassung von Gemeinheitsländereien	1869-1902
LAS 309, 4668	Überlassung von Gemeinheitsländereien	1869-1902
LAS 309, 4669	Überlassung von Gemeinheitsländereien	1869-1902
LAS 309, 3297	Landumsätze (Kreis Stormarn), vol. I	1868-1869
LAS 309, 3298	Landumsätze (Kreis Stormarn), vol. II	1869-1870
LAS 309, 3299	Landumsätze (Kreis Stormarn), vol. III	1871
LAS 309, 16250	Landumsätze (Kreis Stormarn)	1871-1872
LAS 309, 16251	Landumsätze (Kreis Stormarn), vol. IV	1870-1873
LAS 309, 16252	Landumsätze (Kreis Stormarn), vol. VI	1872-1873
LAS 309, 16253	Landumsätze (Kreis Stormarn), vol. VII	1873-1874

LAS 309, 16254	Landumsätze (Kreis Stormarn), vol. VIII	1874-1875
LAS 309, 16255	Landumsätze (Kreis Stormarn), vol. IX	1875-1876
LAS 309, 16256	Landumsätze (Kreis Stormarn), vol. X	1876-1878
LAS 309, 4694	Überlassung von Gemeinheitsländereien	1877
LAS 309, 17507	Ablösung von Leibfesten, Gemeinheitsteilungen	1875-1913
LAS 309, 17513	Ablösung von Leibfesten, Gemeinheitsteilungen	1907-1922
LAS 66, 7348	Kontribution, Pflugzahl, Verhandlungen mit den älteren Landständen	1643-1720
LAS 66, 255a	Renovierte Landesmatrikel; Pflugzahl und Kontributionsregister	1652-1773
LAS 66, 249	Kontribution und Pflugzahl der Ämter und Städte	1664-1686
LAS 66, 335	Wüste Hufen und andere Wohnstellen	1708-1781
LAS 199, 6	Pflugzahlregister	1739
LAS 8.2, 1291	Pflugzahl der Ämter	1775-1776
LAS 66, 336	Landlose Familienstellen auf dem Lande	1787-1818
LAS 66, 3918	Kollateralsteuer, Einzelsachen	1792-1811
LAS 66, 3919	Kollateralsteuer, Einzelsachen	1792-1811
LAS 66, 5308	Halbprozent- und Kollateralsteuer	1796-1848
LAS 66, 5309	Halbprozent- und Kollateralsteuer	1796-1848
LAS 66, 5310	Halbprozent- und Kollateralsteuer	1796-1848
LAS 66, 5311	Halbprozent- und Kollateralsteuer	1796-1848
LAS 66, 5312	Halbprozent- und Kollateralsteuer	1796-1848
LAS 66, 5313	Halbprozent- und Kollateralsteuer	1796-1848
LAS 66, 5314	Halbprozent- und Kollateralsteuer	1796-1848
LAS 66, 5229	Taxation der Bondengüter nach der Bruder- und Schwestertaxe	1797-1806
LAS 66, 1999	Landsteuer-Register	1802-1808
LAS 66, 4302	Haussteuer	1804-1827
LAS 66, 4303	Haussteuer	1804-1827
LAS 66, 4304	Haussteuer	1804-1827
LAS 66, 7291	Haussteuer	1805-1814
LAS 66, 3826	Verzeichnisse der Kollateral-Erbschaftssteuer	1806-1807
LAS 66, 4298	Zwei- und Viertelprozent Kapitalsteuer	1809-1817
LAS 66, 4299	Zwei- und Viertelprozent Kapitalsteuer	1809-1817
LAS 66, 4246	Halbprozentsteuer	1810-1840
LAS 66, 401-403	Die 1 ⅓-Prozent-Steuer vom Wert urbarer Ländereien	1811-1813
LAS 66, 404	Notaten über die Register zur Hebung der 1 ⅓-Prozent-Steuer vom Wert urbarer Ländereien	1811-1817

LAS 66, 4297	1 ⅓-Prozent-Steuersachen	1818-1837
LAS 66, 4252	Verzeichnis königlicher Grundstücke	1819
LAS 66, 4121	Haussteuer	1819-1840
LAS 66, 4122	Haussteuer	1819-1840
LAS 66, 4547	Haussteuer	1824-1838
LAS 66, 4548	Haussteuer	1824-1838
LAS 66, 4680	Haussteuer	1824-1841
LAS 66, 679.5	Betr. die teilweise Verheuerung von Hufenstellen	1824-1838
LAS 66, 3371	Halbprozent- und Kollateralsteuer	1827-1849
LAS 66, 5315	Halbprozent-Erbschafts- und Übertragungssteuer	1832-1848
LAS 66, 5316	Halbprozent-Erbschafts- und Übertragungssteuer	1832-1848
LAS 66, 974.1	Halbprozent-Steuerlisten	1838
LAS 66, 974.2	Halbprozent-Steuerlisten	1839
LAS 66, 974.3	Halbprozent-Steuerlisten	1840
LAS 66, 974.4	Halbprozent-Steuerlisten	1841
LAS 66, 974.5	Halbprozent-Steuerlisten	1842
LAS 66, 977	Halb- und Vierprozentsteuer	1845-1848
LAS 309, 348	Organisation des Hebungswesens	1868
LAS 309, 428	Erhebung von Einzugsgeldern (Bauernschuld) in den ländlichen Gemeinden	1868-1887
LAS 309, 3608	Ablösung der Hand- und Spanndienste (Stormarn)	1873-1880
LAS 309, 8555	Gebäudesteuer	1878-1907
LAS 8.2, 123	Aufstellung von Mannzahlregistern	1766-1774
LAS 412, 817	Übersichten über Verehelichte, Geborene und Gestorbene	1860
LAS 412, 819	Übersichten über Verehelichte, Geborene und Gestorbene	1861
LAS 412, 820	Übersichten über Verehelichte, Geborene und Gestorbene	1862
LAS 412, 822	Übersichten über Verehelichte, Geborene und Gestorbene	1863
LAS 412, 824	Übersichten über Verehelichte, Geborene und Gestorbene	1864
LAS 309, 8544	Volkszählungen	1871-1915

Amt Reinbek

LAS 111, 1501	SchuPfPr	1750-1804
LAS 111, 1448	SchuPfPr, Tomus I	1780-1860
LAS 111, 1449	SchuPfPr, Tomus II	1780-1860
LAS 111, 1450	SchuPfPr, Tomus III	1820-1860
LAS 111, 1451	SchuPfPr, Tomus I	1857-1884
LAS 111, 1452	SchuPfPr, Tomus II	1857-1884
LAS 111, 1453	SchuPfPr, Tomus III	1857-1884
LAS 111, 1454	SchuPfPr, Tomus IV	1857-1884
LAS 111, 1455	SchuPfPr, Tomus V	1857-1884
LAS 111, 1456	SchuPfPr, Supplement zu Tomus I, II, III	1873-1884
LAS 111, 1457	SchuPfPr, Supplement zu Tomus IV und V	1866-1884
LAS 111, 1472	SchuPfPr, Nebenbuch (Band I)	1857-1867
LAS 111, 1473	SchuPfPr, Nebenbuch (Band II)	1867-1868
LAS 111, 1474	SchuPfPr, Nebenbuch (Band III)	1868-1870
LAS 111, 1475	SchuPfPr, Nebenbuch (Band IV)	1870-1872
LAS 111, 1476	SchuPfPr, Nebenbuch (Band V)	1872-1875
LAS 111, 1477	SchuPfPr, Nebenbuch (Band VI)	1875-1877
LAS 111, 1478	SchuPfPr, Nebenbuch (Band VII)	1877-1881
LAS 111, 1479	SchuPfPr, Nebenbuch (Band VIII)	1879-1881
LAS 111, 1480	SchuPfPr, Nebenbuch (Band IX)	1881-1885
LAS 111, 1502	Kontraktenprotokoll	1751-1771
LAS 111, 1503	Kontraktenprotokoll	1760-1768
LAS 111, 1458	Kontraktenprotokoll (Band V)	1783-1798
LAS 111, 1459	Kontraktenprotokoll (Band VI)	1798-1807
LAS 111, 1460	Kontraktenprotokoll (Band VII)	1807-1815
LAS 111, 1461	Kontraktenprotokoll (Band VIII)	1815-1823
LAS 111, 139	Ländliche Besitz- und Abgabenverhältnisse für Katen, Hufen und Ländereien	1608-1865
LAS 111, 1462	Kontraktenprotokoll (Band IX)	1823-1833
LAS 111, 1463	Kontraktenprotokoll (Band X)	1834-1841
LAS 111, 1464	Kontraktenprotokoll (Band XI)	1841-1850
LAS 111, 1465	Kontraktenprotokoll (Band XII)	1850-1855
LAS 111, 1466	Kontraktenprotokoll (Band XIII)	1855-1860
LAS 111, 1467	Kontraktenprotokoll (Band XIV)	1860-1866
LAS 111, 1468	Kontraktenprotokoll (Band XV)	1866-1870
LAS 111, 1469	Kontraktenprotokoll (Band XVI)	1870-1876
LAS 111, 1470	Kontraktenprotokoll (Band XVII)	1876-1881
LAS 111, 1471	Kontraktenprotokoll (Band XVIII)	1881-1885

LAS 111, 1923	Einnahmeregister des Klosters Reinbek	1534
LAS 111, 1924	Steinbeker Zollregister	1572
LAS 111, 1925	Amtsrechnung	1575
LAS 400.5, 428	Amtsrechnung	1577
LAS 111, 1926	Amtsrechnung	1578
LAS 111, 1927	Amtsrechnung	1579
LAS 111, 1928	Amtsrechnung	1580
LAS 111, 1929	Amtsrechnung	1581
LAS 111, 1930	Amtsrechnung	1582
LAS 111, 1931	Amtsrechnung	1583
LAS 111, 1932	Amtsrechnung	1584
LAS 111, 1933	Amtsrechnung	1586
LAS 111, 1934	Amtsrechnung	1587
LAS 111, 1935	Amtsrechnung	1588
LAS 400.5, 427	Amtsrechnung	1588
LAS 111, 1936	Amtsrechnung	1589
LAS 111, 1937	Amtsrechnung	1590
LAS 111, 1938	Amtsrechnung	1591
LAS 111, 1939	Amtsrechnung	1592
LAS 111, 1940	Amtsrechnung	1593
LAS 111, 1941	Amtsrechnung	1594
LAS 111, 1942	Amtsrechnung	1595
LAS 111, 1943	Amtsrechnung	1596
LAS 111, 1944	Amtsrechnung	1597
LAS 111, 1945	Amtsrechnung	1598
LAS 111, 1946	Amtsrechnung	1599
LAS 111, 1947	Amtsrechnung	1600
LAS 400.5, 429	Amtsrechnung	1600
LAS 400.5, 433	Amtsrechnung	1600
LAS 111, 1948	Amtsrechnung	1601
LAS 111, 1949	Amtsrechnung	1602
LAS 111, 1950	Amtsrechnung	1603
LAS 111, 1951	Amtsrechnung	1604
LAS 111, 1952	Amtsrechnung	1605
LAS 111, 1953	Amtsrechnung	1606
LAS 111, 1954	Amtsrechnung	1607
LAS 111, 1955	Amtsrechnung	1608
LAS 111, 1956	Amtsrechnung	1609
LAS 111, 1957	Amtsrechnung	1610
LAS 111, 1958	Amtsrechnung	1611-1612
LAS 111, 1959	Amtsrechnung	1612-1613
LAS 111, 1960	Amtsrechnung	1613-1614
LAS 111, 1961	Amtsrechnung	1614-1615
LAS 111, 1962	Amtsrechnung	1616-1617
LAS 111, 1963	Amtsrechnung	1617-1618

LAS 111, 1964	Amtsrechnung	1618-1619
LAS 111, 1965	Amtsrechnung	1619-1620
LAS 111, 1966	Amtsrechnung	1620-1621
LAS 111, 1967	Amtsrechnung	1621-1622
LAS 111, 1968	Amtsrechnung	1622-1623
LAS 111, 1969	Amtsrechnung	1623-1624
LAS 111, 1970	Amtsrechnung	1624-1625
LAS 111, 1971	Amtsrechnung	1625-1626
LAS 111, 1972	Amtsrechnung	1626-1627
LAS 111, 1973	Amtsrechnung	1627-1628
LAS 111, 1974	Amtsrechnung	1628-1629
LAS 111, 1975	Amtsrechnung	1629-1630
LAS 111, 1976	Amtsrechnung	1630-1631
LAS 111, 1977	Amtsrechnung	1631-1632
LAS 111, 1978	Amtsrechnung	1632-1633
LAS 111, 1979	Amtsrechnung	1633-1634
LAS 111, 1980	Amtsrechnung	1634-1635
LAS 111, 1981	Amtsrechnung	1635-1636
LAS 111, 1982	Amtsrechnung	1636-1637
LAS 111, 1983	Amtsrechnung	1637-1638
LAS 111, 1984	Amtsrechnung	1639-1640
LAS 111, 1985	Amtsrechnung	1640-1641
LAS 111, 1986	Amtsrechnung	1641-1642
LAS 111, 1987	Amtsrechnung	1642-1643
LAS 400.5, 430	Amtsrechnung	1642-1643
LAS 111, 1988	Amtsrechnung	1643-1644
LAS 400.5, 431	Amtsrechnung	1643-1644
LAS 111, 1989	Amtsrechnung	1644-1645
LAS 111, 1990	Amtsrechnung	1645-1646
LAS 400.5, 432	Amtsrechnung	1645-1646
LAS 111, 1991	Amtsrechnung	1646-1647
LAS 111, 1992	Amtsrechnung	1647-1648
LAS 111, 1993	Amtsrechnung	1648-1649
LAS 111, 1994	Amtsrechnung	1649-1650
LAS 111, 1995	Amtsrechnung	1650-1651
LAS 111, 1996	Amtsrechnung	1651-1652
LAS 111, 1997	Amtsrechnung	1652-1653
LAS 111, 1998	Amtsrechnung	1653-1654
LAS 111, 1999	Amtsrechnung	1654-1655
LAS 111, 2000	Amtsrechnung	1655-1656
LAS 111, 2001	Amtsrechnung	1656-1657
LAS 111, 2002	Amtsrechnung	1657-1658
LAS 111, 2003	Amtsrechnung	1658-1659
LAS 111, 2004	Amtsrechnung	1659-1660
LAS 111, 2005	Amtsrechnung	1660-1661

LAS 111, 2006	Amtsrechnung	1661-1662
LAS 111, 2007	Amtsrechnung	1662-1663
LAS 111, 2008	Amtsrechnung	1663-1664
LAS 111, 2009	Amtsrechnung	1664-1665
LAS 111, 2010	Amtsrechnung	1665-1666
LAS 111, 2011	Amtsrechnung	1666-1667
LAS 111, 2012	Amtsrechnung	1667-1668
LAS 111, 2013	Amtsrechnung	1668-1669
LAS 111, 2014	Amtsrechnung	1669-1670
LAS 111, 2015	Amtsrechnung	1670-1671
LAS 111, 2016	Amtsrechnung	1671-1672
LAS 111, 2017	Amtsrechnung	1672-1673
LAS 111, 2018	Amtsrechnung	1673-1674
LAS 111, 2019	Amtsrechnung	1674-1675
LAS 111, 2020	Amtsrechnung	1675-1676
LAS 111, 2021	Amtsrechnung	1676-1677
LAS 111, 2022	Amtsrechnung	1677-1678
LAS 111, 2023	Amtsrechnung	1678-1679
LAS 111, 2024	Amtsrechnung	1679-1680
LAS 111, 2025	Amtsrechnung	1680-1681
LAS 111, 2026	Amtsrechnung	1681-1682
LAS 111, 2027	Amtsrechnung	1682-1683
LAS 111, 2028	Amtsrechnung	1683-1684
LAS 111, 2029	Amtsrechnung	1685
LAS 111, 2030	Amtsrechnung	1686
LAS 111, 2031	Amtsrechnung	1687
LAS 111, 2032	Amtsrechnung	1688
LAS 111, 2033	Amtsrechnung	1689
LAS 111, 2034	Amtsrechnung	1690
LAS 111, 2035	Amtsrechnung	1691
LAS 111, 2036	Amtsrechnung	1692
LAS 111, 2037	Amtsrechnung	1693
LAS 111, 2038	Amtsrechnung	1694
LAS 111, 2039	Amtsrechnung	1695
LAS 111, 2040	Amtsrechnung	1696
LAS 111, 2041	Amtsrechnung	1697
LAS 111, 2042	Amtsrechnung	1698
LAS 111, 2043	Amtsrechnung	1699
LAS 111, 2044	Amtsrechnung	1700
LAS 111, 2045	Amtsrechnung	1701
LAS 111, 2046	Amtsrechnung	1701-1702
LAS 111, 2047	Amtsrechnung	1702-1703
LAS 111, 2048	Amtsrechnung	1703-1704
LAS 111, 2049	Amtsrechnung	1706-1707
LAS 111, 2050	Amtsrechnung	1707-1708

LAS 111, 2051	Amtsrechnung	1721
LAS 111, 2052	Amtsrechnung	1722
LAS 111, 2053	Amtsrechnung	1723
LAS 111, 2054	Amtsrechnung	1724
LAS 111, 2055	Amtsrechnung	1725
LAS 111, 2056	Amtsrechnung	1726
LAS 111, 2057	Amtsrechnung	1727
LAS 111, 2058	Amtsrechnung	1728
LAS 111, 2059	Amtsrechnung	1729
LAS 111, 2060	Amtsrechnung	1730
LAS 111, 2061	Amtsrechnung	1731
LAS 111, 2062	Amtsrechnung	1732
LAS 111, 2063	Amtsrechnung	1733
LAS 111, 2064	Amtsrechnung	1734
LAS 111, 2065	Amtsrechnung	1735
LAS 111, 2066	Amtsrechnung	1736
LAS 111, 2067	Amtsrechnung	1737
LAS 111, 2068	Amtsrechnung	1738
LAS 111, 2069	Amtsrechnung	1739
LAS 111, 2070	Amtsrechnung	1740
LAS 111, 2071	Amtsrechnung	1741
LAS 111, 2072	Amtsrechnung	1742
LAS 111, 2073	Amtsrechnung	1743
LAS 111, 2074	Amtsrechnung	1744
LAS 111, 2075	Amtsrechnung	1745
LAS 111, 2076	Amtsrechnung	1746
LAS 111, 2077	Amtsrechnung	1747
LAS 111, 2078	Amtsrechnung	1748
LAS 111, 2079	Amtsrechnung	1749
LAS 111, 2080	Amtsrechnung	1750
LAS 111, 2081	Amtsrechnung	1751
LAS 111, 2082	Amtsrechnung	1752
LAS 111, 2083	Amtsrechnung	1753
LAS 111, 2084	Amtsrechnung	1754
LAS 111, 2085	Amtsrechnung	1755
LAS 111, 2086	Amtsrechnung	1756
LAS 111, 2087	Amtsrechnung	1757
LAS 111, 2088	Amtsrechnung	1758
LAS 111, 2089	Amtsrechnung	1759
LAS 111, 2090	Amtsrechnung	1760
LAS 111, 2091	Amtsrechnung	1761
LAS 111, 2092	Amtsrechnung	1762
LAS 111, 2093	Amtsrechnung	1763
LAS 111, 2094	Amtsrechnung	1764
LAS 111, 2095	Amtsrechnung	1765

LAS 111, 2096	Amtsrechnung	1766
LAS 111, 2097	Amtsrechnung	1767
LAS 111, 2098	Amtsrechnung	1768
LAS 111, 2099	Amtsrechnung	1769
LAS 111, 2100	Amtsrechnung	1770
LAS 111, 2101	Amtsrechnung	1771
LAS 111, 2102	Amtsrechnung	1772
LAS 111, 2103	Amtsrechnung	1773
LAS 111, 2104	Amtsrechnung	1774
LAS 111, 2105	Amtsrechnung	1775
LAS 111, 2106	Amtsrechnung	1776
LAS 111, 2107	Amtsrechnung	1777
LAS 111, 2108	Amtsrechnung	1778
LAS 111, 2109	Amtsrechnung	1779
LAS 111, 2110	Amtsrechnung	1780
LAS 111, 2111	Amtsrechnung	1781
LAS 111, 2112	Amtsrechnung	1782
LAS 111, 2113	Amtsrechnung	1783
LAS 111, 2114	Amtsrechnung	1784
LAS 111, 2115	Amtsrechnung	1785
LAS 111, 2116	Amtsrechnung	1786
LAS 111, 2117	Amtsrechnung	1787
LAS 111, 2118	Amtsrechnung	1788
LAS 111, 2119	Amtsrechnung	1789
LAS 111, 2120	Amtsrechnung	1790
LAS 111, 2121	Amtsrechnung	1791
LAS 111, 2122	Amtsrechnung	1792
LAS 111, 2123	Amtsrechnung	1793
LAS 111, 2124	Amtsrechnung	1794
LAS 111, 2125	Amtsrechnung	1795
LAS 111, 2126	Amtsrechnung	1796
LAS 111, 2127	Amtsrechnung	1797
LAS 111, 2128	Amtsrechnung	1798
LAS 111, 2129	Amtsrechnung	1799
LAS 111, 2130	Amtsrechnung	1800
LAS 111, 2131	Amtsrechnung	1801
LAS 111, 2132	Amtsrechnung	1802
LAS 111, 2133	Amtsrechnung	1803
LAS 111, 2134	Amtsrechnung	1804
LAS 111, 2135	Amtsrechnung	1805
LAS 111, 2136	Amtsrechnung	1806
LAS 111, 2137	Amtsrechnung	1807
LAS 111, 2138	Amtsrechnung	1808
LAS 111, 2139	Amtsrechnung	1809
LAS 111, 2140	Amtsrechnung	1810

LAS 111, 2141	Amtsrechnung	1811
LAS 111, 2142	Amtsrechnung	1812
LAS 111, 2143	Amtsrechnung	1813
LAS 111, 2144	Amtsrechnung	1814
LAS 111, 2145	Amtsrechnung	1815
LAS 111, 2146	Amtsrechnung	1816
LAS 111, 2147	Amtsrechnung	1817
LAS 111, 2148	Amtsrechnung	1818
LAS 111, 2149	Amtsrechnung	1819
LAS 111, 2150	Amtsrechnung	1820
LAS 111, 2151	Amtsrechnung	1821
LAS 111, 2152	Amtsrechnung	1822
LAS 111, 2153	Amtsrechnung	1823
LAS 111, 2154	Amtsrechnung	1824
LAS 111, 2155	Amtsrechnung	1825
LAS 111, 2156	Amtsrechnung	1826
LAS 111, 2157	Amtsrechnung	1827
LAS 111, 2158	Amtsrechnung	1828
LAS 111, 2159	Amtsrechnung	1829
LAS 111, 2160	Amtsrechnung	1830
LAS 111, 2161	Amtsrechnung	1831
LAS 111, 2162	Amtsrechnung	1832
LAS 111, 2163	Amtsrechnung	1833
LAS 111, 2164	Amtsrechnung	1834
LAS 111, 2165	Amtsrechnung	1835
LAS 111, 2166	Amtsrechnung	1836
LAS 111, 2167	Amtsrechnung	1837
LAS 111, 2168	Amtsrechnung	1838
LAS 111, 2169	Amtsrechnung	1839
LAS 111, 2170	Amtsrechnung	1840
LAS 111, 2171	Amtsrechnung	1841
LAS 111, 2172	Amtsrechnung	1842
LAS 111, 2173	Amtsrechnung	1843
LAS 111, 2174	Amtsrechnung	1844
LAS 111, 2175	Amtsrechnung	1845
LAS 111, 2176	Amtsrechnung	1846
LAS 111, 2177	Amtsrechnung	1847
LAS 111, 2178	Amtsrechnung	1848
LAS 111, 2179	Amtsrechnung	1849
LAS 111, 2180	Amtsrechnung	1850
LAS 111, 2181	Amtsrechnung	1851
LAS 111, 2182	Amtsrechnung	1852
LAS 111, 2183	Amtsrechnung	1853
LAS 111, 2184	Amtsrechnung	1853-1854
LAS 111, 2185	Amtsrechnung	1854-1855

LAS 111, 2186	Amtsrechnung	1855-1856
LAS 111, 2187	Amtsrechnung	1856-1857
LAS 111, 2188	Amtsrechnung	1857-1858
LAS 111, 2189	Amtsrechnung	1858-1859
LAS 111, 2190	Amtsrechnung	1859-1860
LAS 111, 2191	Amtsrechnung	1860-1861
LAS 111, 2192	Amtsrechnung	1861-1862
LAS 111, 2193	Amtsrechnung	1862-1863
LAS 111, 2194	Amtsrechnung	1863-1864
LAS 111, 2195	Amtsrechnung	1864-1865
LAS 111, 2196	Amtsrechnung	1865-1866
LAS 111, 2197	Amtsrechnung	1866-1867
LAS 111, 2198	Amtsrechnung	1867
LAS 7, 5145	Ländliche Besitzverhältnisse, wüste Hufen, Landwirtschaftssachen	1573-1705
LAS 7, 5147	Verschiedene Fuhr- und Dienstsachen	1579-1710
LAS 111, 112	Dienst- und Fuhrsachen	1579-1866
LAS 111, 113	Dienst- und Fuhrsachen	1604-1810
LAS 111, 138	Wiederbesetzung wüster Hufen und Katen	1605-1781
LAS 111, 140	Neue Anbauer	1658-1809
LAS 8.2, 1008	Bäuerliche Besitzverhältnisse, einzelne Katen, Hufen und Ländereien	1712-1777
LAS 111, 1825	Spezifikation der Pachtstücke	1720
LAS 8.2, 1011	Die freien Bauervogteihufen und deren Konfirmation	1727-1728
LAS 111, 184	Feldregister	1737
LAS 8.1, 869	u. a. Hand- und Spanndienste	1750
LAS 66, 4502	Erbpachten und Konfirmationen	1775-1810
LAS 66, 4936	Pachtstücke und Konzessionen	1775-1848
LAS 111, 1808	Instenregister	1775
LAS 111, 1809	Instenregister	1776
LAS 66, 4797	Dienst-Fuhrreglements für einzelne Dorfschaften	1777-1786
LAS 66, 482	Landausweisungen	1782-1804
LAS 66, 483	Landausweisungen	1782-1804
LAS 66, 484	Landausweisungen	1782-1804
LAS 66, 8034	Landveräußerungen (Journale FoLw A – Lw L)	1799-1825
LAS 66, 4500	Erbpachten und Konfirmationen	1800-1842
LAS 66, 4501	Erbpachten und Konfirmationen	1800-1842
LAS 66, 2327	Fuhrregister	1801-1802
LAS 66, 2328	Fuhrregister	1801-1805
LAS 66, 7523	Fuhrsachen	1802-1847
LAS 66, 6371	Fuhr- und Dienstregister	1803-1806

LAS 66, 8039	Landüberlassungen (Journale Lw A–D)	1805-1809
LAS 66, 8040	Landüberlassungen (Journale Lw D–F)	1809-1815
LAS 66, 1023	Konzessionen	1810-1833
LAS 66, 8041	Landüberlassungen (Journale Lw G–K)	1815-1822
LAS 66, 5512	Aufgemessene Gemeinheitsgründe	1820-1821
LAS 66, 8187	Unapprobierte Landausweisungen	1820-1826
LAS 66, 6534	Ablegung von Bauervogtkoppeln	1821-1836
LAS 66, 8042	Landüberlassungen (Journale Lw L–M)	1823-1826
LAS 66, 8035	Landveräußerungen (Journale Lw M–Q)	1825-1832
LAS 66, 8043	Landüberlassungen (Journale Lw N)	1826-1827
LAS 66, 8044	Landüberlassungen (Journale Lw N–O)	1827-1829
LAS 66, 8045	Landüberlassungen (Journale Lw P)	1829-1831
LAS 111, 114	Dienst- und Fuhrsachen	1830-1871
LAS 66, 5511	Marschländereien in der sogenannten Ohlenburg	1834-1835
LAS 66, 5517	Landüberlassungen und -verkäufe	1835-1847
LAS 66, 8036	Landveräußerungen (Journale Lw Q–W)	1836-1840
LAS 66, 8037	Landveräußerungen (Journale Lw Q–W)	1841-1843
LAS 66, 8046	Landüberlassungen (Journale Lw P)	1841-1843
LAS 66, 6483	Landveräußerungen (Revisionsakten)	1841-1848
LAS 66, 8038	Landveräußerungen (Journale Lw Q–W)	1844-1848
LAS 66, 8047	Landüberlassungen (Journale Lw P)	1844-1845
LAS 66, 5140	Landveräußerungen (Unerledigte Sachen)	1845-1848
LAS 66, 8048	Landüberlassungen (Journale Lw P)	1846-1848
LAS 111, 1718	Veräußerung fiskalischer Grundstücke	1869-1888
LAS 111, 768	Dingliche Rechte des Fiskus an Grundstücken (Reallasten) und deren Eintragung ins Grundbuch	1875-1885

LAS 7, 5151	Kontributionsregister	1640-1641
LAS 111, 208	Kontributionsregister	1641-1724
LAS 111, 209	Prinzessinnensteuerregister	1642-1699
LAS 111, 307	Amtsschuldbuch	1651-1668
LAS 111, 308	Amtsschuldbuch	1651-1673
LAS 111, 309	Amtsschuldbuch	1665-1671
LAS 7, 5152	Kontributionsregister	1668-1677
LAS 111, 310a	Amtsschuldbuch	1673-1800
LAS 7, 5153	Kontributionsregister	1675-1679
LAS 111, 310	Interims-Amtsschuldbuch	1676
LAS 7, 5154	Kontributionsregister	1679-1682
LAS 111, 210	Donativgeldregister	1681
LAS 111, 211	Jahresregister der Herrengefälle	1681
LAS 7, 5155	Kontributionsregister	1683-1684
LAS 7, 5156	Kontributionsregister	1686-1693
LAS 111, 100	Schutz- und Verbittelsgeld der Insten	1692-1786

LAS 111, 212	Restitutionssteuerregister	1693
LAS 111, 213	Huldigungsgeldregister	1698
LAS 111, 101	Setz- und Geldregister der Untertanen	1703-1803
LAS 111, 181	Erdbuch	1704
LAS 111, 182	Extrakt aus dem Erdbuch	1705
LAS 111, 183	Erdbuch	1706
LAS 111, 1851	Restanten der wüsten Hufen	1713-1716
LAS 111, 1850	Eingekommene Restanten der ordinären Kontribution und der Herrengelder	1714-1717
LAS 66, 7260	Veranlagung zur Extrasteuer	1714-1720
LAS 111, 187c	Hebungsregister	1715-1716
LAS 111, 1860	Restantenregister	1715-1720
LAS 111, 1812	Extrakt aus den Hebungsregistern	1716
LAS 111, 1810	Kontributionsregister	1716
LAS 66, 7280	Akten zur Veranlagung zur Kriegs-, Vermögens- und Nahrungssteuer sowie zur Kopf-, Karossen- und Pferdesteuer	1717
LAS 111, 1813	Verzeichnis der Kopf-, Karossen- und Pferdesteuer	1717
LAS 111, 1815	General-Extrakt aus der Hebung	1717
LAS 111, 1853	Verzeichnis der eingebrachten Exekutionsgebühren	1717
LAS 111, 187a	Kassabuch	1717
LAS 111, 187b	Kassabuch	1718
LAS 111, 187d	Hebungsregister	1718
LAS 111, 1821	Kontributionsregister	1719
LAS 111, 1908	Hauptbuch	1719
LAS 111, 1864	Hebungs- und Rechnungssachen	1718
LAS 111, 1852	Brücheregister	1718
LAS 111, 1856	Brücheregister	1719
LAS 111, 1854	Spezifikation der Hebung von den wüsten Hufen	1719
LAS 111, 1855	Spezifikation der Insten, die Verbittelsgeld zahlen müssen	1719
LAS 111, 1857	Spezifikation der Exekutionsgebühren	1719
LAS 111, 1819	General-Extrakt aller gehobenen Intraden	1719
LAS 111, 1820	Regelmäßige Extrakte aus der Hebung	1719
LAS 111, 1862	Restantenregister der ordinären und der Extraordinären Kontribution und der Herrengelder	1719-1720
LAS 111, 1863	Register des gelieferten Magazinroggens	1719-1720
LAS 111, 1859	Restantenregister der wüsten Hufen und der Verbittelsgelder	1720
LAS 111, 1822	Herrengeldregister	1720
LAS 111, 1826	Regelmäßige Extrakte aus den Hebungen	1720

LAS 111, 187e	Hauptbuch	1720
LAS 8.2, 974	Insten, deren Schutz- und Verbittelsgelder	1722-1768
LAS 8.1, 851	Hebungssachen	1726-1771
LAS 111, 214	Einprozentregister	1728-1734
LAS 111, 188	Hebungsregister	1729
LAS 111, 189	Hebungsregister	1730
LAS 111, 190	Haupt- und Hebungsbuch	1733
LAS 111, 191	Haupt- und Hebungsbuch	1740
LAS 111, 192	Haupt- und Hebungsbuch	1748
LAS 8.2, 1056	Das neue Reinbeker Erdbuch (Amtsbeschreibung)	1765-1766
LAS 111, 56	Hebungsregister über die aus der Verpfändung gelösten elf Dörfer	1768
LAS 111, 217	Mannzahlregister	1776
LAS 111, 218	Mannzahlregister	1777
LAS 111, 193	Hebungsregister	1780
LAS 66, 3871	Fundamental-Extrakte aus dem SchuPfPr für die Viertelprozent-Kapitaliensteuer	1781
LAS 111, 194	Hauptbuch	1783
LAS 111, 195	Hauptbuch	1784
LAS 111, 218a	Mannzahlregister	1789
LAS 111, 196	Hauptbuch	1793
LAS 111, 219	Mannzahlregister	1796
LAS 111, 197	Hauptbuch	1800
LAS 111, 187	Verzeichnis der kontribuablen Tonnenzahl	1802
LAS 111, 220	Mannzahlregister	1803
LAS 111, 105	Vermessung der steuerpflichtigen Gebäude und Entwurf eines Hebungsregisters	1803-1806
LAS 309, 37616	Verzeichnisse feststehender Gefälle	1804-1855
LAS 66, 5945	Landsteuer-Register	1804-1811
LAS 66, 3855	Zwei-Prozent-Kapitalsteuer	1809-1810
LAS 111, 198	Hauptbuch	1810
LAS 66, 7117	Halbprozentsteuer-Verzeichnisse von Erbschaften und Immobilienübertragungen	1810-1811
LAS 66, 7147	Mannzahl- und Schatzprotokolle zur Vermögenssteuer	1810-1814
LAS 66, 5944	Landsteuer-Register	1813
LAS 66, 4131	Hebungs- und Rechnungssachen	1817-1839
LAS 111, 199	Hauptbuch	1820
LAS 66, 5518	Steuersachen	1823-1845
LAS 66, 5519	Steuersachen	1823-1845
LAS 66, 5322	Haussteuer	1828-1848
LAS 111, 200	Hauptbuch	1830
LAS 66, 3929	Hebungsextrakte	1835
LAS 66, 6507	Hebungsextrakte	1835-1837

LAS 66, 6567	Verzeichnisse der Halbprozent- und Vierprozentsteuerfälle von Erbschaften und Eigentumsübertragungen bzw. Kollateral-erbschaften	1838
LAS 66, 936	Halbprozent-Steuerfälle von Erbschaften, Verkäufen und Auktionen	1838
LAS 66, 2574.4	Hebungsextrakte über Gefälle und Intraden	1839-1840
LAS 66, 2573.5	Halbprozent-Steuerfälle	1839
LAS 111, 201	Hauptbuch	1839
LAS 66, 2572.4	Hebungsextrakte über Gefälle und Intraden	1840-1841
LAS 66, 949	Halbprozent-Steuerlisten	1840
LAS 66, 952	Halbprozent- und Vierprozent-Steuerlisten	1840
LAS 66, 951	Halbprozent- und Vierprozent-Steuerlisten	1841
LAS 66, 944	Halbprozent- und Kollateralsteuerlisten	1842
LAS 66, 6158	Verzeichnis der Halbprozent-Steuerfälle und der Vierprozent-(Kollateral)steuerfälle	1843
LAS 66, 945.10	Verzeichnis der Halbprozent-Steuerfälle und der Vierprozent-(Kollateral)steuerfälle	1844
LAS 111, 764	Zu zahlendes Einprozentgeld	1844-1888
LAS 66, 6130	Verzeichnis der Halbprozent-Steuerfälle und der Vierprozent-(Kollateral)steuerfälle	1845
LAS 111, 1779	Einziehung der nach Maßgabe des Vermögens aufzubringenden Anleihe	1847-1851
LAS 111, 202	Hauptbuch	1849
LAS 111, 215	Haussteuerregister	1852
LAS 309, 37660	Verzeichnisse feststehender Gefälle	1856-1857
LAS 111, 216	Landsteuerregister	1857
LAS 111, 203	Hauptbuch	1859-1860
LAS 309, 37647	Verzeichnisse feststehender Gefälle	1861-1867
LAS 111, 765	Umwandlung früherer Leistungen in die Grundsteuer	1869-1879
LAS 111, 766	Wegfall und Ablösung der Erbpacht- und Kanonbeträge	1869-1888
LAS 309, 2637	verschiedene Abgaben wie Grundheuer, Erbpacht etc.	1869-1872
LAS 309, 2658	verschiedene Abgaben wie Grundheuer, Erbpacht etc.	1870-1873
LAS 309, 2659	verschiedene Abgaben wie Grundheuer, Erbpacht etc.	1870-1873

LAS 309, 16426	Erbschaftssachen	1865-1868

Einzelne Testamente und Nachlasssachen aus den Jahren 1868-1947 befinden sich im gedruckten Findbuch LAS 355.40, S. 21-33.

LAS 111, 249	Brand- und Schützengilde	1700-1770
LAS 400.5, 1087	Brandversicherungsregister	1777

LAS 400.5, 1088	Brandversicherungsregister	1787
LAS 400.5, 1089	Brandversicherungsregister	1797
LAS 400.5, 1090	Brandversicherungsregister	1810
LAS 400.5, 1091	Brandversicherungsregister	1820
LAS 7, 5150	Amtsbuch; u. a. Verzeichnis sämtlicher Eingesessenen, mit Angabe des Besitzes und der Schulden	1613
LAS 412, 293	Volkszähllisten	1803
LAS 415, 5411	Volkszähllisten	1835
LAS 415, 5435	Volkszähllisten	1840
LAS 415, 5464	Volkszähllisten	1845
LAS 415, 5502	Volkszähllisten	1855
LAS 111, 207	Beschreibungen der Amtsdörfer Barsbüttel, Stapelfeld, Braak, Siek, Langelohe, Stellau, Willinghusen, Stemwarde, Schönningstedt	1765

Kirchspiel Alt-Rahlstedt

LAS 412, 561	Volkszähllisten	1860
LAS 412, 962	Volkszähllisten	1864

Braak

LAS 111, 207	Beschreibungen der Amtsdörfer Barsbüttel, Stapelfeld, Braak, Siek, Langelohe, Stellau, Willinghusen, Stemwarde, Schönningstedt	1765
LAS 66, 600	Setzungen und Landüberlassungen	1783-1798
LAS 66, 391	Besitzungen von Eingesessenen zu Ahrensfelde und Meilsdorf auf der Feldmark der Dorfschaft Braak	1804-1838
LAS 66, 8051	Gemeinheitsgründe	1820-1835
LAS 355.46, 62	Anlegung der Erbhöferolle	o. J.
LAS 355.46, 63	Gemeindeverzeichnis dazu	o. J.
LAS 355.46, 64-77	Einzelne Erbhofakten **siehe Findbuch LAS 355.46, S. 63-64**	o. J.
LAS 309 Geb. St., 869	Gebäudesteuer	1867
LAS 309 Flur (18), 18	Flurbuch	1877
LAS 309, 15657	Reallastenablösung	1878-1882
LAS 309, 15713	Reallastenablösung	1882-1885
LAS 415, 191	Karte	1731

Stapelfeld

LAS 111, 207	Beschreibungen der Amtsdörfer Barsbüttel, Stapelfeld, Braak, Siek, Langelohe, Stellau, Willinghusen, Stemwarde, Schönningstedt	1765
LAS 8.2, 1023	Die Hufe des Hans Pernit und deren Restituierung an die Erben	1752-1756
LAS 66, 600	Setzungen und Landüberlassungen	1783-1798
LAS 66, 8060	Gemeinheitsgründe	1834-1841
LAS 111, 777	Auseinandersetzungen und Landverkäufe	1859-1882
LAS 111, 1878	Gesuch des Tischlers Hermann Stuhr um Überlassung von Gemeindeland zur Errichtung einer neuen Familienstelle	1865
LAS 355.46, 90	Anlegung der Erbhöferolle	o. J.
LAS 355.46, 91-110	Einzelne Erbhofakten **siehe Findbuch LAS 355.46, S. 65-67**	o. J.
LAS 309 Geb. St., 927	Gebäudesteuer	1867
LAS 309 Flur (18), 119	Flurbuch	1877
LAS 309, 15657	Reallastenablösung	1878-1882
LAS 309, 15701	Reallastenablösung	1882-1883
LAS 415, 117	Karte	1781

Stellau

LAS 111, 207	Beschreibungen der Amtsdörfer Barsbüttel, Stapelfeld, Braak, Siek, Langelohe, Stellau, Willinghusen, Stemwarde, Schönningstedt	1765
LAS 8.2, 1025	Die Kocksche Hufe	1726-1733
LAS 66, 596	Setzungen und Landüberlassungen	1779-1797
LAS 66, 600	Setzungen und Landüberlassungen	1783-1798
LAS 66, 5513	Abgabenverhältnisse des Dreiviertelhufners Matthias Bartelmann	1822-1843
LAS 355.46, 152	Anlegung der Erbhöferolle	o. J.
LAS 355.46, 153-171	Einzelne Erbhofakten **siehe Findbuch LAS 355.46, S. 72-74**	o. J.
LAS 309 Geb. St., 932	Gebäudesteuer	1867
LAS 309 Flur (18), 125	Flurbuch	1877
LAS 309, 15657	Reallastenablösung	1878-1882
LAS 309, 15702	Reallastenablösung	1882-1910
LAS 415, 122	Karte	1781

Kirchspiel Kirchsteinbek

LAS 7, 5076	Tausch von Dörfern zwischen den Ämtern Reinbek und Trittau	1608-1609
LAS 412, 563	Volkszähllisten	1860
LAS 412, 964	Volkszähllisten	1864

Barsbüttel (bis 1609 Amt Trittau)

LAS 111, 207	Beschreibungen der Amtsdörfer Barsbüttel, Stapelfeld, Braak, Siek, Langelohe, Stellau, Willinghusen, Stemwarde, Schönningstedt	1765
LAS 66, 595	Setzungen und Landüberlassungen	1778-1799
LAS 66, 8049	Landüberlassungen und Landveräußerungen	1781-1840
LAS 355.46, 8	Anlegung der Erbhöferolle	o. J.
LAS 355.46, 9-21	Einzelne Erbhofakten **siehe Findbuch LAS 355.46, S. 57 f.**	o. J.
LAS 309 Geb. St., 866	Gebäudesteuer	1867
LAS 309 Flur (18), 11	Flurbuch	1877
LAS 309, 15637	Reallastenablösung	1876-1884
LAS 309, 15657	Reallastenablösung	1878-1882
LAS 415, 1544	Karte	1778
LAS „Fremde Archive" 541, Buch A-69	*Findbuch Bestand I des Gemeindearchivs*	*1990*

Glinde
- Wiesenfeld

LAS 66, 599	Setzungen und Landüberlassungen	1777-1792
LAS 66, 8052	Gemeinheitsgründe	1832-1833
LAS 355.46, 186	Anlegung der Erbhöferolle	o. J.
LAS 355.46, 187-191	Einzelne Erbhofakten **siehe Findbuch LAS 355.46, S. 75-76**	o. J.
LAS 309 Geb. St., 878	Gebäudesteuer	1867
LAS 309 Flur (18), 30	Flurbuch	1877
LAS 309, 15657	Reallastenablösung	1878-1882
LAS 309, 15700	Reallastenablösung	1882-1884
LAS 415, 1561	Karte	1775-1782
LAS 402 A 3, 185b	Karte von den Gemeinheitsländereien	1817

Havighorst
- Domhorst

LAS 111, 204	Vermessungsprotokoll	1776
LAS 66, 599	Setzungen und Landüberlassungen	1777-1792
LAS 66, 8053	Gemeinheitsgründe	1822-1839
LAS 309, 3939	Die Hufenstelle des Hermann Lindemann	1871
LAS 309, 3944	Die ¼-Hufe nebst Schmiede und Ländereien des Hinrich Christian Westphal	1871
LAS 355.46, 22	Anlegung der Erbhöferolle	o. J.
LAS 355.46, 23	Gemeindeverzeichnis dazu	o. J.
LAS 355.46, 24-42	Einzelne Erbhofakten **siehe Findbuch LAS 355.46, S. 58-60**	o. J.
LAS 309 Geb. St., 885	Gebäudesteuer	1867
LAS 309 Flur (18), 44	Flurbuch	1877
LAS 309, 15657	Reallastenablösung	1878-1882
LAS 415, 1563	Karte	1776

Ohe
- Büchsenschinken **- Schönau**

LAS 66, 602	Setzungen und Landüberlassungen	1774-1799
LAS 111, 1522	Additament zum Vermessungsprotokoll	1782-1806
LAS 66, 8057	Gemeinheitsgründe	1831-1842
LAS 111, 770	Vom Fürsten Bismarck beantragte Zusammenlegung von Grundstücken	1881-1886
LAS 309 Geb. St., 909	Gebäudesteuer	1867
LAS 309 Flur (18), 90	Flurbuch	1877
LAS 309, 15657	Reallastenablösung	1878-1882
LAS 309, 15704	Reallastenablösung	1882 ff.
LAS 415, 115	Karte	1777-1791
LAS 402 A 3, 185b	Karte von den Gemeinheitsländereien	1817
LAS 402 A 18, 4	Blatt 7 der Grundsteuergemarkungskarte	1883
LAS 402 A 18, 5	Blatt 10 der Grundsteuergemarkungskarte	1883
LAS „Fremde Archive“ 541, I/181	*Gebäude- und Personenverzeichnis*	*1867*

Oststeinbek (bis 1609 Amt Trittau)

LAS 111, 153	Hufen	1626-1849
LAS 66, 599	Setzungen und Landüberlassungen	1777-1792

LAS 355.46, 172	Anlegung der Erbhöferolle	o. J.
LAS 355.46, 173	Gemeindeverzeichnis dazu	o. J.
LAS 355.46, 174-185	Einzelne Erbhofakten **siehe Findbuch LAS 355.46, S. 74-75**	o. J.
LAS 309 Geb. St., 931	Gebäudesteuer	1867
LAS 309 Flur (18), 93	Flurbuch	1877
LAS 309, 15657	Reallastenablösung	1878-1882
LAS 309, 15712	Reallastenablösung	1882-1883
LAS 415, 119	Karte	1775

Reinbek (Vorwerk Hinschendorf siehe S. 66)

- Baumkate	**- Graskoppel**	**- Karolinenhof**
- Krabbenkamp	**- Schweinkate**	**- Ziegelei**

LAS 66, 4502	Erbpachten und Konfirmationen	1775-1810
LAS 66, 7609	Konfirmationen	1775-1842
LAS 111, 150	Konkursbedingter Verkauf des Besitzes von Baron Berndt Johann Hastfer	1796-1800
LAS 66, 5008	Katen, Freiweiden u. a. m.	1812-1847
LAS 309, 3912	Die Erbpachtsstelle des Rechtsanwalts von Alten	1864-1879
LAS 309, 3907	Mehrere kleine Landstücke des Erbpächters Simon Bahnsen von seiner zu dem ehemaligen Vorwerk Hinschendorf gehörigen Erbpachtsstelle	1865-1875
LAS 309, 3889	Die Erbpachtstellen des Zieglers Cohrs	1869-1871
LAS 309, 3897	Die Anbauer-Erbpachtstelle des Klempnermeisters August Wilhelm Pott aus Bergedorf	1867-1869
LAS 309, 3904	Ein Grundstück von 36 Quadratruten des Erbpächters Sparbier	1869-1870
LAS 309, 3914	Die Erbpachtsstelle des Julius Jahnke	1870-1873
LAS 309, 3937	Die Erbpachtsstelle des Schmieds Johann Hinrich Dobberkau und des Schuhmachers H. Kiehn	1871-1874
LAS 309, 3980	Die Erbpachtsstelle der Erben der Witwe Behrenberg	1872
LAS 309, 4003	Die Verzichtleistung auf das Näherkaufsrecht an der früheren Wulf'schen Erbpachtsstelle	1874
LAS 309, 4007	Verzichtleistung an einem zum vormaligen Vorwerk Hinschendorf gehörigen Stück Erbpachtslandes von 2 Schfl. 22 Rth. 5 Fuß	1877-1890
LAS 309, 4010	Die Erbpachtsstelle des Conrad Friedr. Hinr. Brackelmann	1875

LAS 309, 4012	Die Erbpachtsstelle des Jochim Friedr. Rassmann	1875
LAS 309, 4014	Die zum Hofe Karolinenhof gehörigen 27 Tonnen 1 Schfl. 51 Rth. 8 Fuß Hinschendorfer Vorwerksländereien	1877-1894
LAS 309, 4016	Die Verzichtleistung auf das Näherkaufs-recht an der Erbpachtsstelle des N. J. Mecklenburg	1879
LAS 355.46, 6	Anlegung der Erbhöferolle	o. J.
LAS 355.46, 7	Erbhofakte, Nr. 1 Soltau	o. J.
LAS 309 Geb. St., 917	Gebäudesteuer	1867
LAS 309 Flur (18), 102	Flurbuch	1877
LAS 309, 15333	Ablösung der Reallasten	1874-1903
LAS 309, 15626	Reallastenablösung	1875
LAS 309, 15627	Reallastenablösung	1881
LAS 309, 15628	Reallastenablösung	1893-1907

Vorwerk Hinschendorf:

LAS 7, 5110	Vorwerk Hinschendorf	1599-1706
LAS 111, 120	Hofdienste des Vorwerks Hinschendorf	1640-1776
LAS 111, 121	Das Vorwerk Hinschendorf sowie der Verkauf der Hinschendorfer Erbpacht-ländereien	1647-1871
LAS 8.2, 987	Verschiedene ältere Akten betr. das Vorwerk Hinschendorf	1721-1747
LAS 8.2, 989	Pachtkontrakte über das Vorwerk Hinschendorf	1721-1761
LAS 8.2, 990	Das Vorwerk Hinschendorf, Inventarien	1722-1761
LAS 8.1, 853	Das Vorwerk Hinschendorf	1725-1773
LAS 8.2, 991	Feldregister über das Vorwerk Hinschendorf	1731
LAS 8.2, 992	Die Vermessung sowie die beabsichtigte Niederlegung und Erbverpachtung des Vorwerks Hinschendorf	1748-1750
LAS 8.2, 988	Verschiedene spätere Akten betr. das Vorwerk Hinschendorf	1751-1777
LAS 8.2, 993	Verbesserung des Vorwerks Hinschendorf und Niederlegung der Schäferei sowie die intendierte Erbverpachtung und Vermessung	1763-1766
LAS 8.2, 994	Zum Vorwerk Hinschendorf schuldige Dienste	1771-1773
LAS 8.2, 995	Die Erbverpachtung des Vorwerks Hinschendorf	1771-1775
LAS 66, 8059	Niederlegung des Vorwerks Hinschendorf	1775

LAS „Fremde Archive“ 541, I/183	*Beschreibung der Ländereien und Gebäude des Vorwerkes Hinschendorf*	*nach 1703*
LAS „Fremde Archive“ 541, I/165	*Feld-Register von den Ländereien des Vorwerkes Hinschendorf*	*1765*
LAS „Fremde Archive“ 541, I/181	*Gebäude- und Personenverzeichnis*	*1867*
LAS „Fremde Archive“ 541, I/101	*Verzeichnis der staatseigenen Grundstücke*	*1869-1886*
LAS „Fremde Archive“ 541, II/90	*Übertragung von Grundstücken auf die Gemeinde*	*1892-1920*
LAS „Fremde Archive“ 541, I/186	*Kaufvertrag zwischen Löning und Bahnsen über das Gehöft Hinschendorf*	*1846*
LAS „Fremde Archive“ 541, I/168	*Kaufvertrag zwischen Friedrich Wilhelm Große und Heinrich Paepke über eine Erbpachtstelle*	*1855*
LAS „Fremde Archive“ 541, I/173	*Kaufvertrag zwischen Cornelius Jacob Berenberg und Lorens Tetens Haase über das Erbpachtgehöft Karolinenhof*	*1857*
LAS „Fremde Archive“ 541, I/175	*Kaufvertrag zwischen dem Ziegler Hans Heinrich Harders und dem Holländer Hans Heinrich Sparbier über Haus und Land*	*1859*
LAS „Fremde Archive“ 541, I/172	*Kaufvertrag zwischen dem Hofbesitzer Julius Lomer und Franz Schroeder über den Hof Mühlenbek*	*1859*
LAS „Fremde Archive“ 541, I/187	*Kaufvertrag zwischen Bahnsen und Leutholz über das Gehöft Hinschendorf*	*1864*
LAS „Fremde Archive“ 541, I/103	*Überlassung von Gemeindegrundstücken und freien Ländereien an Privatpersonen*	*1866-1887*
LAS „Fremde Archive“ 541, I/100	*Verkauf und Verpachtung staatseigener Grundstücke und Gebäude*	*1882-1887*
LAS „Fremde Archive“ 541, II/390	*Kauf und Tausch von Grundstücken, Wegen und Straßen zwischen Fiskus und Gemeinde Reinbek*	*1897-1908*

LAS „Fremde Archive“ 541, II/177	*Veräußerung von Grundstücken der ehemaligen Kirchspielvogtei*	*1899-1919*

Schönningstedt
- Neuschönningstedt **- Schönningstedterfeld**

LAS 111, 207	Beschreibungen der Amtsdörfer Barsbüttel, Stapelfeld, Braak, Siek, Langelohe, Stellau, Willinghusen, Stemwarde, Schönningstedt	1765
LAS 66, 599	Setzungen und Landüberlassungen	1777-1792
LAS 111, 150	Konkursbedingter Verkauf des Besitzes von Baron Berndt Johann Hastfer	1796-1800
LAS 66, 8058	Parzellierung des Hammelberges	1824-1832
LAS 66, 8057	Gemeinheitsgründe	1831-1842
LAS 309, 4686	Überlassung eines Gemeinheits-Landstücks an den Kätner Hinrichs zu Heidkrug	1871-1878
LAS 355.46, 111	Anlegung der Erbhöferolle	o. J.
LAS 355.46, 112	Gemeindeverzeichnis dazu	o. J.
LAS 355.46, 113-134	Einzelne Erbhofakten **siehe Findbuch LAS 355.46, S. 68-70**	o. J.
LAS 309 Geb. St., 922	Gebäudesteuer	1867
LAS 309 Flur (18), 113	Flurbuch	1877
LAS 309, 15657	Reallastenablösung	1878-1882
LAS 402 A 3, 185b	Karte von den Gemeinheitsländereien	1817
LAS „Fremde Archive“ 541, I/184	*Beschreibung des Dorfes mit Ländereien, Bauernhöfen, Tierbestand und Abgaben*	*um 1690*
LAS „Fremde Archive“ 541, I/181	*Gebäude- und Personenverzeichnis*	*1867*

Stemwarde (bis 1609 Amt Trittau)

LAS 111, 207	Beschreibungen der Amtsdörfer Barsbüttel, Stapelfeld, Braak, Siek, Langelohe, Stellau, Willinghusen, Stemwarde, Schönningstedt	1765
LAS 8.2, 1026	Die zugebrochenen Ländereien des Matthias Reins	1732-1753
LAS 66, 596	Setzungen und Landüberlassungen	1779-1797

LAS 66, 8061	Gemeinheitsgründe	1821-1840
LAS 355.46, 43	Anlegung der Erbhöferolle	o. J.
LAS 355.46, 44	Gemeindeverzeichnis dazu	o. J.
LAS 355.46, 45-61	Einzelne Erbhofakten **siehe Findbuch LAS 355.46, S. 61-62**	o. J.

LAS 309 Geb. St., 929	Gebäudesteuer	1867
LAS 309 Flur (18), 126	Flurbuch	1877
LAS 309, 15657	Reallastenablösung	1878-1882
LAS 309, 15709	Reallastenablösung	1882-1883

LAS 415, 1564	Karte	1780
LAS 402 A 3, 185b	Karte von den Gemeinheitsländereien	1817

Willinghusen (bis 1609 Amt Trittau)

LAS 111, 207	Beschreibungen der Amtsdörfer Barsbüttel, Stapelfeld, Braak, Siek, Langelohe, Stellau, Willinghusen, Stemwarde, Schönningstedt	1765

LAS 66, 596	Setzungen und Landüberlassungen	1779-1797
LAS 66, 8064	Gemeinheitsgründe	1811-1840
LAS 355.46, 135	Anlegung der Erbhöferolle	o. J.
LAS 355.46, 136-151	Einzelne Erbhofakten **siehe Findbuch LAS 355.46, S. 70-72**	o. J.

LAS 309 Geb. St., 942	Gebäudesteuer	1867
LAS 309 Flur (18), 146	Flurbuch	1877
LAS 309, 15657	Reallastenablösung	1878-1882
LAS 309, 15708	Reallastenablösung	1882

Kirchspiel Siek

LAS 111, 1457a	Extrakt aus dem SchuPfPr	1857-1884

LAS 412, 562	Volkszähllisten	1860
LAS 412, 963	Volkszähllisten	1864

Brunsbek siehe Kronshorst, Langelohe, Papendorf

Langelohe

LAS 111, 207	Beschreibungen der Amtsdörfer Barsbüttel, Stapelfeld, Braak, Siek, Langelohe, Stellau, Willinghusen, Stemwarde, Schönningstedt	1765
LAS 66, 596	Setzungen und Landüberlassungen	1779-1797
LAS 66, 8054	Gemeinheitsgründe	1834-1840
LAS 355.46, 78	Anlegung der Erbhöferolle	o. J.
LAS 355.46, 79-89	Einzelne Erbhofakten **siehe Findbuch LAS 355.46, S. 64-65**	o. J.
LAS 309 Geb. St., 895	Gebäudesteuer	1867
LAS 309 Flur (18), 66	Flurbuch	1877
LAS 309, 15657	Reallastenablösung	1878-1882
LAS 309, 15705	Reallastenablösung	1882-1884
LAS 415, 118	Karte	1780

Siek
- Siekerberg **- Siekerfeld**

LAS 111, 207	Beschreibungen der Amtsdörfer Barsbüttel, Stapelfeld, Braak, Siek, Langelohe, Stellau, Willinghusen, Stemwarde, Schönningstedt	1765
LAS 8.2, 1022	Die Vermessung und Verteilung der zur Dorfschaft gehörigen Ländereien und solcherhalben zwischen Hufnern und Kätnern getroffener Vergleich	1756-1759
LAS 111, 1764	Additament zum Vermessungsprotokoll	1781
LAS 66, 8063	Gemeinheitsgründe	1803-1840
LAS 309, 4013	Die Erbpachtsstelle des H. F. Christen, J. H. Bartels, H. H. Filter und Hufner H. H. Blinkmann in Siek und des Kätners J. H. Bluckmann	1876
LAS 309 Geb. St., 924	Gebäudesteuer	1867
LAS 309 Flur (18), 117	Flurbuch	1877
LAS 309, 15657	Reallastenablösung	1878-1882
LAS 309, 15706	Reallastenablösung	1882-1884
LAS 415, 1562	Karte	1779

Amt Reinfeld

LAS 109, 366	Amtsrechnung	1640-1641
LAS 109, 367	Amtsrechnung	1645-1646
LAS 109, 368	Amtsrechnung	1663-1664
LAS 109, 369	Amtsrechnung	1666-1667
LAS 109, 370	Amtsrechnung	1667-1668
LAS 109, 371	Amtsrechnung	1668-1669
LAS 109, 372	Amtsrechnung	1671-1672
LAS 109, 373	Amtsrechnung	1673-1674
LAS 109, 739	Amtsrechnung	1674-1675
LAS 109, 374	Amtsrechnung	1675-1676
LAS 109, 375	Amtsrechnung	1676-1677
LAS 109, 376	Amtsrechnung	1677-1678
LAS 109, 377	Amtsrechnung	1678-1679
LAS 109, 740	Amtsrechnung	1679-1680
LAS 109, 741	Amtsrechnung	1680-1681
LAS 109, 378	Amtsrechnung	1681-1682
LAS 109, 379	Amtsrechnung	1684-1685
LAS 109, 380	Amtsrechnung	1687-1688
LAS 109, 381	Amtsrechnung	1688-1689
LAS 109, 382	Amtsrechnung	1689-1690
LAS 109, 383	Amtsrechnung	1690-1691
LAS 109, 384	Amtsrechnung	1693-1694
LAS 109, 385	Amtsrechnung	1694-1695
LAS 109, 386	Amtsrechnung	1695-1696
LAS 109, 387	Amtsrechnung	1696-1697
LAS 109, 388	Amtsrechnung	1698-1699
LAS 109, 389	Amtsrechnung	1700-1701
LAS 109, 390	Amtsrechnung	1701-1702
LAS 109, 391	Amtsrechnung	1702-1703
LAS 109, 392	Amtsrechnung	1703-1704
LAS 109, 393	Amtsrechnung	1704-1705
LAS 109, 394	Amtsrechnung	1706-1707
LAS 109, 395	Amtsrechnung	1707-1708
LAS 109, 396	Amtsrechnung	1708-1709
LAS 109, 397	Amtsrechnung	1711
LAS 109, 398	Amtsrechnung	1714
LAS 109, 399	Amtsrechnung	1715
LAS 109, 400	Amtsrechnung	1733
LAS 109, 401	Amtsrechnung	1734
LAS 109, 402	Amtsrechnung	1737
LAS 109, 742	Amtsrechnung	1737-1749
LAS 109, 403	Amtsrechnung	1738
LAS 109, 743	Amtsrechnung	1749-1760

LAS 109, 404	Amtsrechnung	1753
LAS 109, 405	Amtsrechnung	1754
LAS 109, 406	Amtsrechnung	1755
LAS 109, 407	Amtsrechnung	1756
LAS 109, 408	Amtsrechnung	1757
LAS 109, 409	Amtsrechnung	1758
LAS 109, 410	Amtsrechnung	1759
LAS 109, 411	Amtsrechnung	1759
LAS 109, 412	Amtsrechnung, Band 1	1761
LAS 109, 476	Amtsrechnung, Band 1	1824
LAS 109, 744	Amtsrechnung, Band 1	1824
LAS 109, 477	Amtsrechnung, Band 1	1825
LAS 109, 481	Amtsrechnung, Band 1	1829
LAS 109, 511	Amtsrechnung, Band 1	1858-1859
LAS 109, 413	Amtsrechnung, Band 2	1761
LAS 109, 414	Amtsrechnung	1762
LAS 109, 255	Repertorium der Anlagen zur Amtsrechnung, Band 1	1762-1799
LAS 109, 256	Repertorium der Anlagen zur Amtsrechnung, Band 2	1800-1839
LAS 109, 257	Repertorium der Anlagen zur Amtsrechnung, Band 3	1840-1867
LAS 109, 415	Amtsrechnung	1763
LAS 109, 416	Amtsrechnung	1764
LAS 109, 417	Amtsrechnung	1765
LAS 109, 418	Amtsrechnung	1766
LAS 109, 419	Amtsrechnung	1767
LAS 109, 420	Amtsrechnung	1768
LAS 109, 421	Amtsrechnung	1769
LAS 109, 422	Amtsrechnung	1770
LAS 109, 423	Amtsrechnung	1771
LAS 109, 424	Amtsrechnung	1772
LAS 109, 425	Amtsrechnung	1773
LAS 109, 426	Amtsrechnung	1774
LAS 109, 427	Amtsrechnung	1775
LAS 109, 428	Amtsrechnung	1776
LAS 109, 429	Amtsrechnung	1777
LAS 109, 430	Amtsrechnung	1778
LAS 109, 431	Amtsrechnung	1779
LAS 109, 432	Amtsrechnung	1780
LAS 109, 433	Amtsrechnung	1781
LAS 109, 434	Amtsrechnung	1782
LAS 109, 435	Amtsrechnung	1783
LAS 109, 436	Amtsrechnung	1784
LAS 109, 437	Amtsrechnung	1785

LAS 109, 438	Amtsrechnung	1786
LAS 109, 439	Amtsrechnung	1787
LAS 109, 440	Amtsrechnung	1788
LAS 109, 441	Amtsrechnung	1789
LAS 109, 442	Amtsrechnung	1790
LAS 109, 443	Amtsrechnung	1791
LAS 109, 444	Amtsrechnung	1792
LAS 109, 445	Amtsrechnung	1793
LAS 109, 446	Amtsrechnung	1794
LAS 109, 447	Amtsrechnung	1795
LAS 109, 448	Amtsrechnung	1796
LAS 109, 449	Amtsrechnung	1797
LAS 109, 450	Amtsrechnung	1798
LAS 109, 451	Amtsrechnung	1799
LAS 109, 452	Amtsrechnung	1800
LAS 109, 453	Amtsrechnung	1801
LAS 109, 454	Amtsrechnung	1802
LAS 109, 455	Amtsrechnung	1803
LAS 109, 456	Amtsrechnung	1804
LAS 109, 457	Amtsrechnung	1805
LAS 109, 458	Amtsrechnung	1806
LAS 109, 459	Amtsrechnung	1807
LAS 109, 460	Amtsrechnung	1808
LAS 109, 461	Amtsrechnung	1809
LAS 109, 462	Amtsrechnung	1810
LAS 109, 463	Amtsrechnung	1811
LAS 109, 464	Amtsrechnung	1812
LAS 109, 465	Amtsrechnung	1813
LAS 109, 466	Amtsrechnung	1814
LAS 109, 467	Amtsrechnung	1815
LAS 109, 468	Amtsrechnung	1816
LAS 109, 469	Amtsrechnung	1817
LAS 109, 470	Amtsrechnung	1818
LAS 109, 471	Amtsrechnung	1819
LAS 109, 472	Amtsrechnung	1820
LAS 109, 473	Amtsrechnung	1821
LAS 109, 474	Amtsrechnung	1822
LAS 109, 475	Amtsrechnung	1823
LAS 109, 745	Amtsrechnung	1825
LAS 109, 478	Amtsrechnung	1826
LAS 109, 479	Amtsrechnung	1827
LAS 109, 480	Amtsrechnung	1828
LAS 109, 746	Amtsrechnung	1829
LAS 109, 747	Amtsrechnung	1829
LAS 109, 748	Amtsrechnung	1829

LAS 66, 5825.5	Beilagen zur Amtsrechnung	1829-1843
LAS 109, 482	Amtsrechnung	1830
LAS 109, 483	Amtsrechnung	1831
LAS 109, 484	Amtsrechnung	1832
LAS 109, 485	Amtsrechnung	1833
LAS 109, 486	Amtsrechnung	1834
LAS 109, 487	Amtsrechnung	1835
LAS 109, 488	Amtsrechnung	1836
LAS 109, 489	Amtsrechnung	1837
LAS 109, 490	Amtsrechnung	1838
LAS 109, 1251	Anlagen zur Amtsrechnung	1838-1852
LAS 109, 491	Amtsrechnung	1839
LAS 109, 492	Amtsrechnung	1840
LAS 109, 493	Amtsrechnung	1841
LAS 109, 494	Amtsrechnung	1842
LAS 109, 495	Amtsrechnung	1843
LAS 109, 496	Amtsrechnung	1844
LAS 109, 497	Amtsrechnung	1845
LAS 109, 498	Amtsrechnung	1846
LAS 109, 499	Amtsrechnung	1847
LAS 109, 500	Amtsrechnung	1848
LAS 109, 501	Amtsrechnung	1849
LAS 109, 502	Amtsrechnung	1850
LAS 109, 503	Amtsrechnung	1851
LAS 109, 504	Amtsrechnung	1852
LAS 109, 505	Amtsrechnung	1853
LAS 109, 506	Amtsrechnung	1853-1854
LAS 109, 507	Amtsrechnung	1854-1855
LAS 109, 508	Amtsrechnung	1855-1856
LAS 109, 509	Amtsrechnung	1856-1857
LAS 109, 510	Amtsrechnung	1857-1858
LAS 109, 749	Amtsrechnung	1858-1859
LAS 109, 512	Amtsrechnung	1859-1860
LAS 109, 513	Amtsrechnung	1860-1861
LAS 109, 514	Amtsrechnung	1861-1862
LAS 109, 515	Amtsrechnung	1862-1863
LAS 109, 516	Amtsrechnung	1863-1864
LAS 109, 517	Amtsrechnung	1864-1865
LAS 109, 518	Amtsrechnung	1865-1866
LAS 109, 519	Amtsrechnung	1866-1867
LAS 109, 520	Amtsrechnung	1867

Viele Einzelvorgänge zum Thema Landwesen finden Sie im gedruckten Findbuch LAS 109.

LAS 109, 757	Heuerregister	1577
LAS 109, 758	Heuerregister	1578

LAS 109, 201	Verzeichnis, was die Reinfelder Hausleute an Saat aussäen und was sie ungefähr an Heu gewinnen können	1582
LAS 109, 251	Ernte- und Haferrechnungen	1652-1744
LAS 109, 260	Vermessungsregister	1719
LAS 109, 261	Konzept zum Vermessungsregister mit Spezifikationen der Ländereien der einzelnen Dörfer	1719
LAS 109, 75	Fuhr- und Dienstsachen	1735-1761
LAS 109, 241	Fuhr- und Dienstsachen	1735-1840
LAS 109, 76	Fuhr- und Dienstregister der Bauervögte	1740-1845
LAS 109, 88	Fuhr- und Dienstsachen	1743-1788
LAS 66, 7844	Die Ansetzung der Radegelder	1745-1827
LAS 66, 7629	Pachtstücke und Konzessionen	1746-1844
LAS 109, 89	Fuhr- und Dienstsachen	1750-1842
LAS 66, 5063	Fuhrregister	1753-1770
LAS 109, 77	Fuhr- und Dienstsachen	1754-1837
LAS 66, 4945	Pachtstücke und Konzessionen	1754-1847
LAS 66, 4946	Pachtstücke und Konzessionen	1754-1847
LAS 109, 245	Verzeichnis von den Untertanen zum Eigentum und in Erbpacht überlassenen herrschaftlichen Gebäuden und Ländereien	1755
LAS 109, 265	Verzeichnis der vormals leibeigenen Untertanen, welche sich freigekauft haben	1755
LAS 109, 78	Von den Pächtern und Untertanen geleistete Naturallieferungen, Fuhren- und Handdienste	1762
LAS 109, 246	Nachrichten über Zeitpachtstücke	1762
LAS 66, 5064	Fuhrregister	1764-1848
LAS 66, 5065	Fuhrregister	1764-1848
LAS 66, 5066	Fuhrregister	1764-1848
LAS 66, 4491	Abschriften von Freikauf- und Erbzinsbriefen	1764-1847
LAS 109, 248	Verkoppelung der Ländereien	1768
LAS 66, 7660	Freibriefe leibeigener Untertanen	1769-1773
LAS 109, 121	Vorschuss des Saat- und Brotkorns für die dienstpflichtigen Untertanen	1772
LAS 66, 4487	Erbpachten und Konfirmationen	1774-1836
LAS 66, 4488	Erbpachten und Konfirmationen	1774-1836
LAS 66, 4945	Pachtstücke und Konzessionen	1776-1847
LAS 66, 4946	Pachtstücke und Konzessionen	1776-1847
LAS 109, 1319	Verzeichnis der Parzellen, welche noch bebaut werden müssen	1777
LAS 66, 6372	Fuhr- und Dienstregister	1781
LAS 66, 6373	Fuhr- und Dienstregister	1782

LAS 109, 1399	Nachträgliche Bebauung von Parzellen im Reinfelder Vorwerk	1782-1786
LAS 66, 6374	Fuhr- und Dienstregister	1783-1785
LAS 109, 1401	Verzeichnis der ausgefertigten Kauf- und Überlassungsbriefe für Parzellen im Reinfelder Vorwerk	1783-1787
LAS 66, 6375	Fuhr- und Dienstregister	1786
LAS 109, 1353	Bebauung von Parzellen im Reinfelder Vorwerk	1787-1788
LAS 66, 6376	Fuhr- und Dienstregister	1792
LAS 109, 1383	Verteilung von Parzellen des Reinfelder Vorwerks	1794
LAS 66, 6377	Fuhr- und Dienstregister	1794
LAS 66, 6378	Fuhr- und Dienstregister	1795
LAS 66, 6379	Fuhr- und Dienstregister	1796
LAS 66, 6380	Fuhr- und Dienstregister	1798-1799
LAS 66, 8065	Landveräußerungen (Journale Lw A-R)	1799-1833
LAS 66, 2327	Fuhrregister	1801-1802
LAS 66, 2328	Fuhrregister	1801-1805
LAS 66, 8066	Landveräußerungen (Journale Lw A-R)	1804-1846
LAS 66, 8067	Landveräußerungen (Journale Lw A-R)	1804-1846
LAS 66, 8068	Landveräußerungen (Journale Lw A-R)	1803-1848
LAS 66, 8069	Landüberlassungen	1819-1847
LAS 109, 1405	Erlaubnis für die Witwe Garlieb zur Veräußerung ihrer Parzelle im Reinfelder Vorwerk	1819
LAS 109, 1320	Anlagen zum Instenregister	1823
LAS 66, 7845	Die Ansetzung der Radegelder	1825-1845
LAS 111, 114	Dienst- und Fuhrsachen	1830-1871
LAS 66, 6194	Landveräußerungen	1833-1848
LAS 66, 4489	Erbpachten und Konfirmationen	1840-1846
LAS 66, 4490	Erbpachten und Konfirmationen	1840-1846
LAS 109, 1394	Landveräußerungen	1853-1864
LAS 109, 1350	Verteilungsregister über die Freiweiden	1858-1859

LAS 109, 269	Hauptbuch	1634-1635
LAS 109, 267	Hebungen oder erste Einnahme	1635-1636
LAS 109, 268	Hebungen oder erste Einnahme	1636-1637
LAS 109, 270	Hauptbuch	1640-1641
LAS 109, 271	Hauptbuch	1658-1659
LAS 109, 272	Hauptbuch	1659-1660
LAS 109, 273	Hauptbuch	1692-1693
LAS 109, 274	Hauptbuch	1695-1696
LAS 109, 275	Hauptbuch	1692-1693
LAS 109, 276	Hauptbuch	1705-1706

LAS 109, 277	Hauptbuch	1709-1710
LAS 109, 278	Hauptbuch	1718
LAS 109, 279	Hauptbuch	1719
LAS 109, 280	Hauptbuch	1723-1724
LAS 109, 281	Hauptbuch	1724-1725
LAS 109, 282	Hauptbuch	1726
LAS 109, 283	Hauptbuch	1727
LAS 109, 284	Hauptbuch	1728
LAS 109, 285	Hauptbuch	1729
LAS 109, 286	Hauptbuch	1730
LAS 109, 287	Hauptbuch	1736
LAS 109, 288	Hauptbuch	1741
LAS 109, 289	Hauptbuch	1742
LAS 109, 290	Hauptbuch	1746
LAS 109, 291	Hauptbuch	1747
LAS 109, 292	Hauptbuch	1758
LAS 109, 258	Grundbuch-Erdbuch	1681
LAS 109, 252	Wittums-Register über Einnahmen und Ausgaben	1723-1724
LAS 109, 262	Setzregister	1735
LAS 109, 235	Verschiedene Hebungs-, Rechnungs- und Abgabensachen	1737-1856
LAS 109, 851	Hebungsregister	1760
LAS 109, 264	Autorisiertes Setzregister der Landreuter-Gelder	1760
LAS 109, 254	Autorisiertes Amts-Einnahme- und Ausgabe-Register	1760
LAS 109, 263	Setzregister	1762
LAS 66, 6297	Extrakte der eingekommenen und rückständigen Gefälle	1762-1767
LAS 66, 6297	Extrakte der eingekommenen und rückständigen Gefälle	1762-1767
LAS 66, 182	Kopf- und Rangsteuerrechnungen	1763
LAS 109, 293	Hebungsregister	1776
LAS 66, 3871	Fundamental-Extrakte aus dem SchuPfPr für die Viertelprozent-Kapitaliensteuer	1781
LAS 66, 183	Kopf- und Rangsteuerrechnungen	1800
LAS 66, 5948	Landsteuer-, Bankzins- und Hebungsregister der Dorfskleinigkeiten- und der alten und neuen Radegelder	1803-1856
LAS 66, 432	Steuersachen	1803-1839
LAS 111, 105	Vermessung der steuerpflichtigen Gebäude und Entwurf eines Hebungsregisters	1803-1806
LAS 109, 294	Hauptbuch	1806

LAS 66, 7118	Halbprozentsteuer-Verzeichnisse von Erbschaften und Immobilienübertragungen	1810-1811
LAS 66, 3856	Zwei-Prozent-Kapitalsteuer	1810
LAS 66, 7148	Mannzahl- und Schatzprotokolle zur Vermögenssteuer	1810-1814
LAS 66, 3382.9	Katen- und Verbittelsgeld	1812-1841
LAS 109, 295	Hebungsbuch	1815
LAS 66, 4132	Hebungs- und Rechnungssachen	1817-1834
LAS 109, 296	Hebungsbuch	1824
LAS 66, 2654	Hebungs-Extrakte über die Kopf- und Rangsteuer	1824
LAS 66, 5322	Haussteuer	1828-1848
LAS 109, 297	Hebungsbuch	1833
LAS 66, 3930	Hebungsextrakte	1835
LAS 66, 6508	Hebungsextrakte	1835-1837
LAS 66, 936	Halbprozent-Steuerfälle von Erbschaften, Verkäufen und Auktionen	1838
LAS 66, 6568	Halbprozentsteuer-Verzeichnisse von Erbschaften und Immobilienübertragungen	1838
LAS 66, 2574.5	Hebungsextrakte	1839-1840
LAS 66, 2573.6	Halbprozent-Steuerfälle	1839
LAS 66, 2575.1	Hebungs-Extrakte über die Kopf- und Rangsteuer	1839
LAS 66, 2575.2	Hebungs-Extrakte über die Kopf- und Rangsteuer	1840
LAS 66, 2571.2	Hebungsextrakte	1840-1841
LAS 66, 949	Halbprozent-Steuerlisten	1840
LAS 66, 952	Halbprozent- und Vierprozent-Steuerlisten	1840
LAS 66, 951	Halbprozent- und Vierprozent-Steuerlisten	1841
LAS 66, 944	Halbprozent- und Kollateralsteuerlisten	1842
LAS 66, 945.11	Halbprozent- und Kollateralsteuerlisten	1844
LAS 66, 6159	Verzeichnis der Halbprozent-Steuerfälle und der Vierprozent-(Kollateral)steuerfälle	1843
LAS 309, 37617	Verzeichnisse feststehender Gefälle	o. J.
LAS 309, 37659	Verzeichnisse feststehender Gefälle	1844
LAS 66, 184	Kopf- und Rangsteuerrechnungen	1845
LAS 66, 5145	Herrschaftliche Gefälle und Abgaben	1847-1848
LAS 109, 298	Hauptbuch	1847
LAS 66, 5242	Steuersachen	1848
LAS 109, 240	Pflugzahl und Taxationswert der Ländereien	1849
LAS 109, 266	Tonnenzahlregister	1849
LAS 109, 299	Hauptbuch	1852
LAS 109, 300	Hauptbuch	1865-1866
LAS 309, 2640	verschiedene Abgaben wie Grundheuer, Erbpacht etc.	1869-1872

LAS 309, 2641	verschiedene Abgaben wie Grundheuer, Erbpacht etc.	1869-1872
LAS 309, 2652	verschiedene Abgaben wie Grundheuer, Erbpacht etc.	1869-1873
LAS 309, 2654	verschiedene Abgaben wie Grundheuer, Erbpacht etc.	1869-1872
LAS 309, 2655	verschiedene Abgaben wie Grundheuer, Erbpacht etc.	1869-1872
LAS 321 Segeberg, 13	Grundsteuern und Domanialabgaben	1869-1872
LAS 309 Flur (18), 28	Flurbuch	1877
LAS 109, 855	Errichtung und Publikation von Testamenten; Einzelfälle von A-Z	1780-1844

Einzelne Testamente und Nachlasssachen aus den Jahren 1867–1940 befinden sich im gedruckten Findbuch LAS 355.47, S. 18–30.

LAS 412, 289	Volkszähllisten	1803
LAS 415, 5411	Volkszählungen	1835
LAS 415, 5436	Volkszähllisten	1840
LAS 415, 5464	Volkszähllisten	1845
LAS 415, 5502	Volkszähllisten	1855
LAS 320 Segeberg, 82	Volkszählungen	1880-1890

Kirchspiel Hamberge

LAS 109, 1158	SchuPfPr, Nebenbuch, Tomus IV	1842-1843
LAS 109, 1160	SchuPfPr, Nebenbuch, Tomus IV	1870-1886
LAS 412, 546	Volkszähllisten	1860
LAS 412, 948	Volkszähllisten	1864

Hamberge
- Sandhof

LAS 109, 1393	Kaufkontrakte über Halbhufen	1808-1819
LAS 355.47, 87	Erbhofakten	1934-1945
LAS 355.47, 88-96	Einzelne Erbhofakten **siehe Findbuch LAS 355.47, S. 39**	1934-1945
LAS 309 Geb. St., 1145	Gebäudesteuer	1867
LAS 309, 15592	Reallastenablösung	1873
LAS 309 Flur (18), 38	Flurbuch	1877
LAS 355.47, 353	Flurbuch	1876-1940
LAS 355.47, 373	Gebäudesteuerrolle	1911-1938

LAS 402 A 24, 266	Brouillon-Karte von der Hufner-Weide, „im Sick“ genannt, wie solche im Herbst 1829 aufgeteilt ist	1830
LAS 402 A 24, 267	Brouillon-Karte von der Kätner-Weide, „in der Heide“ genannt, wie solche im Herbst 1829 aufgeteilt ist	1830
LAS 402 A 24, 268	Karte über die Ländereien der Dorfschaft	1834

Hansfelde

- Hohenleuchte (Sophienhof) **- Poggenpohl** **- Unterer Hof**

LAS 66, 5008	Katen, Freiweiden u. a. m.	1812-1847
LAS 355.47, 97	Erbhofakten	1934-1945
LAS 355.47, 98-106	Einzelne Erbhofakten **siehe Findbuch LAS 355.47, S. 40**	1934-1945
LAS 309 Geb. St., 1146	Gebäudesteuer	1867
LAS 309, 15586	Reallastenablösung	1873
LAS 309 Flur (18), 41	Flurbuch	1877
LAS 355.47, 354	Flurbuch	1876-1947
LAS 402 A 3, 562b	Karte der zu Hansfelde gehörigen Ländereien	19. Jh.
LAS 415, 1768	Karte von den Hofländereien	1783
LAS 402 A 24, 269	Karte über die Gemeinweiden	1835-1836

Kirchspiel Oldesloe

LAS 109, 1144	SchuPfPr, Tomus III	1787-1884
LAS 109, 1145	SchuPfPr, Nebenbuch, Tomus III	1787-1801
LAS 109, 1146	SchuPfPr, Nebenbuch, Tomus III	1801-1834
LAS 109, 1147	SchuPfPr, Nebenbuch, Tomus III	1834-1856
LAS 109, 1148	SchuPfPr, Nebenbuch, Tomus III	1856-1875
LAS 109, 1149	SchuPfPr, Nebenbuch, Tomus III	1876-1879
LAS 109, 1150	SchuPfPr, Nebenbuch, Tomus III	1880-1882
LAS 110.2, 117	Landwesenssachen	1748
LAS 109, 853	Vormünderbuch	1805-1867
LAS 109, 854	Vormünderbuch	1847-1870
LAS 412, 540	Volkszähllisten	1860
LAS 412, 941	Volkszähllisten	1864

Feldhorst (seit 1978) siehe Havighorst, Steinfeld

Havighorst

- Altenweide	**- Heckkate**	**- Niendeel**
- Rögen	**- Schüttenkaten**	**- Steenkoppel**

LAS 66, 5007	Landumsätze	1788-1847
LAS 355.47, 107	Erbhofakten	1934-1945
LAS 355.47, 108-124	Einzelne Erbhofakten **siehe Findbuch LAS 355.47, S. 41-42**	1934-1945
LAS 109, 239	Abgabenverzeichnisse	1791-1806
LAS 66, 819	Setzungsregister und Erdbuch	1844
LAS 309 Geb. St., 1147	Gebäudesteuer	1867
LAS 309, 15585	Reallastenablösung	1873
LAS 309, 15659	Reallastenablösung	1878-1883
LAS 309 Flur (18), 43	Flurbuch	1877
LAS 355.47, 355	Flurbuch	1876-1947
LAS 412, 547	Volkszähllisten	1860
LAS 412, 949	Volkszähllisten	1864
LAS 109, 1369	Pferdegilde	1696-1725
LAS 402 A 3, 563.1-3	Extrakte der Karten von 1788 und 1796	1809
LAS 415, 1467	Karte von den Ländereien	1788
LAS 402 A 3, 566.1-12	Zwölf Feldrisse	1796
LAS „Fremde Archive“ 541, I/172	*Kaufvertrag zwischen dem Hufner Jacob Bruns aus Havighorst und dem Zimmermann J. H. Bruns über zwei Scheffel Land*	*um 1859*

Kirchspiel Reinfeld

Heidekamp, Neuhof, Reinfeld, Steinhof:

LAS 109, 1104	SchuPfPr, Nebenbuch, Tomus I	1797-1812
LAS 109, 1107	SchuPfPr, Nebenbuch, Tomus I	1839-1849
LAS 109, 1108	SchuPfPr, Nebenbuch, Tomus I	1849-1855
LAS 109, 1110	SchuPfPr, Nebenbuch, Tomus I	1864-1874
LAS 109, 1111	SchuPfPr, Nebenbuch, Tomus I	1874-1880
LAS 109, 1112	SchuPfPr, Nebenbuch, Tomus I	1880-1886

Groß Wesenberg, Lokfeld, Steinfeld, Stubbendorf:

LAS 109, 1113	SchuPfPr, Nebenbuch, Tomus I	1787-1799
LAS 109, 1114	SchuPfPr, Nebenbuch, Tomus I	1799-1820
LAS 109, 1115	SchuPfPr, Nebenbuch, Tomus I	1821-1841
LAS 109, 1116	SchuPfPr, Nebenbuch, Tomus I	1841-1859
LAS 109, 1117	SchuPfPr, Nebenbuch, Tomus I	1859-1878
LAS 109, 1118	SchuPfPr, Nebenbuch, Tomus I	1877-1881
LAS 109, 1119	SchuPfPr, Nebenbuch, Tomus I	1881-1886
LAS 412, 545	Volkszähllisten	1860
LAS 412, 947	Volkszähllisten	1864

Groß Wesenberg

- Buhrdiek **- Hals (Oberhof)** **- Heerwegskate**
- Ketel **- Redderschmiede** **- Rosenhagen**

LAS 109, 1266	Ausweisung eines Bauplatzes für die Ehefrau des Christian Detlev Schumacher	1810-1811
LAS 355.47, 68	Erbhofakten	1934-1945
LAS 355.47, 69-86	Einzelne Erbhofakten **siehe Findbuch LAS 355.47, S. 37-38**	1934-1945
LAS 309 Geb. St., 1184	Gebäudesteuer	1867
LAS 309, 15608	Reallastenablösung	1874-1881
LAS 309 Flur (18), 36	Flurbuch	1877
LAS 355.47, 352	Flurbuch	1876-1941
LAS 415, 1471	Karte, Grundriss und 9 Feldrisse	1788
LAS 402 A 3, 596.1-2	Zwei Grundrisse der Freiweide	1857

Heidekamp (Meierhof 1654–1743)

- Binnenberg **- Fleischgaffel** **- Heckkate**
- Lehmkate **- Schowisch** **- Wall**

LAS 109, 244	Notate zu den Geldrechnungen	1740-1760
LAS 109, 771	Geldrechnung	1750-1751
LAS 109, 243	Geldrechnung	1750-1796
LAS 109, 772	Geldrechnung	1762
LAS 109, 773	Geldrechnung	1763
LAS 109, 774	Geldrechnung	1764
LAS 109, 775	Geldrechnung	1765
LAS 109, 776	Geldrechnung	1766
LAS 109, 777	Geldrechnung	1767
LAS 109, 778	Geldrechnung	1768
LAS 109, 779	Geldrechnung	1769
LAS 109, 780	Geldrechnung	1770

LAS 109, 781	Geldrechnung	1771
LAS 109, 782	Geldrechnung	1772
LAS 109, 783	Geldrechnung	1773
LAS 109, 784	Geldrechnung	1774
LAS 109, 785	Geldrechnung	1775
LAS 109, 786	Geldrechnung	1776
LAS 109, 787	Geldrechnung	1777
LAS 109, 788	Geldrechnung	1778
LAS 109, 789	Geldrechnung	1779
LAS 109, 790	Geldrechnung	1780
LAS 109, 791	Geldrechnung	1781
LAS 109, 792	Geldrechnung	1782
LAS 109, 793	Geldrechnung	1783
LAS 109, 794	Geldrechnung	1784
LAS 109, 795	Geldrechnung	1785
LAS 109, 796	Geldrechnung	1786
LAS 109, 797	Geldrechnung	1787
LAS 109, 798	Geldrechnung	1788
LAS 109, 799	Geldrechnung	1789
LAS 109, 800	Geldrechnung	1790
LAS 109, 801	Geldrechnung	1791
LAS 109, 802	Geldrechnung	1792
LAS 109, 803	Geldrechnung	1793
LAS 109, 804	Geldrechnung	1794
LAS 109, 805	Geldrechnung	1795
LAS 109, 806	Geldrechnung	1796
LAS 109, 807	Geldrechnung	1797
LAS 109, 808	Geldrechnung	1798
LAS 109, 809	Geldrechnung	1799
LAS 109, 810	Geldrechnung	1800
LAS 109, 811	Geldrechnung	1801
LAS 109, 812	Geldrechnung	1802
LAS 109, 813	Geldrechnung	1803
LAS 109, 814	Geldrechnung	1804
LAS 109, 815	Geldrechnung	1805
LAS 109, 816	Geldrechnung	1806
LAS 109, 817	Geldrechnung	1807
LAS 109, 818	Geldrechnung	1808
LAS 109, 819	Geldrechnung	1809
LAS 109, 820	Geldrechnung	1810
LAS 109, 821	Geldrechnung	1811
LAS 109, 822	Geldrechnung	1812
LAS 109, 823	Geldrechnung	1813
LAS 109, 824	Geldrechnung	1814
LAS 109, 825	Geldrechnung	1815

LAS 109, 826	Geldrechnung	1816
LAS 109, 827	Geldrechnung	1817
LAS 109, 828	Geldrechnung	1818
LAS 109, 829	Geldrechnung	1819
LAS 109, 830	Geldrechnung	1820
LAS 109, 831	Geldrechnung	1821
LAS 109, 832	Geldrechnung	1822
LAS 109, 833	Geldrechnung	1823
LAS 109, 834	Geldrechnung	1824
LAS 109, 835	Geldrechnung	1825
LAS 109, 836	Geldrechnung	1826
LAS 109, 837	Geldrechnung	1827
LAS 109, 838	Geldrechnung	1828
LAS 109, 839	Geldrechnung	1829
LAS 109, 840	Geldrechnung	1830
LAS 109, 841	Geldrechnung	1831
LAS 109, 842	Geldrechnung	1832
LAS 109, 843	Geldrechnung	1833
LAS 109, 844	Geldrechnung	1834
LAS 109, 845	Geldrechnung	1835
LAS 109, 846	Geldrechnung	1836
LAS 109, 847	Geldrechnung	1837
LAS 109, 848	Geldrechnung	1838
LAS 109, 849	Geldrechnung	1839
LAS 109, 850	Geldrechnung	1840
LAS 109, 939	Landwesenssachen des vormaligen Hofes Bahrenhof mit Heidekamp, Band 1	1727-1769
LAS 109, 941	Landwesenssachen des vormaligen Hofes Bahrenhof mit Heidekamp, Band 2	1746-1774
LAS 109, 940	Landwesenssachen des vormaligen Hofes Bahrenhof mit Heidekamp, Band 3	1765-1795
LAS 109, 1338	Bestätigung der Erbpachtskontrakte über die den Zarpener Kätnern Matthias Grimm und Hans Henning Wulff gehörenden Erbpachtländereien in Heidekamp	1731-1843
LAS 66, 4492	Erbpachten und Konfirmationen	1747-1833
LAS 66, 4493	Erbpachten und Konfirmationen	1747-1833
LAS 109, 1340	Bestätigung des Erbpachtskontrakts über die den Insten Hinrich Heuer aus Rehhorst, Hans Friedrich Hamann und Hans Friedrich Kock aus Wormsbrook gehörenden Erbpachtländereien auf der Koppel am Kroglandsteich in Heidekamp	1758-1835

LAS 109, 1339	Bestätigung des Erbpachtskontrakts über die den Halbhufnern Peter Bartels und Claus Hinrich Christian Bartels aus Heidekamp gehörenden Erbpachtländereien in Heidekamp	1758-1843
LAS 66, 4494	Erbpachten und Konfirmationen	1767-1845
LAS 309, 3933	Die beiden Erbpachtskoppeln des Claus David zu Heilshoop	1866-1875
LAS 309, 3910	Die Heidekamper Erbpachtsländereien des Erbpächters Mathias Hinrich Voss zu Wormsbrook	1868-1870
LAS 309, 3938	Die Erbpachtsländereien des Carl Lampe	1868-1872
LAS 309, 3932	Die an die Dorfschaft Rehhorst vererbpachtete neue Koppel	1871
LAS 309, 3943	Die zum niedergelegten Hofe Bahrenhof gehörig gewesene Erbpachtskoppel, genannt Kälberkoppel	1871
LAS 309, 3962	Die früher zum Hofe Heidekamp gehörig gewesenen Erbpachtsländereien des P. H. Spethmann, H. Groth, H. David, Chr. David, F. Rathje, H. Lüth, J. Störes, H. Evers und W. Brook	1871-1872
LAS 309, 3973	Die mit der 1/6-Hufe des H. F. Haack zu Hauberg bei Heilshoop verbundenen Erbpachtsländereien	1871-1872
LAS 309, 3975	Die verschiedenen Hufnern in Heilshoop gehörigen Ländereien	1871
LAS 309, 3950	Das Erbpachtslandstück „Fleischgaffel“	1872
LAS 355.47, 125	Erbhofakten	1934-1945
LAS 355.47, 126-130	Einzelne Erbhofakten **siehe Findbuch LAS 355.47, S. 42-43**	1934-1945

LAS 66, 6300	Extrakte der eingekommenen und rückständigen Gefälle	1762-1767
LAS 66, 3921	Hebungsextrakte	1835
LAS 66, 6501	Hebungsextrakte	1835-1837
LAS 66, 2574.8	Hebungsextrakte über Gefälle und Steuern	1839-1840
LAS 66, 2572.7	Hebungsextrakte über Gefälle und Steuern	1840-1841
LAS 309 Geb. St., 1148	Gebäudesteuer	1867
LAS 309, 15583	Reallastenablösung	1873-1881
LAS 309 Flur (18), 45	Flurbuch	1877
LAS 355.47, 356	Flurbuch	1876-1938

Lokfeld
- Lokfelder Heckkaten

LAS 109, 1396	Verbriefungen des Dorfes	1732-1859
LAS 109, 1398	Freikauf der Hufe des Hans Hinrich Kock	1755
LAS 309, 3998	Die im fiskalischen Obereigentum stehende Hufenstelle des Hinrich Detlef Ruge	1872
LAS 355.47, 183	Erbhofakten	1934-1945
LAS 355.47, 184-194	Einzelne Erbhofakten **siehe Findbuch LAS 355.47, S. 48-49**	1934-1945
LAS 309 Geb. St., 1150	Gebäudesteuer	1867
LAS 309, 15595	Reallastenablösung	1874
LAS 309 Flur (18), 71	Flurbuch	1877
LAS 355.47, 360	Flurbuch	1876-1941
LAS 355.47, 374	Gebäudesteuerrolle	1911-1932
LAS 415, 1469	Karte und sieben Feldrisse	1788-1791
LAS 402 A 3, 570	Grundriss der Freiweide	1857

Neuhof (Vorwerk bis 1772)
- Arskär
- Binnenkamp
- Bischofsteich
- Eichberg
- Gerkenteich
- Lehmkamp
- Ohlenfelde
- Paserwerk
- Sandkamp
- Stabenkamp
- Travenkamp
- Voßfelde
- Weddern

LAS 66, 630	Niederlegung des Vorwerkes	1757-1799
LAS 66, 626	Setzung und Landausweisung [Eichberg]	1772-1795
LAS 109, 1390	Gesuch des Einliegers Franz Hinrich Löhding aus Lehmkamp um Abtretung eines Landstücks am Wege von Reinfeld nach Zarpen zur Erbauung einer Kate	1824
LAS 109, 1386	Gesuch des Parzellisten Detlef Holst wegen Umschreibung einer ihm gehörenden Parzelle des niedergelegten Neuhofer Vorwerks	1832-1837
LAS 66, 5010	Gesuch des Parzellisten Johann Christian Hinrichsen zu Lehmkamp um käufliche Überlassung eines zu der herrschaftlichen Mühle gehörigen Landstücks	1833-1844
LAS 309 Geb. St., 1155	Gebäudesteuer	1867
LAS 309, 15591	Reallastenablösung	1873-1884
LAS 309, 15640	Reallastenablösung [Voßfelde]	1874-1877
LAS 309 Flur (18), 82	Flurbuch	1877

LAS 355.47, 376	Gebäudesteuerrolle	1911-1932
LAS 402 A 3, 588.1-31	31 Feldrisse	1770-1785

Reinfeld

- Behnkenkate **- Düvelsbrook**

LAS 109, 1403	Ausstellung eines Freibriefes für die Zarpener Kate des Hans Beier aus Reinfeld	1692
LAS 109, 1351	Gesuch des Bauervogts Hinrich Grimm wegen Erbauung einer Kate auf dem vom Parzellisten Hans Westphal gekauften Land	1793
LAS 109, 1404	Genehmigung für den Parzellisten Peter Diederich Caspar Hudemann zur Beilegung seiner Parzelle im Reinfelder Vorwerk zu seinem Haus	1793
LAS 109, 1356	Gesuch des Parzellisten Johann Jochim Conrad Lampe um Erlaubnis zum Bau einer Kate	1803
LAS 109, 1414	Tausch von Ländereien zwischen den Halbhufnern Hans Hinrich Christian Westphal, Matthias Wohlers und Detlev Tödt	1808-1811
LAS 66, 5008	Katen, Freiweiden u. a. m.	1812-1847
LAS 309, 17851	Veräußerung von Grundstücken	1903-1913
LAS 355.47, 254	Erbhofakten	1934-1945
LAS 355.47, 255-275	Einzelne Erbhofakten **siehe Findbuch LAS 355.47, S. 56-58**	1934-1945

LAS 66, 941	Halbprozent-Steuerlisten	1838-1839
LAS 66, 964a	Halbprozent-Steuerlisten	1840
LAS 66, 940	Halbprozent-Steuerlisten	1841
LAS 66, 943	Halbprozent-Steuerlisten	1842
LAS 66, 959	Halbprozent-Steuerlisten	1844
LAS 66, 964	Halbprozent-Steuerlisten	1846

LAS 309 Geb. St., 35	Gebäudesteuer	1867
LAS 309, 18174	Vermögen- und Schuldenwesen	1871-1928
LAS 309, 15648	Reallastenablösung	1876
LAS 309 Flur (18), 103	Flurbuch	1877
LAS 355.47, 363	Flurbuch	1876-1948
LAS 309, 15649	Reallastenablösung	1885-1900
LAS 355.47, 379	Gebäudesteuerrolle	1911-1949
LAS 355.47, 380	Gebäudesteuerrolle	1911-1955

LAS 412, 544	Volkszähllisten	1860
LAS 412, 946	Volkszähllisten	1864

LAS 109, 1369	Pferdegilde	1696-1725
LAS 109, 1371	Kuhgilde	1838-1843
LAS 402 A 3, 584.1-7	Sieben Feldrisse	o. J.

Steinfeld

- Baumkate	**- Elendskrug**	**- Hohenhorst**
- Hohenkamp	**- Kalkgraben**	**- Radeland**
- Stahwedder	**- Steinfelder Heckkate**	**- Steinfelderhof**
- Steinfelderhude	**- Steinfelderwohld**	

LAS 109, 1328	Landtausch zwischen den Halbhufnern Joachim Friedrich Bartels und Claus Jochim Schmidt	1828-1833
LAS 109, 1378	Gesuch der Besitzer der Heidkamper Erbpachtstücke in Steinfeld um Zulegung dieser Landstücke als Hufenland und Überlassung als Eigentum	1840
LAS 109, 359	Landveräußerungen und Auseinandersetzungsinstrumente	1870-1888
LAS 355.47, 276	Erbhofakten	1934-1945
LAS 355.47, 277-291	Einzelne Erbhofakten **siehe Findbuch LAS 355.47, S. 58-59**	1934-1945
LAS 109, 239	Abgabenverzeichnisse	1791-1806
LAS 66, 5534	Herabsetzung der Radegelder	1833
LAS 309 Geb. St., 1172	Gebäudesteuer	1867
LAS 109, 358	Hebungsregister über die Abgaben auf das verteilte und ohne Genehmigung eingenommene Freiweideland	1868
LAS 309, 15642	Reallastenablösung	1876
LAS 309, 15643	Reallastenablösung	1880
LAS 309 Flur (18), 123	Flurbuch	1877
LAS 355.47, 364	Flurbuch	1876-1941
LAS 109, 1369	Pferdegilde	1696-1725
LAS 415, 1470	Karte	1788
LAS 415, 1770	Karte über die Ländereien	1787

Steinhof (Vorwerk bis 1772)

- Boland	**- Dröhnhorst**	**- Holstenhof**
- Weizenkoppel		

LAS 66, 630	Niederlegung des Vorwerkes	1757-1799
LAS 309, 3955	Die sogenannte Spitzkoppel zu Dröhnhorst	1871-1872

LAS 309, 3991	Die Konfirmation des fürstl. Plönschen Erbzinsbriefes über die Erbpachtsstelle des Joh. Heinr. Friedr. Gräbbe auf der Dröhnhorst	1872
LAS 109, 1232	Ablösung von Reallasten	1867-1877
LAS 309 Geb. St., 1173	Gebäudesteuer	1867
LAS 309, 15640	Reallastenablösung	1874-1877
LAS 309 Flur (18), 124	Flurbuch	1877
LAS 355.47, 365	Flurbuch	1876-1941
LAS 355.47, 381	Gebäudesteuerrolle	1910-1933
LAS 402 A 3, 588.1-31	31 Feldrisse	1770-1785

Stubbendorf
- Bruhnkaten

LAS 355.47, 292	Erbhofakten	1934-1945
LAS 355.47, 293-302	Einzelne Erbhofakten **siehe Findbuch LAS 355.47, S. 60**	1934-1945
LAS 309 Geb. St., 1177	Gebäudesteuer	1867
LAS 309, 15590	Reallastenablösung	1874-1880
LAS 309 Flur (18), 127	Flurbuch	1877
LAS 355.47, 382	Gebäudesteuerrolle	1911-1935
LAS 402 A 3, 591	Feldriss von den Freiweiden	1857
LAS 415, 1470	Karte	1791
LAS 402 A 3, 593.1-5	Feldrisse	o. J.

Kirchspiel Zarpen

Badendorf, Dahmsdorf, Pöhls, Ratzbek, Rehhorst, Willendorf:

LAS 109, 1122	SchuPfPr, Nebenbuch, Tomus II	1787-1796
LAS 109, 1123	SchuPfPr, Nebenbuch, Tomus II	1796-1809
LAS 109, 1124	SchuPfPr, Nebenbuch, Tomus II	1809-1827
LAS 109, 1126	SchuPfPr, Nebenbuch, Tomus II	1839-1851
LAS 109, 1127	SchuPfPr, Nebenbuch, Tomus II	1851-1860
LAS 109, 1128	SchuPfPr, Nebenbuch, Tomus II	1860-1870
LAS 109, 1131	SchuPfPr, Nebenbuch, Tomus II	1880-1883
LAS 109, 1132	SchuPfPr, Nebenbuch, Tomus II	1883-1886

Heilshoop, Mönkhagen, Langniendorf, Zarpen:

LAS 109, 1133	SchuPfPr, Nebenbuch, Tomus II	1787-1798
LAS 109, 1134	SchuPfPr, Nebenbuch, Tomus II	1798-1816
LAS 109, 1135	SchuPfPr, Nebenbuch, Tomus II	1816-1833
LAS 109, 1136	SchuPfPr, Nebenbuch, Tomus II	1833-1844
LAS 109, 1137	SchuPfPr, Nebenbuch, Tomus II	1844-1854
LAS 109, 1139	SchuPfPr, Nebenbuch, Tomus II	1861-1871
LAS 109, 1142	SchuPfPr, Nebenbuch, Tomus II	1879-1883
LAS 412, 551	Volkszähllisten	1860
LAS 412, 952	Volkszähllisten	1864

Badendorf

- Badendorfer Heckkaten **- Ekenhorst** **- Langenjahren**
- Wendrade

LAS 66, 5063	Fuhrsachen; Freibriefe	1736
LAS 66, 618	Erb- und eigentümliche Überlassung der zwölf herrschaftlichen Koppeln	1774-1777
LAS 66, 5008	Katen, Freiweiden u. a. m.	1812-1847
LAS 109, 1296	Verteilungsregister über die Freiweide	1858
LAS 309, 3953	Die Bestätigung des Freikaufs- und Überlassungsbriefes der Eingesessenen wegen ihrer Häuser und Ländereien	1871-1872
LAS 355.47, 20	Erbhofakten	1934-1945
LAS 355.47, 21-45	Einzelne Erbhofakten **siehe Findbuch LAS 355.47, S. 32-34**	1934-1945
LAS 109, 1406	Hebungsregister über die Abgaben des verteilten und eingenommenen Freiweidelandes	1858
LAS 309 Geb. St., 1129	Gebäudesteuer	1867
LAS 309 Flur (18), 7	Flurbuch	1877
LAS 309, 15596	Reallastenablösung	1874
LAS 309, 15597	Reallastenablösung	1880-1886
LAS 355.47, 369	Gebäudesteuerrolle	1910-1939
LAS 415, 1465	Karte	1795
LAS 402 A 3, 556	Karte	1795
LAS 402 A 3, 555.1-2	Zwei Grundrisse der Freiweide	1857
LAS 402 A 3, 557.1-8	Acht Feldrisse	o. J.

Dahmsdorf
- Mannhagen

LAS 355.47, 53	Erbhofakten	1934-1945
LAS 355.47, 54-57	Einzelne Erbhofakten **siehe Findbuch LAS 355.47, S. 35**	1934-1945
LAS 309, 15610	Reallastenablösung	1874-1882
LAS 309 Geb. St., 1138	Gebäudesteuer	1867
LAS 309 Flur (18), 21	Flurbuch	1877
LAS 355.47, 371	Gebäudesteuerrolle	1911-1933
LAS 415, 1033	Karte	1795
LAS 415, 1467	Karte	1791
LAS 402 A 3, 560.1-4	Feldrisse	o. J.

Heilshoop
- Hauberg **- Neumühlen** **- Ottenhof**

LAS 66, 5063	Fuhrsachen; Freibriefe	1744
LAS 109, 123	Abgabe von Festegeldern vom Land des Asmus Grand	1792
LAS 109, 1303	Verkauf von Ländereien von Hans Holst an Claus Ewers	1824-1825
LAS 309, 3899	Die früher zum Hof Heidekamp gehörig gewesenen Erbpachtsländereien des P. H. Spethmann, C. R. Schoer und H. Bartels	1863-1872
LAS 309, 3933	Die beiden zum niedergelegten Hofe Heidekamp gehörig gewesenen Erbpachtskoppeln des Claus David	1866-1875
LAS 309, 3945	Die Erbpachtsstelle des 1/3 Hufners J. F. Holst zu Hauberg	1871
LAS 309, 3961	Die Konfirmation des Freikaufs- und Überlassungsbriefes über die Häuser und Ländereien der Interessenten	1871-1872
LAS 309, 3962	Die früher zum Hofe Heidekamp gehörig gewesenen Erbpachtsländereien des P. H. Spethmann, H. Groth, H. David, Chr. David, F. Rathje, H. Lüth, J. Störes, H. Evers und W. Brook	1871-1872
LAS 309, 3973	Die mit der 1/6-Hufe des H. F. Haack zu Hauberg verbundenen Erbpachtsländereien vom niedergelegten Hofe Heidekamp	1871-1872
LAS 309, 3975	Die verschiedenen Hufnern gehörigen Ländereien vom niedergelegten Hof Heidekamp	1871

LAS 309, 3985	Die Konfirmation des Hausbriefes des Hufners Gustav Ehmke Kasch in Hauberg	1872
LAS 355.47, 131	Erbhofakten	1934-1945
LAS 355.47, 132-152	Einzelne Erbhofakten **siehe Findbuch LAS 355.47, S. 43-45**	1934-1945
LAS 309 Geb. St., 1149	Gebäudesteuer	1867
LAS 309, 15611	Reallastenablösung	1874
LAS 309, 15612	Reallastenablösung	1880-1885
LAS 309 Flur (18), 46	Flurbuch	1877
LAS 415, 1465	Karte nebst Hauberg	1792
LAS 402 A 3, 568.1-15	15 Feldrisse	o. J.

Langniendorf

- Krübbenberg

LAS 66, 5008	Katen, Freiweiden u. a. m.	1812-1847
LAS 309, 3978	Die Konfirmation des Versicherungsbriefes des ¼-Hufners H. H. Hansen	1871-1872
LAS 309, 3984	Das im Obereigentum des Fiskus stehende Landstück des Eigenkätners Claus Hinrich Möller	1872
LAS 309, 3990	Der dem J. H. Dringberg gehörige Teil der 5. Mönkhagener Parzelle	1872
LAS 355.47, 202	Erbhofakten	1934-1945
LAS 355.47, 203-210	Einzelne Erbhofakten **siehe Findbuch LAS 355.47, S. 50-51**	1934-1945
LAS 309 Geb. St., 1156	Gebäudesteuer	1867
LAS 309, 15584	Reallastenablösung	1873
LAS 309 Flur (18), 85	Flurbuch	1877
LAS 355.47, 361	Flurbuch	1876-1935
LAS 355.47, 377	Gebäudesteuerrolle	1911-1935
LAS 415, 1468	Karte	1791
LAS 402 A 3, 575b	Karte	1791
LAS 402 A 3, 576.1-4	Feldrisse	o. J.

Mönkhagen

LAS 66, 4495	Erbpachten und Konfirmationen	1748-1837
LAS 66, 4944	Erbpachten; Vermessungsregister	1787-1839
LAS 66, 5008	Katen, Freiweiden u. a. m.	1812-1847

LAS 109, 1215	Übersicht des Landbesitzes	1854
LAS 309, 3930	Die Erbpachtsstelle des Hufners Hinrich Jaacks	1871-1872
LAS 355.47, 195	Erbhofakten	1934-1945
LAS 355.47, 196-201	Einzelne Erbhofakten **siehe Findbuch LAS 355.47, S. 50**	1934-1945
LAS 309 Geb. St., 1153	Gebäudesteuer	1867
LAS 309, 15635	Reallastenablösung	1875-1879
LAS 309 Flur (18), 78	Flurbuch	1877
LAS 355.47, 375	Gebäudesteuerrolle	1911-1933
LAS 415, 1468	Karten	1791-1795

Mönkhagener Hof

- Mönkhagener Altenhof
- Mönkhagener Neuenhof (Hungriger Wolf)
- Mönkhagenerteich
- Steinkoppel

LAS 109, 1380	Verpachtung des Vorwerks Mönkhagen	1731-1740
LAS 309, 3968	Die 6. und 7. Neuenhofsparzelle	1871-1872
LAS 309, 3940	Die aus der früheren 3. Mönkhagener Parzelle bestehende Erbpachtsstelle des Nicolaus Friedrich Schwartz	1871
LAS 309, 3983	Die Erbpachtsstelle des A. R. Jürgens zu Steinkoppel	1872
LAS 309, 3989	Die von der Anna Marg. Wilken erbpachtsweise besessenen 133 Quadratruten Landes vom Mönkhagener Neuenhof	1872
LAS 309, 3990	Der dem J. H. Dringberg zu Niendorf gehörige Teil der 5. Mönkhagener Parzelle	1872
LAS 309, 3992	Der Anteil des Kätners Andreas Tanck aus der 7. Mönkhagener Parzelle	1872
LAS 309, 3993	Der Anteil des Claus Hinr. Schroer aus der 4. Mönkhagener Parzelle	1872
LAS 309, 3994	Der Anteil des Jochim Hinr. Prahl aus der 5. Mönkhagener Parzelle	1872
LAS 309, 3995	Der Anteil des Hans Hinrich Zobel aus der 4. Mönkhagener Parzelle	1872
LAS 309, 3996	Die zum Neuenhofe gehörige 8. Parzelle	1872
LAS 309, 3999	Die erste sowie ein Teil der 2. und 5. Parzelle des Neuenhofs	1872
LAS 402 A 24, 272	Brouillon-Karte der II., IV., V., VI. und VII. Neuenhofs-Parcellen, wie solche 1787 ausgelegt worden, mit Einschluss der daran gelegten Freiweide-Ländereien	1839

Pöhls

- Pöhlserhof **- Pöhlserwohld** **- Torfkate**
- Weberkate

LAS 66, 5063	Fuhrsachen; Freibriefe	1736
LAS 66, 5008	Katen, Freiweiden u. a. m.	1812-1847
LAS 309, 3963	Die Konfirmation des Erbzins- und Überlassungsbriefes über die Häuser und Ländereien der Eingesessenen	1871-1872
LAS 355.47, 211	Erbhofakten	1934-1945
LAS 355.47, 212-218	Einzelne Erbhofakten **siehe Findbuch LAS 355.47, S. 51-52**	1934-1945
LAS 309 Geb. St., 912	Gebäudesteuer	1867
LAS 309, 15600	Reallastenablösung	1874-1885
LAS 309 Flur (18), 95	Flurbuch	1877

Ratzbek

- Fliegenfelde

LAS 66, 5008	Katen, Freiweiden u. a. m.	1812-1847
LAS 355.47, 219	Erbhofakten	1934-1945
LAS 355.47, 220-232	Einzelne Erbhofakten **siehe Findbuch LAS 355.47, S. 52-53**	1934-1945
LAS 309 Geb. St., 1159	Gebäudesteuer	1867
LAS 309, 15644	Reallastenablösung	1876
LAS 309, 15645	Reallastenablösung	1880-1885
LAS 309 Flur (18), 99	Flurbuch	1877
LAS 355.47, 362	Flurbuch	1876-1948
LAS 415, 1469	Karte	1792
LAS 402 A 3, 581.1-11	Feldrisse	o. J.

Rehhorst

- Hamannsöhlen **- Heckkate** **- Neukoppel**
- Voßkaten

LAS 66, 5063	Freibrief für den Viertelhufner Johann Hinrich Meyer	1759
LAS 109, 1391	Bestätigung von Freikaufbriefen für Viertelhufen	1774-1843
LAS 66, 5008	Katen, Freiweiden u. a. m.	1812-1847
LAS 355.47, 233	Erbhofakten	1934-1945
LAS 355.47, 234-253	Einzelne Erbhofakten **siehe Findbuch LAS 355.47, S. 53-55**	1934-1945

LAS 109, 239	Abgabenverzeichnisse	1791-1806
LAS 66, 5534	Herabsetzung der Radegelder	1833
LAS 309 Geb. St., 1160	Gebäudesteuer	1867
LAS 309, 15602	Reallastenablösung	1874
LAS 309, 15603	Reallastenablösung	1888
LAS 309 Flur (18), 101	Flurbuch	1877
LAS 355.47, 378	Gebäudesteuerrolle	1911-1938
LAS 109, 1369	Pferdegilde	1696-1725
LAS 109, 1370	Statuten der Kuhgilde	1838
LAS 415, 1469	Karte	o. J.
LAS 402 A 3, 583.1-7	Feldrisse	o. J.

Willendorf
- Stubbenkoppel

LAS 309, 3986	Die Konfirmation des Überlassungsbriefes über den Hof des Hufners H. H. Schmidt	1872
LAS 309, 3987	Die Konfirmation über die 1/8-Hufenstelle der Ehefrau Christine Kruse geb. Lüth	1872-1873
LAS 309, 3988	Die Konfirmation des fürstl. Plönschen Überlassungsbriefes über das Haus und die Ländereien des Hufners Schwardt	1872
LAS 355.47, 324	Erbhofakten	1934-1945
LAS 355.47, 325-332	Einzelne Erbhofakten **siehe Findbuch LAS 355.47, S. 63-64**	1934-1945
LAS 309 Geb. St., 1188	Gebäudesteuer	1867
LAS 309, 15589	Reallastenablösung	1873-1878
LAS 309 Flur (18), 145	Flurbuch	1877
LAS 402 A 3, 599.1-3	Feldrisse	o. J.
LAS 415, 1470	Karte	1788
LAS 415, 1471	Karte	1791

Wormsbrook (Stellen)

LAS 309 Geb. St., 1160	Gebäudesteuer	1867

Zarpen

- Auf der Horst **- Auf der Trift** **- Zarpener Heckkate**
- Zarpenerhof **- Zarpenerwohld**

LAS 109, 1403	Ausstellung eines Freibriefes für die Zarpener Kate des Hans Beier aus Reinfeld	1692
LAS 109, 1402	Ausstellung und Bestätigung von Freikaufbriefen für Parzellen	1739-1853
LAS 109, 1400	Veräußerung von Gemeindeland vom Halbhufner Hans Meins an den Eigenkätner Jochim Friedrich Klefke	1806
LAS 66, 5008	Katen, Freiweiden u. a. m.	1812-1847
LAS 109, 1387	Öffentlicher Verkauf von Parzellen des verstorbenen Holzvogts Hinrich Meins im Achtermühlenteich	1833
LAS 309, 3954	Die ¼-Hufe der Dor. Marg. Chr. Prange, geb. Westphal	1871-1872
LAS 309, 3979	Die Konfirmation des Überlassungs- und Erbzinsbriefes über die Ländereien und das Haus des J. H. Schwardt	1871-1872
LAS 355.47, 333	Erbhofakten	1934-1945
LAS 355.47, 334-349	Einzelne Erbhofakten **siehe Findbuch LAS 355.47, S. 64-65**	1934-1945

LAS 109, 239	Abgabenverzeichnisse	1791-1806
LAS 309 Geb. St., 1191	Gebäudesteuer	1867
LAS 309, 15588	Reallastenablösung	1873-1887
LAS 309 Flur (18), 153	Flurbuch	1877

LAS 415, 1471	Karte	1787
LAS 402 A 3, 602.1-7	Sieben Feldrisse	o. J.

Amt Rethwisch (ehemals Gut Rethwisch)

LAS 109, 1163	SchuPfPr mit Kontraktenprotokoll	1747-1782
LAS 109, 1164	SchuPfPr mit Kontraktenprotokoll	1783-1786
LAS 109, 750	Amtsrechnung	1737-1746
LAS 109, 751	Amtsrechnung	1760
LAS 109, 752	Amtsrechnung	1761
LAS 109, 521	Amtsrechnung	1762
LAS 109, 522	Amtsrechnung	1763
LAS 109, 523	Amtsrechnung	1764
LAS 109, 524	Amtsrechnung	1765
LAS 109, 525	Amtsrechnung	1766
LAS 109, 526	Amtsrechnung	1767
LAS 109, 527	Amtsrechnung	1768
LAS 109, 528	Amtsrechnung	1769
LAS 109, 529	Amtsrechnung	1770
LAS 109, 530	Amtsrechnung	1771
LAS 109, 531	Amtsrechnung	1772
LAS 109, 532	Amtsrechnung	1773
LAS 109, 533	Amtsrechnung	1774
LAS 109, 534	Amtsrechnung	1775
LAS 109, 535	Amtsrechnung	1776
LAS 109, 536	Amtsrechnung	1777
LAS 109, 537	Amtsrechnung	1778
LAS 109, 538	Amtsrechnung	1779
LAS 109, 539	Amtsrechnung	1780
LAS 109, 540	Amtsrechnung	1781
LAS 109, 541	Amtsrechnung	1782
LAS 109, 542	Amtsrechnung	1783
LAS 109, 543	Amtsrechnung	1784
LAS 109, 544	Amtsrechnung	1785
LAS 109, 545	Amtsrechnung	1786
LAS 109, 546	Amtsrechnung	1787
LAS 109, 547	Amtsrechnung	1788
LAS 109, 548	Amtsrechnung	1789
LAS 109, 549	Amtsrechnung	1790
LAS 109, 550	Amtsrechnung	1791
LAS 109, 551	Amtsrechnung	1792
LAS 109, 552	Amtsrechnung	1793
LAS 109, 553	Amtsrechnung	1794
LAS 109, 554	Amtsrechnung	1795
LAS 109, 555	Amtsrechnung	1796
LAS 109, 556	Amtsrechnung	1797
LAS 109, 557	Amtsrechnung	1798

LAS 109, 558	Amtsrechnung	1799
LAS 109, 559	Amtsrechnung	1800
LAS 109, 560	Amtsrechnung	1801
LAS 109, 561	Amtsrechnung	1802
LAS 109, 562	Amtsrechnung	1803
LAS 109, 563	Amtsrechnung	1804
LAS 109, 564	Amtsrechnung	1805
LAS 109, 565	Amtsrechnung	1806
LAS 109, 753	Amtsrechnung	1807
LAS 109, 754	Amtsrechnung	1808
LAS 109, 755	Amtsrechnung	1809
LAS 109, 756	Amtsrechnung	1810
LAS 109, 566	Amtsrechnung	1811
LAS 109, 567	Amtsrechnung	1812
LAS 109, 568	Amtsrechnung	1813
LAS 109, 569	Amtsrechnung	1814
LAS 109, 570	Amtsrechnung	1815
LAS 109, 571	Amtsrechnung	1816
LAS 109, 572	Amtsrechnung	1817
LAS 109, 573	Amtsrechnung	1818
LAS 109, 574	Amtsrechnung	1819
LAS 109, 575	Amtsrechnung	1820
LAS 109, 576	Amtsrechnung	1821
LAS 109, 577	Amtsrechnung	1822
LAS 109, 578	Amtsrechnung	1823
LAS 109, 579	Amtsrechnung	1824
LAS 109, 580	Amtsrechnung	1825
LAS 66, 5825.7	Beilagen zur Amtsrechnung	1827-1829
LAS 109, 581	Amtsrechnung	1826
LAS 109, 582	Amtsrechnung	1827
LAS 109, 583	Amtsrechnung	1828
LAS 109, 584	Amtsrechnung	1829
LAS 109, 585	Amtsrechnung	1830
LAS 109, 586	Amtsrechnung	1831
LAS 109, 587	Amtsrechnung	1832
LAS 109, 588	Amtsrechnung	1833
LAS 109, 589	Amtsrechnung	1834
LAS 109, 590	Amtsrechnung	1835
LAS 109, 591	Amtsrechnung	1836
LAS 109, 592	Amtsrechnung	1837
LAS 109, 593	Amtsrechnung	1838
LAS 109, 594	Amtsrechnung	1839
LAS 109, 595	Amtsrechnung	1840
LAS 109, 596	Amtsrechnung	1841
LAS 109, 597	Amtsrechnung	1842

LAS 109, 598	Amtsrechnung	1843
LAS 109, 599	Amtsrechnung	1844
LAS 109, 600	Amtsrechnung	1845
LAS 109, 601	Amtsrechnung	1846
LAS 109, 602	Amtsrechnung	1847
LAS 109, 603	Amtsrechnung	1848
LAS 109, 604	Amtsrechnung	1849
LAS 109, 605	Amtsrechnung	1850
LAS 109, 606	Amtsrechnung	1851
LAS 109, 607	Amtsrechnung	1852
LAS 109, 608	Amtsrechnung	1853
LAS 109, 609	Amtsrechnung	1853-1854
LAS 109, 610	Amtsrechnung	1854-1855
LAS 109, 611	Amtsrechnung	1855-1856
LAS 109, 612	Amtsrechnung	1856-1857
LAS 109, 613	Amtsrechnung	1857-1858
LAS 109, 614	Amtsrechnung	1858-1859
LAS 109, 615	Amtsrechnung	1859-1860
LAS 109, 616	Amtsrechnung	1860-1861
LAS 109, 617	Amtsrechnung	1861-1862
LAS 109, 618	Amtsrechnung	1862-1863
LAS 109, 619	Amtsrechnung	1863-1864
LAS 109, 620	Amtsrechnung	1864-1865
LAS 109, 621	Amtsrechnung	1865-1866
LAS 109, 622	Amtsrechnung	1866-1867
LAS 109, 623	Amtsrechnung	1867
LAS 109, 287	Hauptbuch	1736
LAS 109, 288	Hauptbuch	1741
LAS 109, 289	Hauptbuch	1742
LAS 109, 290	Hauptbuch	1746
LAS 109, 291	Hauptbuch	1747
LAS 109, 308	Hauptbuch	1848
LAS 109, 309	Hauptbuch	1854-1855
LAS 109, 310	Hauptbuch	1864-1865
LAS 7, 6327	Rethwisch	1575
LAS 66, 4496	Erbpachten und Konfirmationen	1762-1833
LAS 66, 4497	Erbpachten und Konfirmationen	1762-1833
LAS 66, 5060	Fuhrsachen	1785-1807
LAS 66, 4953	Pachtstücke und Konzessionen	1786-1847
LAS 66, 6381	Fuhr- und Dienstregister	1786
LAS 66, 6382	Fuhr- und Dienstregister	1788-1791
LAS 66, 6383	Fuhrregister	1792
LAS 66, 6377	Fuhr- und Dienstregister	1794

LAS 66, 6378	Fuhr- und Dienstregister	1795
LAS 66, 6379	Fuhr- und Dienstregister	1796
LAS 66, 6380	Fuhr- und Dienstregister	1798-1799
LAS 66, 2327	Fuhrregister	1801-1802
LAS 66, 2328	Fuhrregister	1801-1805
LAS 66, 8098	Landveräußerungen und Landüberlassungen	1802-1847
LAS 111, 114	Dienst- und Fuhrsachen	1830-1871
LAS 66, 5152	Landveräußerungen	1847-1848

LAS 66, 5062	Hebungs-Register von aller und jeder Geld- und Natural-Einnahme wie auch den sämtlichen Dienstleistungen	1762
LAS 66, 6298	Extrakte der eingekommenen und rückständigen Gefälle	1762-1767
LAS 66, 188	Kopf- und Rangsteuerrechnungen	1763
LAS 109, 307	Hebungsregister	1774
LAS 66, 3871	Fundamental-Extrakte aus dem SchuPfPr für die Viertelprozent-Kapitaliensteuer	1781
LAS 66, 189	Kopf- und Rangsteuerrechnungen	1800
LAS 111, 105	Vermessung der steuerpflichtigen Gebäude und Entwurf eines Hebungsregisters	1803-1806
LAS 66, 5963	Landsteuer-Register	1803
LAS 66, 432	Steuersachen	1803-1839
LAS 66, 4133	Hebungs- und Rechnungssachen	1806-1833
LAS 66, 3858	Zwei-Prozent-Kapitalsteuer	1810-1812
LAS 66, 7149	Mannzahl- und Schatzprotokolle zur Vermögenssteuer	1810-1814
LAS 66, 3382.9	Katen- und Verbittelsgeld	1812-1841
LAS 66, 5938	Landsteuer-Register	1813
LAS 66, 5243	Steuersachen	1815-1846
LAS 66, 2654	Hebungs-Extrakte über die Kopf- und Rangsteuer	1824
LAS 66, 5561	Steuer-, Brüch- und Abgabensachen	1825-1846
LAS 66, 5322	Haussteuer	1828-1848
LAS 66, 3931	Hebungsextrakte	1835-1836
LAS 66, 6509	Hebungsextrakte	1835-1837
LAS 66, 936	Halbprozent-Steuerfälle von Erbschaften, Verkäufen und Auktionen	1838
LAS 66, 6569	Verzeichnisse der Halbprozent- und Vierprozent-Steuerfälle von Eigentumsübertragungen und Kollateralerbschaften	1838
LAS 66, 2574.6	Hebungsextrakte über Gefälle und Intraden	1839-1840
LAS 66, 2573.6	Halbprozent-Steuerfälle	1839
LAS 66, 2575.1	Hebungs-Extrakte über die Kopf- und Rangsteuer	1839

LAS 66, 2575.2	Hebungs-Extrakte über die Kopf- und Rangsteuer	1840
LAS 66, 2572.5	Hebungsextrakte über Gefälle und Intraden	1840-1841
LAS 66, 949	Halbprozent-Steuerlisten	1840
LAS 66, 952	Halbprozent- und Vierprozent-Steuerlisten	1840
LAS 66, 951	Halbprozent- und Vierprozent-Steuerlisten	1841
LAS 66, 944	Halbprozent- und Kollateralsteuerlisten	1842
LAS 66, 6159	Verzeichnis der Halbprozent-Steuerfälle und der Vierprozent-(Kollateral)steuerfälle	1843
LAS 66, 945.12	Halbprozent- und Kollateralsteuerlisten	1844
LAS 66, 190	Kopf- und Rangsteuerrechnungen	1845
LAS 309, 2638	verschiedene Abgaben wie Grundheuer, Erbpacht etc.	1869-1872
LAS 400.5, 1100	Brandversicherungsregister	1766
LAS 412, 290	Volkszähllisten	1803
LAS 415, 5412	Volkszähllisten	1835
LAS 415, 5436	Volkszähllisten	1840
LAS 415, 5467	Volkszähllisten	1845
LAS 415, 5532	Volkszähllisten	1855

Kirchspiel Klein Wesenberg

LAS 109, 1176	SchuPfPr, Nebenbuch, Tomus II	1788-1851
LAS 109, 1177	SchuPfPr, Nebenbuch, Tomus II	1851-1882
LAS 412, 553	Volkszähllisten	1860
LAS 412, 954	Volkszähllisten	1864

Groß Barnitz
- Spackmühle

LAS 109, 1179	SchuPfPr, Nebenbuch	1768-1886
LAS 109, 1180	SchuPfPr, Nebenbuch	1823-1864
LAS 109, 1181	SchuPfPr, Nebenbuch	1864-1885
LAS 355.47, 58	Erbhofakten	1934-1945
LAS 355.47, 59-67	Einzelne Erbhofakten **siehe Findbuch LAS 355.47, S. 36**	1934-1945
LAS 309 Geb. St., 1132	Gebäudesteuer	1867
LAS 309, 15641	Reallastenablösung	1876

LAS 309 Flur (18), 34	Flurbuch	1877
LAS 355.47, 372	Gebäudesteuerrolle	1910-1937
LAS 109, 1367	Gilderolle der Brandgilde	1699-1786

Heidberg (Vorwerk bis 1743)
- Heidberghof

LAS 309, 3928	Das Erbpachtstück Heidberghof	1870-1872
LAS 309, 3967	Die zum niedergelegten Hofe Heidberghof gehörig gewesene 3. und ein Teil der 6. Parzelle, welche jetzt dem P. H. Ruge in Erbpacht überlassen sind	1872

Klein Barnitz

LAS 109, 1179	SchuPfPr, Nebenbuch	1768-1886
LAS 109, 1180	SchuPfPr, Nebenbuch	1823-1864
LAS 109, 1181	SchuPfPr, Nebenbuch	1864-1885
LAS 355.47, 153	Erbhofakten	1934-1945
LAS 355.47, 154-160	Einzelne Erbhofakten **siehe Findbuch LAS 355.47, S. 45-46**	1934-1945
LAS 109, 1234	Ablösung von Reallasten	1875-1877
LAS 309 Geb. St., 1133	Gebäudesteuer	1867
LAS 309, 15639	Reallastenablösung	1876
LAS 309 Flur (18), 58	Flurbuch	1877
LAS 355.47, 357	Flurbuch	1876-1948
LAS 109, 1367	Gilderolle der Brandgilde	1699-1786

Klein Schenkenberg

LAS 355.47, 161	Erbhofakten	1934-1945
LAS 355.47, 162-167	Einzelne Erbhofakten **siehe Findbuch LAS 355.47, S. 46-47**	1934-1945
LAS 309 Geb. St., 1165	Gebäudesteuer	1867
LAS 309 Flur (18), 60	Flurbuch	1877
LAS 355.47, 358	Flurbuch	1876-1948
LAS 309, 15699	Reallastenablösung	1881-1883

Klein Wesenberg (Vorwerk bis 1743)
- Wesenbergerhof

LAS 66, 4498	Erbpachten und Konfirmationen	1766-1846
LAS 66, 7652	Erbpachten	1779-1847
LAS 109, 1268	Teilung und Veräußerung der Erbpachtstelle des Hinrich Dähn	1779-1799
LAS 309, 3966	Die Konfirmation des Erbzinskontraktes über die mit der 1/6-Hufe des P. Buck verbundenen, in der Wesenberger Heide belegenen Koppel	1872
LAS 309, 3970	Die Erbpachtsstelle des H. H. Chr. Kirschmann	1872
LAS 309, 3971	Die Erbpachtsstelle des Joh. Chr. Theod. Hoffmann	1872-1873
LAS 309, 3982	Die Erbpachtsstelle des H. P. Strampfer	1872-1873
LAS 309, 4272	Die dem Vorbesitzer des Hufners Wohlers nach dem Kontrakt von 1846 zur Nutzung überwiesenen 2 Parzellen (Kuhkoppel)	1885
LAS 355.47, 168	Erbhofakten	1934-1945
LAS 355.47, 169-182	Einzelne Erbhofakten **siehe Findbuch LAS 355.47, S. 47-48**	1934-1945

LAS 309 Geb. St., 1185	Gebäudesteuer	1867
LAS 309, 15632	Reallastenablösung	1875
LAS 309, 15633	Reallastenablösung	1881-1882
LAS 309 Flur (18), 61	Flurbuch	1877
LAS 355.47, 359	Flurbuch	1876-1950

Trenthorst (siehe Gut Trenthorst, S. 225)

Westerau (siehe Lübecker Stadtstiftsdörfer, S. 228)

Kirchspiel Oldesloe

LAS 109, 1165	SchuPfPr, Tomus I	1787
LAS 109, 1168	SchuPfPr, Nebenbuch, Tomus I	1810-1829
LAS 109, 1169	SchuPfPr, Nebenbuch, Tomus I	1829-1842
LAS 109, 1171	SchuPfPr, Nebenbuch, Tomus I	1853-1865
LAS 109, 1172	SchuPfPr, Nebenbuch, Tomus I	1865-1872
LAS 109, 1173	SchuPfPr, Nebenbuch, Tomus I	1872-1878

LAS 110.2, 117	Landwesenssachen	1748

LAS 109, 853	Vormünderbuch	1805-1867
LAS 109, 854	Vormünderbuch	1847-1870
LAS 412, 552	Volkszähllisten	1860
LAS 412, 953	Volkszähllisten	1864

Altenweide

LAS 109, 1233	Ablösung von Reallasten	1875-1877
LAS 309 Geb. St., 1128	Gebäudesteuer	1867
LAS 309 Flur (18), 4	Flurbuch	1877
LAS 309, 20336	Reallastenablösung	1868

Benstaben

LAS 355.47, 46	Erbhofakten	1934-1945
LAS 355.47, 47-52	Einzelne Erbhofakten **siehe Findbuch LAS 355.47, S. 34-35**	1934-1945

LAS 309 Geb. St., 1134	Gebäudesteuer	1867
LAS 309, 15620	Reallastenablösung	1875
LAS 309 Flur (18), 13	Flurbuch	1877
LAS 355.47, 351	Flurbuch	1876-1946
LAS 355.47, 370	Gebäudesteuerrolle	1911-1926

Frauenholz (siehe Lübecker Stadtstiftsdörfer, Marienkirche, S. 228)

LAS 309 Flur (18), 29	Flurbuch	1877
LAS 309 Geb. St., 1141	Gebäudesteuer	1867

Klein Boden

LAS 309 Geb. St., 1135	Gebäudesteuer	1867
LAS 309 Flur (18), 17	Flurbuch	1877
LAS 309, 20335	Reallastenablösung	1878 ff.

Meddewade
- Buhrholz

LAS 66, 5565	Gesuch der Viertelhufner um Herabsetzung ihrer Pflugzahl	1805-1816
LAS 109, 1344	Niederlassung des Hans Hinrich Naevecke aus Labenz	1860

LAS 309 Geb. St., 1151	Gebäudesteuer	1867
LAS 309, 20326	Reallastenablösung	1870
LAS 309 Flur (18), 74	Flurbuch	1877

Rethwisch (Vorwerk bis 1773)

- Ohldörp	**- Rehkoppel**	**- Rethwischfeld**
- Rethwischhof	**-Rethwischhöhe**	**- Steenkamp**
- Timpenbaum		

LAS 109, 305	Niederlegung des Vorwerks	1772-1779
LAS 66, 7542	Niederlegung des Vorwerks	1773-1836
LAS 66, 7543	Niederlegung des Vorwerks	1773-1790
LAS 66, 7544	Niederlegung des Vorwerks	1773-1793
LAS 66, 5565	Gesuch der Viertelhufner um Herabsetzung ihrer Pflugzahl	1805-1816
LAS 66, 5568	Gesuch der Parzellisten zu Rethwischfeld um Erhaltung ihrer durch Ankauf von Parzellen des niedergelegten Vorwerks kontraktlich erworbenen Freiheit von Zollabgaben	1830-1831
LAS 109, 1345	Niederlassung des Dienstknechts Johann Hinrich Christoph Boesk in Rethwischfeld	1860
LAS 109, 1346	Niederlassung des Parzellisten Hans Joachim Friedrich Mett	1860
LAS 309 Geb. St., 1163	Gebäudesteuer	1867
LAS 309, 15598	Reallastenablösung	1874
LAS 309, 15599	Reallastenablösung	1890-1891
LAS 309 Flur (18), 105	Flurbuch	1877
LAS 402 A 3, 550	Aufmessungsrisse von dem niedergelegten Gute	o. J.

Rethwischdorf

LAS 109, 1407	Errichtung einer Katenstelle für den Zimmermann Johann Heinrich Friedrich Timm	1859-1861
LAS 309 Geb. St., 1162	Gebäudesteuer	1867
LAS 309, 20339	Reallastenablösung	1875-1896
LAS 109, 1368	Gilderolle der Brandgilde	1737

Sehmsdorf

LAS 66, 5008	Katen, Freiweiden u. a. m.	1812-1847
LAS 309 Geb. St., 1168	Gebäudesteuer	1867
LAS 309 Flur (18), 116	Flurbuch	1877
LAS 309, 20338	Reallastenablösung	1878 ff.

Steensrade

LAS 309 Geb. St., 1170	Gebäudesteuer	1867
LAS 309 Flur (18), 120	Flurbuch	1877
LAS 309, 20330	Reallastenablösung	1878 ff.

Tralauerholz (Vorwerk bis 1743)

LAS 309 Geb. St., 1178	Gebäudesteuer	1867
LAS 309, 15625	Reallastenablösung	1875
LAS 309 Flur (18), 135	Flurbuch	1877

Treuholz (Vorwerk bis 1767)
- Auf dem Höven **- Fuhlenpott** **- Grünwinkel**
- Kiefholz **- Klotzenkate**

LAS 66, 7545	Niederlegung des Vorwerks; u. a. Inventar und Fuhrregister	1767-1877
LAS 66, 7662	Verkauf der einzelnen Erbpachtstellen	1767-1788
LAS 309 Geb. St., 1181	Gebäudesteuer	1867
LAS 309, 15601	Reallastenablösung	1874
LAS 309 Flur (18), 138	Flurbuch	1877

Amt Traventhal

LAS 109, 1183	SchuPfPr	1729-1739
LAS 109, 1184	SchuPfPr	1740-1753
LAS 109, 1185	SchuPfPr	1754-1759
LAS 109, 1186	SchuPfPr	1759-1765
LAS 109, 1187	SchuPfPr	1765-1772
LAS 109, 1188	SchuPfPr	1772-1783
LAS 109, 1189	SchuPfPr	1783-1787
LAS 109, 872	SchuPfPr	1787
LAS 109, 1191	SchuPfPr	1787-1883
LAS 109, 1192	Anlage zum SchuPfPr	1878-1883
LAS 109, 1193	Nebenbuch zum SchuPfPr, Tomus I	1788-1801
LAS 109, 1194	Nebenbuch zum SchuPfPr, Tomus II	1802-1816
LAS 109, 1195	Nebenbuch zum SchuPfPr, Tomus III	1816-1831
LAS 109, 1196	Nebenbuch zum SchuPfPr, Tomus IV	1831-1843
LAS 109, 1197	Nebenbuch zum SchuPfPr, Tomus V	1843-1850
LAS 109, 1198	Nebenbuch zum SchuPfPr, Tomus VI	1850-1857
LAS 109, 1199	Nebenbuch zum SchuPfPr, Tomus VII	1857-1861
LAS 109, 1200	Nebenbuch zum SchuPfPr, Tomus VIII	1861-1866
LAS 109, 1201	Nebenbuch zum SchuPfPr, Tomus IX	1866-1871
LAS 109, 1202	Obligationenprotokoll, Tomus X	1868-1874
LAS 109, 1203	Obligationenprotokoll, Tomus XI	1871-1876
LAS 109, 1204	Obligationenprotokoll, Tomus XII	1874-1879
LAS 109, 1205	Obligationenprotokoll, Tomus XIII	1876-1878
LAS 109, 1206	Obligationenprotokoll, Tomus XIV	1878-1881
LAS 109, 1207	Obligationenprotokoll, Tomus XV	1879-1883
LAS 109, 1208	Obligationenprotokoll, Tomus XVI	1881-1882
LAS 109, 624	Amtsrechnung	1681-1691
LAS 109, 625	Amtsrechnung	1691-1698
LAS 109, 626	Amtsrechnung	1698-1699
LAS 109, 627	Amtsrechnung	1699-1700
LAS 109, 628	Amtsrechnung	1723
LAS 109, 629	Amtsrechnung	1731-1758
LAS 109, 630	Amtsrechnung	1760
LAS 109, 631	Amtsrechnung	1761
LAS 109, 632	Amtsrechnung	1762
LAS 109, 633	Amtsrechnung	1763
LAS 109, 634	Amtsrechnung	1764
LAS 109, 635	Amtsrechnung	1765
LAS 109, 636	Amtsrechnung	1766
LAS 109, 637	Amtsrechnung	1767
LAS 109, 638	Amtsrechnung	1768

LAS 109, 639	Amtsrechnung	1769
LAS 109, 640	Amtsrechnung	1770
LAS 109, 641	Amtsrechnung	1771
LAS 109, 642	Amtsrechnung	1772
LAS 109, 643	Amtsrechnung	1773
LAS 109, 644	Amtsrechnung	1774
LAS 109, 645	Amtsrechnung	1775
LAS 109, 646	Amtsrechnung	1776
LAS 66, 5825.11	Beilagen zur Amtsrechnung	1776-1840
LAS 109, 647	Amtsrechnung	1777
LAS 109, 648	Amtsrechnung	1778
LAS 109, 649	Amtsrechnung	1779
LAS 109, 650	Amtsrechnung	1780
LAS 109, 652	Amtsrechnung	1781
LAS 109, 651	Amtsrechnung, Band 1	1781
LAS 109, 653	Amtsrechnung	1782
LAS 109, 654	Amtsrechnung	1783
LAS 109, 655	Amtsrechnung	1784
LAS 109, 656	Amtsrechnung	1785
LAS 109, 657	Amtsrechnung	1786
LAS 109, 658	Amtsrechnung	1787
LAS 109, 659	Amtsrechnung	1788
LAS 109, 660	Amtsrechnung	1789
LAS 109, 661	Amtsrechnung	1790
LAS 109, 662	Amtsrechnung	1791
LAS 109, 663	Amtsrechnung	1792
LAS 109, 664	Amtsrechnung	1793
LAS 109, 665	Amtsrechnung	1794
LAS 109, 666	Amtsrechnung	1795
LAS 109, 667	Amtsrechnung	1796
LAS 109, 668	Amtsrechnung	1797
LAS 109, 669	Amtsrechnung	1798
LAS 109, 670	Amtsrechnung	1799
LAS 109, 671	Amtsrechnung	1800
LAS 109, 672	Amtsrechnung	1801
LAS 109, 673	Amtsrechnung	1802
LAS 109, 674	Amtsrechnung	1803
LAS 109, 675	Amtsrechnung	1804
LAS 109, 676	Amtsrechnung	1805
LAS 109, 677	Amtsrechnung	1806
LAS 109, 678	Amtsrechnung	1807
LAS 109, 679	Amtsrechnung	1808
LAS 109, 680	Amtsrechnung	1809
LAS 109, 681	Amtsrechnung	1810
LAS 109, 682	Amtsrechnung	1811

LAS 109, 683	Amtsrechnung	1812
LAS 109, 684	Amtsrechnung	1813
LAS 109, 685	Amtsrechnung	1814
LAS 109, 686	Amtsrechnung	1815
LAS 109, 687	Amtsrechnung	1816
LAS 109, 688	Amtsrechnung	1817
LAS 109, 689	Amtsrechnung	1818
LAS 109, 690	Amtsrechnung	1819
LAS 109, 691	Amtsrechnung	1820
LAS 109, 692	Amtsrechnung	1821
LAS 109, 693	Amtsrechnung	1822
LAS 109, 694	Amtsrechnung	1823
LAS 109, 695	Amtsrechnung	1824
LAS 109, 696	Amtsrechnung	1825
LAS 109, 697	Amtsrechnung	1826
LAS 109, 698	Amtsrechnung	1827
LAS 109, 699	Amtsrechnung	1828
LAS 109, 700	Amtsrechnung	1829
LAS 109, 701	Amtsrechnung	1830
LAS 109, 702	Amtsrechnung	1831
LAS 109, 703	Amtsrechnung	1832
LAS 109, 704	Amtsrechnung	1833
LAS 109, 705	Amtsrechnung	1834
LAS 109, 706	Amtsrechnung	1835
LAS 109, 707	Amtsrechnung	1836
LAS 109, 708	Amtsrechnung	1837
LAS 109, 709	Amtsrechnung	1838
LAS 109, 710	Amtsrechnung	1839
LAS 109, 711	Amtsrechnung	1840
LAS 109, 712	Amtsrechnung	1841
LAS 109, 713	Amtsrechnung	1842
LAS 109, 714	Amtsrechnung	1843
LAS 109, 715	Amtsrechnung	1844
LAS 109, 716	Amtsrechnung	1845
LAS 109, 717	Amtsrechnung	1846
LAS 109, 718	Amtsrechnung	1847
LAS 109, 719	Amtsrechnung	1848
LAS 109, 720	Amtsrechnung	1849
LAS 109, 721	Amtsrechnung	1850
LAS 109, 722	Amtsrechnung	1851
LAS 109, 723	Amtsrechnung	1852
LAS 109, 724	Amtsrechnung	1853-1854
LAS 109, 969	Notate zu den Amtsanlagerechnungen	1853-1867
LAS 109, 725	Amtsrechnung	1854-1855
LAS 109, 726	Amtsrechnung	1855-1856

LAS 109, 727	Amtsrechnung	1856-1857
LAS 109, 728	Amtsrechnung	1857-1858
LAS 109, 729	Amtsrechnung	1858-1859
LAS 109, 730	Amtsrechnung	1859-1860
LAS 109, 731	Amtsrechnung	1860-1861
LAS 109, 732	Amtsrechnung	1861-1862
LAS 109, 733	Amtsrechnung	1862-1863
LAS 109, 734	Amtsrechnung	1863-1864
LAS 109, 735	Amtsrechnung	1864-1865
LAS 109, 736	Amtsrechnung	1865-1866
LAS 109, 737	Amtsrechnung	1866-1867
LAS 109, 738	Amtsrechnung	1867

LAS 109, 1063	Heuerkontrakte über herrschaftliche Pachtstücke	1679-1750
LAS 109, 1064	Heuerkontrakte über herrschaftliche Pachtstücke	1679-1771
LAS 109, 1068	Heuerkontrakte über Koppeln	1727-1774
LAS 66, 4499	Erbpachten und Konfirmationen	1761-1847
LAS 109, 922	Herrschaftliche Zeitpachtstücke	1761-1781
LAS 109, 91	Fuhr- und Dienstsachen	1761-1864
LAS 66, 4996	Pachtstücke und Konzessionen	1762-1830
LAS 109, 1060	Landveräußerung und Trennung von Hufen	1762-1846
LAS 66, 8163	Landveräußerungen	1766-1833
LAS 66, 5067	Fuhrsachen	1766-1812
LAS 109, 764	Nachricht über die Verkoppelung	1767
LAS 109, 1061	Taxation und Teilung von Hufen	1768-1842
LAS 66, 606	Auseinandersetzungen	1768-1796
LAS 66, 8162	Feldaufteilung und Landüberlassungen	1769-1847
LAS 66, 8161	Feldaufteilung und Landüberlassungen	1770-1793
LAS 66, 6377	Fuhr- und Dienstregister	1794
LAS 66, 6378	Fuhr- und Dienstregister	1795
LAS 66, 6379	Fuhr- und Dienstregister	1796
LAS 66, 6380	Fuhr- und Dienstregister	1798-1799
LAS 66, 2327	Fuhrregister	1801-1802
LAS 66, 2328	Fuhrregister	1801-1805
LAS 66, 5170	Auseinandersetzungsinstrumente	1807-1848
LAS 111, 114	Dienst- und Fuhrsachen	1830-1871
LAS 66, 6194	Landveräußerungen	1833-1848
LAS 66, 8164	Landveräußerungen	1834-1848
LAS 66, 5177	Ländereisachen	1847-1848
LAS 109, 1394	Landveräußerungen	1853-1864
LAS 309, 4187-4189	Die Verpachtung der vormaligen Amtsmanns-Dienstländereien	1867-1926

LAS 309, 4190-4191	Die Verpachtung der vormaligen Amtsmanns-Dienstländereien	1867-1926
LAS 309, 4201	Die Verpachtung der ehemaligen Amtsverwalter Dienstländereien	1867-1872
LAS 309, 4200	Die Verpachtung der vormaligen Amtsdiener-Ländereien	1868-1870
LAS 309, 4637-4638	Verkauf des ehemaligen Amtmanns-dienstgeweses	1868-1872
LAS 309, 3576	Ablösung der Hand- und Spanndienste	1869
LAS 109, 1073	Nachweis von Hafer-Einnahme- und Ausgabe	1756
LAS 109, 318	Hebungs- und Rechnungswesen	1760-1762
LAS 109, 348	Hebungsregister	1760
LAS 66, 6299	Extrakte der eingekommenen und rückständigen Gefälle	1762-1767
LAS 66, 197	Kopf- und Rangsteuerrechnungen	1763
LAS 109, 349	Hauptbuch	1770
LAS 109, 350	Hauptbuch	1780
LAS 66, 3871	Fundamental-Extrakte aus dem SchuPfPr für die Viertelprozent-Kapitaliensteuer	1781
LAS 109, 351	Hauptbuch	1790
LAS 109, 352	Hauptbuch	1800
LAS 66, 198	Kopf- und Rangsteuerrechnungen	1800
LAS 321 Segeberg, 16	Hebungsregister	1802-1804
LAS 66, 5964	Landsteuer-Register	1803
LAS 111, 105	Vermessung der steuerpflichtigen Gebäude und Entwurf eines Hebungsregisters	1803-1806
LAS 66, 432	Steuersachen	1803-1839
LAS 66, 5323	Haussteuer	1806-1848
LAS 109, 353	Hebungsbuch	1810
LAS 66, 7120	Halbprozentsteuer-Verzeichnisse von Erbschaften und Immobilienübertragungen	1810-1811
LAS 66, 3860	Zwei-Prozent-Kapitalsteuer	1810-1812
LAS 66, 7150	Mannzahl- und Schatzprotokolle zur Vermögenssteuer	1810-1814
LAS 66, 3382.9	Katen- und Verbittelsgeld	1812-1841
LAS 66, 5941	Landsteuer-Register	1813
LAS 66, 4134	Hebungs- und Rechnungssachen	1818-1833
LAS 109, 354	Haupt- und Hebungsbuch	1820
LAS 66, 2654	Hebungs-Extrakte über die Kopf- und Rangsteuer	1824
LAS 109, 355	Haupt- und Hebungsbuch	1830
LAS 66, 3932	Hebungsextrakte	1835
LAS 66, 6510	Hebungsextrakte	1835-1837

LAS 66, 936	Halbprozent-Steuerfälle von Erbschaften, Verkäufen und Auktionen	1838
LAS 66, 6570	Verzeichnisse der Halbprozent- und Vierprozent-Steuerfälle von Erbschaften und Eigentumsübertragungen bzw. Kollateralerbschaften	1838
LAS 66, 2573.6	Halbprozent-Steuerfälle	1839
LAS 66, 2575.1	Hebungs-Extrakte über die Kopf- und Rangsteuer	1839
LAS 66, 2567.7	Hebungsextrakte über die Gefälle und Intraden	1839-1840
LAS 66, 2575.2	Hebungs-Extrakte über die Kopf- und Rangsteuer	1840
LAS 66, 2572.6	Hebungsextrakte über die Gefälle und Intraden	1840-1841
LAS 109, 356	Haupt- und Hebungsbuch	1840
LAS 66, 949	Halbprozent-Steuerlisten	1840
LAS 66, 952	Halbprozent- und Vierprozent-Steuerlisten	1840
LAS 66, 951	Halbprozent- und Vierprozent-Steuerlisten	1841
LAS 66, 944	Halbprozent- und Kollateralsteuerlisten	1842
LAS 66, 6164	Verzeichnisse der Halbprozent- und Vierprozent-Steuerfälle von Erbschaften und Eigentumsübertragungen bzw. Kollateralerbschaften	1843
LAS 66, 6159	Verzeichnis der Halbprozent-Steuerfälle und der Vierprozent-(Kollateral)steuerfälle	1843
LAS 309, 37634	Verzeichnisse feststehender Gefälle	1843-1863
LAS 66, 945.16	Halbprozent- und Kollateralsteuerlisten	1844
LAS 66, 5173	Halbprozentsteuer	1844-1848
LAS 66, 6133	Verzeichnis der Halbprozent-Steuerfälle und der Vierprozent-(Kollateral)steuerfälle	1845
LAS 66, 199	Kopf- und Rangsteuerrechnungen	1845
LAS 66, 5172	Herrschaftliche Gefälle und Abgaben	1847-1848
LAS 320, 127	Das von den Hufnern und Kätnern zu zahlende sogenannte Garten-, Heu- und Düngergeld	1868-1881
LAS 321 Segeberg, 14	Grundsteuern und Domanialabgaben	1869-1872
LAS 309, 2653	verschiedene Abgaben wie Grundheuer, Erbpacht etc.	1869-1870

LAS 109, 1217	Erbschaftsakten	1759-1842
LAS 109, 1218	Verzeichnis der an das Amtsgericht Segeberg abgegebenen Akten (u. a. Konkurse, Erbschaftssachen, Vormundschaftsakten etc.)	1763-1867

LAS 109, 1213	Vormünderprotokoll	1760-1860
LAS 109, 1034	Expeditionsprotokolle in Vormundschafts-sachen	1814-1848
LAS 109, 1033	Vormünderbuch, u. a. Register	1823-1870
LAS 400.5, 1107	Brandversicherungsregister	1766
LAS 400.5, 1108	Brandversicherungsregister	1796
LAS 412, 288	Volkszähllisten	1803
LAS 415, 5413	Volkszählungen	1835
LAS 415, 5437	Volkszähllisten	1840
LAS 109, 1071	Statistische Nachrichten (u. a. Volkszähl-listen des Jahres 1845)	1845-1857
LAS 415, 5466	Volkszähllisten	1845
LAS 415, 5533	Volkszähllisten	1855
LAS 320 Segeberg, 82	Volkszählungen	1880-1890

Kirchspiel Oldesloe

LAS 110.2, 117	Landwesenssachen	1748
LAS 109, 853	Vormünderbuch	1805-1867
LAS 109, 854	Vormünderbuch	1847-1870
LAS 412, 540	Volkszähllisten	1860
LAS 412, 941	Volkszähllisten	1864

Schlamersdorf

- Jammertal **- Stabuhr**

LAS 109, 1182	Extrakt aus dem SchuPfPr	1867
LAS 309 Geb. St., 1167	Gebäudesteuer	1867
LAS 309, 15652	Reallastenablösung	1878

Amt Tremsbüttel

LAS 111, 624f	Nebenbuch zum SchuPfPr	1857-1860
LAS 400.5, 427	Amtsrechnung	1579
LAS 400.5, 427	Amtsrechnung	1593
LAS 111, 2477	Amtsrechnung	1650
LAS 111, 2478	Amtsrechnung	1656-1657
LAS 111, 2479	Amtsrechnung	1660-1661
LAS 111, 2480	Amtsrechnung	1674
LAS 111, 2481	Amtsrechnung	1690
LAS 111, 2482	Amtsrechnung	1692
LAS 111, 2483	Amtsrechnung	1706
LAS 111, 2484	Amtsrechnung	1707
LAS 111, 2485	Amtsrechnung	1708
LAS 111, 2486	Amtsrechnung	1709
LAS 111, 2487	Amtsrechnung	1710
LAS 111, 2488	Amtsrechnung	1711
LAS 111, 2489	Amtsrechnung	1712
LAS 111, 2490	Amtsrechnung	1713-1715
LAS 111, 2491	Amtsrechnung	1714
LAS 111, 2618	Amtsrechnung	1715
LAS 111, 2619	Amtsrechnung	1716
LAS 111, 2620	Amtsrechnung	1717
LAS 111, 2621	Amtsrechnung	1718
LAS 111, 2622	Amtsrechnung	1719
LAS 111, 2623	Amtsrechnung	1720
LAS 111, 2492	Amtsrechnung	1728
LAS 111, 2493	Amtsrechnung	1729
LAS 111, 2494	Amtsrechnung	1730
LAS 111, 2624	Amtsrechnung	1731-1736
LAS 111, 2625	Amtsrechnung	1737
LAS 111, 2626	Amtsrechnung	1738
LAS 111, 2495	Amtsrechnung	1739
LAS 111, 2496	Amtsrechnung	1740
LAS 111, 2630	Amtsrechnung	1741
LAS 111, 2497	Amtsrechnung	1742
LAS 111, 2631	Amtsrechnung	1743
LAS 111, 2632	Amtsrechnung	1744
LAS 111, 2627	Amtsrechnung	1745
LAS 111, 2628	Amtsrechnung	1746
LAS 111, 2498	Amtsrechnung	1747
LAS 111, 2629	Amtsrechnung	1748
LAS 111, 2499	Amtsrechnung	1749
LAS 111, 2633	Amtsrechnung	1750

LAS 111, 2500	Amtsrechnung	1751
LAS 111, 2501	Amtsrechnung	1752
LAS 111, 2502	Amtsrechnung	1753
LAS 111, 2503	Amtsrechnung	1754
LAS 111, 2504	Amtsrechnung	1755
LAS 111, 2505	Amtsrechnung	1756
LAS 111, 2506	Amtsrechnung	1757
LAS 111, 2507	Amtsrechnung	1758
LAS 111, 2508	Amtsrechnung	1759
LAS 111, 2509	Amtsrechnung	1760
LAS 111, 2510	Amtsrechnung	1761
LAS 111, 2511	Amtsrechnung	1762
LAS 111, 2512	Amtsrechnung	1763
LAS 111, 2513	Amtsrechnung	1764
LAS 111, 2514	Amtsrechnung	1765
LAS 111, 2515	Amtsrechnung	1766
LAS 111, 2516	Amtsrechnung	1767
LAS 111, 2517	Amtsrechnung	1768
LAS 111, 2518	Amtsrechnung	1769
LAS 111, 2519	Amtsrechnung	1770
LAS 111, 2520	Amtsrechnung	1771
LAS 111, 2521	Amtsrechnung	1772
LAS 111, 2522	Amtsrechnung	1773
LAS 111, 2523	Amtsrechnung	1774
LAS 111, 2524	Amtsrechnung	1775
LAS 111, 2525	Amtsrechnung	1776
LAS 111, 2526	Amtsrechnung	1777
LAS 111, 2527	Amtsrechnung	1778
LAS 111, 2528	Amtsrechnung	1779
LAS 111, 2529	Amtsrechnung	1780
LAS 111, 2530	Amtsrechnung	1781
LAS 111, 2531	Amtsrechnung	1782
LAS 111, 2532	Amtsrechnung	1783
LAS 111, 2533	Amtsrechnung	1784
LAS 111, 2534	Amtsrechnung	1785
LAS 111, 2535	Amtsrechnung	1786
LAS 111, 2536	Amtsrechnung	1787
LAS 111, 2537	Amtsrechnung	1788
LAS 111, 2538	Amtsrechnung	1789
LAS 111, 2539	Amtsrechnung	1790
LAS 111, 2540	Amtsrechnung	1791
LAS 111, 2541	Amtsrechnung	1792
LAS 111, 2542	Amtsrechnung	1793
LAS 111, 2543	Amtsrechnung	1794
LAS 111, 2544	Amtsrechnung	1795

LAS 111, 2545	Amtsrechnung	1796
LAS 111, 2546	Amtsrechnung	1797
LAS 111, 2547	Amtsrechnung	1798
LAS 111, 2548	Amtsrechnung	1799
LAS 111, 2549	Amtsrechnung	1800
LAS 111, 2550	Amtsrechnung	1801
LAS 111, 2551	Amtsrechnung	1802
LAS 111, 2552	Amtsrechnung	1803
LAS 111, 2553	Amtsrechnung	1804
LAS 111, 2554	Amtsrechnung	1805
LAS 111, 2555	Amtsrechnung	1806
LAS 111, 2556	Amtsrechnung	1807
LAS 111, 2557	Amtsrechnung	1808
LAS 111, 2558	Amtsrechnung	1809
LAS 111, 2559	Amtsrechnung	1810
LAS 111, 2560	Amtsrechnung	1811
LAS 111, 2561	Amtsrechnung	1812
LAS 111, 2562	Amtsrechnung	1813
LAS 111, 2563	Amtsrechnung	1814
LAS 111, 2564	Amtsrechnung	1815
LAS 111, 2565	Amtsrechnung	1816
LAS 111, 2566	Amtsrechnung	1817
LAS 111, 2567	Amtsrechnung	1818
LAS 111, 2568	Amtsrechnung	1819
LAS 111, 2569	Amtsrechnung	1820
LAS 111, 2570	Amtsrechnung	1821
LAS 111, 2571	Amtsrechnung	1822
LAS 111, 2572	Amtsrechnung	1823
LAS 111, 2573	Amtsrechnung	1824
LAS 111, 2574	Amtsrechnung	1825
LAS 111, 2575	Amtsrechnung	1826
LAS 111, 2576	Amtsrechnung	1827
LAS 111, 2577	Amtsrechnung	1828
LAS 111, 2578	Amtsrechnung	1829
LAS 111, 2579	Amtsrechnung	1830
LAS 111, 2580	Amtsrechnung	1831
LAS 111, 2581	Amtsrechnung	1832
LAS 111, 2582	Amtsrechnung	1833
LAS 111, 2583	Amtsrechnung	1834
LAS 111, 2584	Amtsrechnung	1835
LAS 111, 2585	Amtsrechnung	1836
LAS 111, 2586	Amtsrechnung	1837
LAS 111, 2587	Amtsrechnung	1838
LAS 111, 2588	Amtsrechnung	1839
LAS 111, 2589	Amtsrechnung	1840

LAS 111, 2590	Amtsrechnung	1841
LAS 111, 2591	Amtsrechnung	1842
LAS 111, 2592	Amtsrechnung	1843
LAS 111, 2593	Amtsrechnung	1844
LAS 111, 2594	Amtsrechnung	1845
LAS 111, 2595	Amtsrechnung	1846
LAS 111, 2596	Amtsrechnung	1847
LAS 111, 2597	Amtsrechnung	1848
LAS 111, 2598	Amtsrechnung	1849
LAS 111, 2599	Amtsrechnung	1850
LAS 111, 2600	Amtsrechnung	1851
LAS 111, 2601	Amtsrechnung	1852
LAS 111, 2602	Amtsrechnung	1853
LAS 111, 2603	Amtsrechnung	1853-1854
LAS 111, 2604	Amtsrechnung	1854-1855
LAS 111, 2605	Amtsrechnung	1855-1856
LAS 111, 2606	Amtsrechnung	1856-1857
LAS 111, 2607	Amtsrechnung	1857-1858
LAS 111, 2608	Amtsrechnung	1858-1859
LAS 111, 2609	Amtsrechnung	1859-1860
LAS 111, 2610	Amtsrechnung	1860-1861
LAS 111, 2611	Amtsrechnung	1861-1862
LAS 111, 2612	Amtsrechnung	1862-1863
LAS 111, 2613	Amtsrechnung	1863-1864
LAS 111, 2614	Amtsrechnung	1864-1865
LAS 111, 2615	Amtsrechnung	1865-1866
LAS 111, 2616	Amtsrechnung	1866-1867
LAS 111, 2617	Amtsrechnung	1867
LAS 111, 1672	Verzeichnis der Insten	1702
LAS 111, 1670	Verzeichnis der Insten	1750
LAS 111, 1665	Verzeichnis der Insten	1773-1775
LAS 111, 1666	Verzeichnis der Insten	1775-1780
LAS 111, 1667	Verzeichnis der Insten	1780-1785
LAS 111, 1668	Verzeichnis der Insten	1789-1795
LAS 111, 1669	Verzeichnis der Insten	1796-1800
LAS 111, 1639	Verzeichnis der Insten	1800-1805
LAS 111, 1640	Verzeichnis der Insten	1805-1810
LAS 111, 1641	Verzeichnis der Insten	1810-1816
LAS 111, 1642	Verzeichnis der Insten	1821-1825
LAS 111, 1643	Verzeichnis der Insten	1826-1830
LAS 111, 1644	Verzeichnis der Insten	1831-1836
LAS 111, 1645	Verzeichnis der Insten	1838-1840
LAS 111, 1646	Verzeichnis der Insten	1840-1845
LAS 111, 1647	Verzeichnis der Insten	1845-1847

LAS 7, 5259	Dienstsachen	1590-1681
LAS 111, 565	Gemeinweide	1705-1763
LAS 111, 608	Wüste Hufen	1708
LAS 8.2, 1226	Die von den Hufen an Kätner, Bödener und Insten alienierten und verheuerten Ländereien und das von diesen gehaltene viele Vieh	1724
LAS 8.2, 1227	Wiederbesetzung von Hufen untüchtiger Hauswirte	1724-1727
LAS 111, 559b	Dienstreglements für die Amtsuntertanen	1734-1735
LAS 111, 1649	Einsendung der Instenregister	1742-1778
LAS 111, 1753	Instenregister	1745
LAS 111, 1418	Berichtsforderung über den Stand des Fuhrwesens	1759
LAS 111, 556a	Ökonomisches Protokoll	1766-1772
LAS 111, 1658	Notate zu den Instenregistern	1767-1768
LAS 111, 568	Anbau und Urbarmachung wüster Plätze und Heiden	1767
LAS 111, 603a	Fuhrleistungsreglement	1767
LAS 111, 559a	Dienstreglements für die Amtsuntertanen	1768-1780
LAS 111, 559	Verschiedene Dienst- und Fuhrsachen	1768-1781
LAS 111, 605	Erbpachtsachen	1775-1802
LAS 111, 615	Verzeichnis sämtlicher Haupt- und Nebengebäude	1776
LAS 66, 4504	Erbpachten und Konfirmationen	1776-1847
LAS 66, 4505	Erbpachten und Konfirmationen	1776-1847
LAS 66, 4506	Erbpachten und Konfirmationen	1776-1847
LAS 66, 7527	Fuhrsachen	1778-1848
LAS 66, 4798	Dienst-Fuhrreglements für einzelne Dorfschaften	1780
LAS 66, 482	Landausweisungen	1782-1804
LAS 66, 483	Landausweisungen	1782-1804
LAS 66, 484	Landausweisungen	1782-1804
LAS 111, 1521	Kaufverträge	1783-1884
LAS 66, 8169	Landüberlassungen	1783-1847
LAS 66, 615	Setzungen	1786-1826
LAS 66, 8165	Landveräußerungen (Journale Lw B-K)	1799-1825
LAS 66, 2327	Fuhrregister	1801-1802
LAS 66, 2328	Fuhrregister	1801-1805
LAS 66, 8167	Landveräußerungen (Journale Lw B-Q)	1806-1830
LAS 66, 6534	Ablegung von Bauervogtkoppeln	1821-1836
LAS 66, 8166	Landveräußerungen (Journale Lw M-Q)	1826-1831
LAS 111, 114	Dienst- und Fuhrsachen	1830-1871
LAS 66, 8168	Landveräußerungen (Journale Lw Q-V)	1831-1847
LAS 66, 5624	Landveräußerungen und -verkäufe	1841-1844

LAS 66, 6208	Landveräußerungen (Revisionsakten)	1841-1848
LAS 111, 609	Das Näherrecht bei der Erbfolge von Bauerngütern	1842
LAS 111, 1653	Anfertigung des Instenregisters	1847
LAS 111, 603	Verzeichnis der zur unentgeltlichen Leistung von Fuhrdiensten für allgemeine Landeszwecke pflichtigen Eingesessenen	1855
LAS 7, 5251	Hebungs- und Rechnungssachen	1573-1711
LAS 111, 613	Erdbücher und Feldregister	1642-1841
LAS 7, 5261	Restitutionssteuer-Register	1693
LAS 111, 1673	Ausschreibung und Erhebung einer Reichs- und Kreissteuer sowie einer Restitutionssteuer	1693-1695
LAS 8.1, 891	Hebungssachen	1725-1769
LAS 111, 1664	Befreiung der Altenteiler von der Zahlung der Schutz- und Instengelder	1764
LAS 111, 556	Anfertigung und Einsendung eines Erdbuches	1765-1768
LAS 111, 1660	Befreiung der zur Pflege ihrer Eltern notwendigen Söhne vom Verbittelsgeld	1765
LAS 111, 1657	Ansetzung der Insten zum Verbittelsgeld	1765-1769
LAS 111, 556	Anfertigung und Einsendung eines Erdbuches	1765-1768
LAS 66, 615	Setzungen	1775-1802
LAS 66, 3871	Fundamental-Extrakte aus dem SchuPfPr für die Viertelprozent-Kapitaliensteuer	1781
LAS 111, 1538	Erhebung einer vom Vermögen, den Einkünften und der Nahrung zu erhebenden außerordentlichen Steuer zur Ausrüstung der Kriegsmacht	1789
LAS 111, 1539	Mannzahlregister und Schatzprotokoll	1789
LAS 111, 105	Vermessung der steuerpflichtigen Gebäude und Entwurf eines Hebungsregisters	1803-1806
LAS 66, 5945	Landsteuer-Register	1804-1811
LAS 66, 5323	Haussteuer	1806-1848
LAS 66, 3861	Zwei-Prozent-Kapitalsteuer	1809-1810
LAS 66, 7121	Halbprozentsteuer-Verzeichnisse von Erbschaften und Immobilienübertragungen	1810-1811
LAS 66, 7158	Mannzahl- und Schatzprotokolle zur Vermögenssteuer	1810-1813
LAS 66, 5944	Landsteuer-Register	1813
LAS 66, 4136	Hebungs- und Rechnungssachen	1817-1834
LAS 66, 5518	Steuersachen	1823-1845
LAS 66, 5519	Steuersachen	1823-1845

LAS 111, 558	Erlegung des Einprozentgeldes	1831
LAS 111, 1778	Berichtsforderung über die dem Amtsschreiber zukommenden Hebungsgebühren; u. a. Verzeichnis der jährlichen Quittungsgebühren der Erbpächter	1834-1863
LAS 66, 3923	Hebungsextrakte	1835-1836
LAS 66, 6511	Hebungsextrakte	1835-1837
LAS 66, 6571	Verzeichnisse der Halbprozent- und Vierprozent-Steuerfälle von Erbschaften und Eigentumsübertragungen	1838
LAS 66, 936	Halbprozent-Steuerfälle von Erbschaften, Verkäufen und Auktionen	1838
LAS 66, 2573.7	Halbprozent-Steuerfälle	1839
LAS 66, 2567.6	Hebungsextrakte über die Gefälle und Intraden	1839-1840
LAS 66, 949	Halbprozent-Steuerlisten	1840
LAS 66, 952	Halbprozent- und Vierprozent-Steuerlisten	1840
LAS 66, 951	Halbprozent- und Vierprozent-Steuerlisten	1841
LAS 66, 944	Halbprozent- und Kollateralsteuerlisten	1842
LAS 66, 945.17	Halbprozent- und Kollateralsteuerlisten	1844
LAS 309, 37635	Verzeichnisse feststehender Gefälle	1844-1866
LAS 66, 6134	Verzeichnis der Halbprozent-Steuerfälle und der Vierprozent-(Kollateral)steuerfälle	1845
LAS 111, 1650	Gesuch sämtlicher Bauervögte um Befreiung der Insten von den Verbittels- und Dienstgeldern	1845
LAS 111, 1663	Berichtsforderung wegen Setzung der Instengelder	1845
LAS 111, 1792	Gesuch der Besitzer kleiner Stellen um bessere Verteilung der Kommunallasten	1848
LAS 309, 2639	verschiedene Abgaben wie Grundheuer, Erbpacht etc.	1869-1875
LAS 309, 2657	verschiedene Abgaben wie Grundheuer, Erbpacht etc.	1872
LAS 355.3, 1115	Testamente und Nachlassregulierungen	1775-1901
LAS 355.3, 1121	Testamente	1866
LAS 355.3, 1122	Testamente	1868
LAS 355.3, 1123	Testamente	1869
LAS 355.3, 1124	Testamente	1870
LAS 355.3, 1125	Testamente	1871
LAS 355.3, 1126	Testamente	1872
LAS 355.3, 1127	Testamente	1873
LAS 355.3, 1128	Testamente	1874
LAS 355.3, 1129	Testamente	1875

LAS 355.3, 1130	Testamente	1876
LAS 355.3, 1131	Testamente	1877
LAS 355.3, 1132	Testamente	1878
LAS 355.3, 1133	Testamente	1879
LAS 355.3, 1134	Testamente	1880
LAS 355.3, 1135	Testamente	1881
LAS 355.3, 1136	Testamente	1882
LAS 355.3, 1137	Testamente	1883
LAS 355.3, 1138	Testamente	1884
LAS 355.3, 1139	Testamente	1885
LAS 355.3, 1140	Testamente	1886
LAS 355.3, 1141	Testamente	1887
LAS 355.3, 1155	Erbscheinsachen Jahrgänge 1880-1907	1887
LAS 355.3, 1154	Verzeichnis der älteren Testamente	1887
LAS 355.3, 1142	Testamente	1888
LAS 355.3, 1143	Testamente	1889
LAS 355.3, 1144	Testamente	1890
LAS 355.3, 1145	Testamente	1891
LAS 355.3, 1146	Testamente	1892
LAS 355.3, 1147	Testamente	1893
LAS 355.3, 1148	Testamente	1894
LAS 355.3, 1149	Testamente	1895
LAS 355.3, 1150	Testamente	1896
LAS 355.3, 1151	Testamente	1897
LAS 355.3, 1152	Testamente	1898
LAS 355.3, 1153	Testamente	1899
LAS 355.3, 1164	Nachlasssachen	1905-1936
LAS 111, 576	Brandgilden	1765-1847
LAS 400.5, 1109	Brandversicherungsregister	1777
LAS 400.5, 1110	Brandversicherungsregister	1787
LAS 400.5, 1111	Brandversicherungsregister	1797
LAS 400.5, 1112	Brandversicherungsregister	1810
LAS 400.5, 1113	Brandversicherungsregister	1819
LAS 111, 617	Verzeichnis der Eigentümer	1815
LAS 415, 5394	Volkszählung	1803
LAS 415, 5413	Volkszählungen	1835
LAS 415, 5437	Volkszähllisten	1840
LAS 415, 5466	Volkszähllisten	1845
LAS 415, 5533	Volkszähllisten	1855
LAS 320 Segeberg, 82	Volkszählungen	1880-1890
LAS 7, 5260	Gänse- und Hühnerregister	1579
LAS 111, 623	Totengilden	1728-1865

LAS 111, 624	Pferdegilden	1850-1864
LAS 8.2, 1215	Archivsachen	1726-1747
LAS 8.2, 1217	Registrant des großfürstlichen Amtes Tremsbüttel	1766

Kirchspiel Bargteheide

LAS 111, 766	Wegfall und Ablösung der Erbpacht- und Kanonbeträge	1869-1888
LAS 111, 1718	Veräußerung fiskalischer Grundstücke	1869-1888
LAS 111, 1720	Landtausch zwischen Gerhard Heinrich Wuth und Jacob Filter	1871-1872
LAS 111, 768	Dingliche Rechte des Fiskus an Grundstücken (Reallasten) und deren Eintragung ins Grundbuch	1875-1885
LAS 111, 765	Umwandlung früherer Leistungen in die Grundsteuer	1869-1879
LAS 412, 573	Volkszähllisten	1860
LAS 412, 973	Volkszähllisten	1864

Bargteheide
- Gerkenfelde

LAS 355.3, 448	Grundakte Blatt Nr. 9	o. J.
LAS 355.3, 449	Grundakte Blatt Nr. 10	o. J.
LAS 355.3, 450	Grundakte Blatt Nr. 18	o. J.
LAS 355.3, 451	Grundakte Blatt Nr. 22	o. J.
LAS 355.3, 452	Grundakte Blatt Nr. 57	o. J.
LAS 355.3, 453	Grundakte Blatt Nr. 94	o. J.
LAS 355.3, 454	Grundakte Blatt Nr. 71	o. J.
LAS 355.3, 455	Grundakte Blatt Nr. 117	o. J.
LAS 355.3, 456	Grundakte Blatt Nr. 130	o. J.
LAS 355.3, 457	Grundakte Blatt Nr. 154	o. J.
LAS 355.3, 458	Grundakte Blatt Nr. 177	o. J.
LAS 355.3, 459	Grundakte Blatt Nr. 171	o. J.
LAS 355.3, 460	Grundakte Blatt Nr. 180	o. J.
LAS 355.3, 461	Grundakte Blatt Nr. 181	o. J.
LAS 355.3, 462	Grundakte Blatt Nr. 200	o. J.
LAS 355.3, 463	Grundakte Blatt Nr. 217	o. J.
LAS 355.3, 464	Grundakte Blatt Nr. 231	o. J.
LAS 355.3, 465	Grundakte Blatt Nr. 250	o. J.

LAS 355.3, 466	Grundakte Blatt Nr. 267	o. J.
LAS 355.3, 467	Grundakte Blatt Nr. 288	o. J.
LAS 355.3, 468	Grundakte Blatt Nr. 297	o. J.
LAS 355.3, 469	Grundakte Blatt Nr. 304	o. J.
LAS 355.3, 470	Grundakte Blatt Nr. 313	o. J.
LAS 355.3, 471	Grundakte Blatt Nr. 321	o. J.
LAS 355.3, 472	Grundakte Blatt Nr. 331	o. J.
LAS 355.3, 473	Grundakte Blatt Nr. 342	o. J.
LAS 355.3, 474	Grundakte Blatt Nr. 343	o. J.
LAS 355.3, 475	Grundakte Blatt Nr. 344	o. J.
LAS 355.3, 476	Grundakte Blatt Nr. 349	o. J.
LAS 355.3, 477	Grundakte Blatt Nr. 353	o. J.
LAS 355.3, 478	Grundakte Blatt Nr. 354	o. J.
LAS 355.3, 479	Grundakte Blatt Nr. 360	o. J.
LAS 355.3, 480	Grundakte Blatt Nr. 376	o. J.
LAS 355.3, 481	Grundakte Blatt Nr. 408	o. J.
LAS 355.3, 482	Grundakte Blatt Nr. 410	o. J.
LAS 355.3, 483	Grundakte Blatt Nr. 421	o. J.
LAS 355.3, 484	Grundakte Blatt Nr. 432	o. J.
LAS 355.3, 485	Grundakte Blatt Nr. 435	o. J.
LAS 355.3, 486	Grundakte Blatt Nr. 436	o. J.
LAS 355.3, 487	Grundakte Blatt Nr. 454	o. J.
LAS 355.3, 488	Grundakte Blatt Nr. 463	o. J.
LAS 355.3, 489	Grundakte Blatt Nr. 465	o. J.
LAS 355.3, 490	Grundakte Blatt Nr. 468	o. J.
LAS 355.3, 491	Grundakte Blatt Nr. 471	o. J.
LAS 355.3, 492	Grundakte Blatt Nr. 478	o. J.
LAS 355.3, 493	Grundakte Blatt Nr. 481	o. J.
LAS 355.3, 494	Grundakte Blatt Nr. 482	o. J.
LAS 355.3, 495	Grundakte Blatt Nr. 500	o. J.
LAS 355.3, 496	Grundakte Blatt Nr. 516	o. J.
LAS 355.3, 497	Grundakte Blatt Nr. 529	o. J.
LAS 355.3, 498	Grundakte Blatt Nr. 531	o. J.
LAS 355.3, 499	Grundakte Blatt Nr. 533	o. J.
LAS 355.3, 500	Grundakte Blatt Nr. 536	o. J.
LAS 355.3, 501	Grundakte Blatt Nr. 569	o. J.
LAS 355.3, 502	Grundakte Blatt Nr. 576	o. J.
LAS 355.3, 503	Grundakte Blatt Nr. 595	o. J.
LAS 355.3, 504	Grundakte Blatt Nr. 613	o. J.
LAS 355.3, 505	Grundakte Blatt Nr. 614	o. J.
LAS 355.3, 506	Grundakte Blatt Nr. 624	o. J.
LAS 355.3, 507	Grundakte Blatt Nr. 625	o. J.
LAS 355.3, 508	Grundakte Blatt Nr. 644	o. J.
LAS 355.3, 509	Grundakte Blatt Nr. 652	o. J.
LAS 355.3, 510	Grundakte Blatt Nr. 656	o. J.

LAS 355.3, 511	Grundakte Blatt Nr. 659	o. J.
LAS 355.3, 512	Grundakte Blatt Nr. 663	o. J.
LAS 355.3, 513	Grundakte Blatt Nr. 673	o. J.
LAS 355.3, 514	Grundakte Blatt Nr. 685	o. J.
LAS 355.3, 515	Grundakte Blatt Nr. 698	o. J.
LAS 355.3, 516	Grundakte Blatt Nr. 719	o. J.
LAS 355.3, 517	Grundakte Blatt Nr. 759	o. J.
LAS 355.3, 518	Grundakte Blatt Nr. 761	o. J.
LAS 355.3, 519	Grundakte Blatt Nr. 834	o. J.
LAS 355.3, 520	Grundakte Blatt Nr. 836	o. J.
LAS 355.3, 521	Grundakte Blatt Nr. 838	o. J.
LAS 355.3, 522	Grundakte Blatt Nr. 841	o. J.
LAS 355.3, 523	Grundakte Blatt Nr. 842	o. J.
LAS 355.3, 524	Grundakte Blatt Nr. 859	o. J.
LAS 355.3, 525	Grundakte Blatt Nr. 864	o. J.
LAS 355.3, 526	Grundakte Blatt Nr. 869	o. J.
LAS 355.3, 527	Grundakte Blatt Nr. 875	o. J.
LAS 355.3, 528	Grundakte Blatt Nr. 889	o. J.
LAS 355.3, 529	Grundakte Blatt Nr. 890	o. J.
LAS 355.3, 530	Grundakte Blatt Nr. 896	o. J.
LAS 355.3, 531	Grundakte Blatt Nr. 897	o. J.
LAS 355.3, 532	Grundakte Blatt Nr. 978	o. J.
LAS 355.3, 533	Grundakte Blatt Nr. 1015	o. J.
LAS 355.3, 534	Grundakte Blatt Nr. 1052	o. J.
LAS 355.3, 535	Grundakte Blatt Nr. 1081	o. J.
LAS 355.3, 536	Grundakte Blatt Nr. 1192	o. J.
LAS 355.3, 537	Grundakte Blatt Nr. 1225	o. J.

LAS 8.1, 895	Dorfschaft gegen den Eingesessenen Friedrich Ramm wegen aus der Gemeinen Weide an sich genommenen Landes	1746-1747
LAS 111, 566	Vermessung und Verteilung der Dorfländereien	1761-1772
LAS 8.2, 1228	Vermessung und Verteilung der Ländereien des Dorfes	1761-1771
LAS 111, 776	Auseinandersetzungen und Landverkäufe	1869-1880
LAS 309, 3902	Die Tremsbütteler Erbpachtsländereien der Witwe Bielfeldt, geb. Filter	1870
LAS 309, 3916	Die Erbpachtskoppel des Johann Hinrich Stoffers	1870
LAS 355.3, 413	Anlegung der Erbhöferolle (Sammelakten)	o. J.
LAS 355.3, 431	Erbhöferollen	o. J.

LAS 309 Geb. St., 865	Gebäudesteuer	1867
LAS 355.3, 1	Gebäudesteuerrolle	o. J.

LAS 355.3, 4	Gebäudesteuerrolle	o. J.
LAS 355.3, 5	Gebäudesteuerrolle	o. J.
LAS 309, 15670	Reallastenablösung	1879-1904
LAS 309 Flur (18), 9	Flurbuch	1877
LAS 355.3, 6	Flurbuch	o. J.
LAS 355.3, 7	Flurbuchanhang	o. J.
LAS 355.3, 8	Flurbuchanhänge	o. J.
LAS 355.3, 10	Flurbuchanhänge	o. J.
LAS 402 A 3, 108	Karte	1769
LAS 402 A 39, 12	Messtischblatt	1878-1880
LAS „Fremde Archive" 357 II, 11	*Erdbücher*	*1692-1736*
LAS „Fremde Archive" 357 II, 12	*Feldregister*	*1768-1782*
LAS „Fremde Archive" 357 II, 13	*Tremsbütteler Amtsrechnung, Bargteheide*	*1651-1652*
LAS „Fremde Archive" 357 II, 14	*Restitutionssteuer, Dienstgeld*	*1693*
LAS „Fremde Archive" 357 II, 16	*Brandgilde*	*o. J.*
LAS „Fremde Archive" 357 II, 19	*Anlage Rechnung des Amtes Tremsbüttel*	*o. J.*
LAS „Fremde Archive" 357 II, 20	*Vermessungsprotokoll-Additamentum*	*o. J.*

Delingsdorf

- Poggensiek **- Wiebüschen** **- Windberg**

LAS 355.3, 591	Grundakte Blatt Nr. 5	o. J.
LAS 355.3, 592	Grundakte Blatt Nr. 11	o. J.
LAS 355.3, 593	Grundakte Blatt Nr. 15	o. J.
LAS 355.3, 594	Grundakte Blatt Nr. 37	o. J.
LAS 355.3, 595	Grundakte Blatt Nr. 74	o. J.
LAS 355.3, 596	Grundakte Blatt Nr. 57	o. J.
LAS 355.3, 597	Grundakte Blatt Nr. 82	o. J.
LAS 355.3, 598	Grundakte Blatt Nr. 86	o. J.
LAS 355.3, 599	Grundakte Blatt Nr. 152	o. J.
LAS 111, 1652	Beitreibung des Verbittelsgeldes von dem Bauervogt Brockmann	1742-1761
LAS 111, 1659	Weigerung des Insten Gercken, das Verbittelsgeld zu zahlen	1767

LAS 111, 567	Vermessung und Verteilung der Dorfländereien	1764-1792
LAS 66, 8170	Gemeinheitsgründe	1791-1836
LAS 111, 779	Auseinandersetzungen und Landverkäufe	1868-1877
LAS 355.3, 415	Anlegung der Erbhöferolle (Sammelakten)	o. J.
LAS 355.3, 433	Erbhöferollen	o. J.
LAS 309, 15619	Reallastenablösung	1875-1880
LAS 309 Geb. St., 874	Gebäudesteuer	1867
LAS 309 Flur (18), 22	Flurbuch	1877
LAS 355.3, 16	Gebäudesteuerrolle	o. J.
LAS 355.3, 17	Flurbuchanhänge	o. J.
LAS 355.3, 18	Flurbuch	o. J.
LAS 415, 1517	Karte	1774

Fischbek

LAS 355.3, 636	Grundakte Blatt Nr. 22	o. J.
LAS 355.3, 637	Grundakte Blatt Nr. 4	o. J.
LAS 355.3, 638	Grundakte Blatt Nr. 28	o. J.
LAS 355.3, 639	Grundakte Blatt Nr. 30	o. J.
LAS 355.3, 640	Grundakte Blatt Nr. 34	o. J.
LAS 355.3, 641	Grundakte Blatt Nr. 40	o. J.
LAS 355.3, 642	Grundakte Blatt Nr. 43	o. J.
LAS 355.3, 643	Grundakte Blatt Nr. 49	o. J.
LAS 355.3, 644	Grundakte Blatt Nr. 50	o. J.
LAS 355.3, 645	Grundakte Blatt Nr. 54	o. J.
LAS 355.3, 646	Grundakte Blatt Nr. 67	o. J.
LAS 355.3, 647	Grundakte Blatt Nr. 72	o. J.
LAS 355.3, 648	Grundakte Blatt Nr. 73	o. J.
LAS 355.3, 649	Grundakte Blatt Nr. 76	o. J.
LAS 355.3, 650	Grundakte Blatt Nr. 97	o. J.
LAS 355.3, 651	Grundakte Blatt Nr. 91	o. J.
LAS 355.3, 652	Grundakte Blatt Nr. 115	o. J.
LAS 355.3, 653	Grundakte Blatt Nr. 118	o. J.
LAS 355.3, 654	Grundakte Blatt Nr. 119	o. J.
LAS 355.3, 655	Grundakte Blatt Nr. 121	o. J.
LAS 400.5, 202	Verpfändung des Dorfes an Barbara Rantzau zu Höltenklinken	1589
LAS 355.3, 417	Anlegung der Erbhöferolle (Sammelakten)	o. J.
LAS 355.3, 435	Erbhöferollen	o. J.

LAS 309 Geb. St., 877	Gebäudesteuer	1867
LAS 309 Flur (18), 27	Flurbuch	1877
LAS 309, 15667	Reallastenablösung	1879-1882
LAS 355.3, 24	Gebäudesteuerrolle	o. J.
LAS 355.3, 23	Flurbuchanhänge	o. J.
LAS 355.3, 26	Flurbuchanhänge	o. J.
LAS 355.3, 25	Flurbuch	o. J.

Hammoor

LAS 355.3, 1004	Grundakte Blatt Nr. 4	o. J.
LAS 355.3, 1005	Grundakte Blatt Nr. 8	o. J.
LAS 355.3, 1006	Grundakte Blatt Nr. 14	o. J.
LAS 355.3, 1007	Grundakte Blatt Nr. 21	o. J.
LAS 355.3, 1008	Grundakte Blatt Nr. 22	o. J.
LAS 355.3, 1009	Grundakte Blatt Nr. 32	o. J.
LAS 355.3, 1010	Grundakte Blatt Nr. 34	o. J.
LAS 355.3, 1011	Grundakte Blatt Nr. 40	o. J.
LAS 355.3, 1012	Grundakte Blatt Nr. 41	o. J.
LAS 355.3, 1013	Grundakte Blatt Nr. 42	o. J.
LAS 355.3, 1014	Grundakte Blatt Nr. 51	o. J.
LAS 355.3, 1015	Grundakte Blatt Nr. 57	o. J.
LAS 355.3, 1016	Grundakte Blatt Nr. 71	o. J.
LAS 355.3, 1017	Grundakte Blatt Nr. 76	o. J.
LAS 355.3, 1018	Grundakte Blatt Nr. 81	o. J.
LAS 355.3, 1019	Grundakte Blatt Nr. 87	o. J.
LAS 355.3, 1020	Grundakte Blatt Nr. 89	o. J.
LAS 355.3, 1021	Grundakte Blatt Nr. 90	o. J.
LAS 355.3, 1022	Grundakte Blatt Nr. 95	o. J.
LAS 355.3, 1023	Grundakte Blatt Nr. 97	o. J.
LAS 355.3, 1024	Grundakte Blatt Nr. 105	o. J.
LAS 355.3, 1025	Grundakte Blatt Nr. 106	o. J.
LAS 355.3, 1026	Grundakte Blatt Nr. 113	o. J.
LAS 355.3, 1027	Grundakte Blatt Nr. 120	o. J.

LAS 111, 777	Auseinandersetzungen und Landverkäufe	1859-1882
LAS 309, 3929	Die Erbpachtskoppel des H. H. Dwenger	1870-1871
LAS 355.3, 418	Anlegung der Erbhöferolle (Sammelakten)	o. J.
LAS 355.3, 436	Erbhöferollen	o. J.

LAS 309 Geb. St., 882	Gebäudesteuer	1867
LAS 309 Flur (18), 40	Flurbuch	1877
LAS 309, 15678	Reallastenablösung	1879-1881
LAS 355.3, 27	Gebäudesteuerrolle	o. J.
LAS 355.3, 30	Flurbuchanhänge	o. J.

LAS 355.3, 28	Flurbuch	o. J.
LAS 355.3, 29	Flurbuch	o. J.
LAS 111, 578	Totengilde	1827-1831

Klein Hansdorf

- Bunsberg **- Rotwegen**

LAS 355.3, 696	Grundakte Blatt Nr. 5	o. J.
LAS 355.3, 697	Grundakte Blatt Nr. 8	o. J.
LAS 355.3, 698	Grundakte Blatt Nr. 9	o. J.
LAS 355.3, 699	Grundakte Blatt Nr. 20	o. J.
LAS 355.3, 700	Grundakte Blatt Nr. 59	o. J.
LAS 355.3, 701	Grundakte Blatt Nr. 30	o. J.
LAS 355.3, 702	Grundakte Blatt Nr. 33	o. J.
LAS 355.3, 703	Grundakte Blatt Nr. 62	o. J.
LAS 355.3, 704	Grundakte Blatt Nr. 97	o. J.
LAS 355.3, 705	Grundakte Blatt Nr. 99	o. J.
LAS 355.3, 706	Grundakte Blatt Nr. 109	o. J.
LAS 111, 569	Grundstücke	1783-1869
LAS 66, 388	Die aus dem Klein Hansdorfer Brook abgelegten Parzellen	1803-1826
LAS 355.3, 422	Anlegung der Erbhöferolle (Sammelakten)	o. J.
LAS 355.3, 440	Erbhöferollen	o. J.
LAS 309 Geb. St., 884	Gebäudesteuer	1867
LAS 309, 15622	Reallastenablösung	1875
LAS 309 Flur (18), 59	Flurbuch	1877
LAS 355.3, 41	Flurbuch	o. J.
LAS 355.3, 43	Flurbuch	o. J.
LAS 355.3, 42	Gebäudesteuerrolle	o. J.
LAS 415, 1453	Karte	1774
LAS 402 A 3, 112	Karte von den gemeinschaftlichen Bruch- und Weideländereien	1803
LAS 402 A 3, 111.2-7	Risse	1808-1817
LAS 111, 577	Pferdegilde	1803
LAS „Fremde Archive" 357 II, 12	*Feldregister*	*1768-1782*

Tremsbüttel (Vorwerk bis 1768)

- Beektwiete	**- Domskuhlen**	**- Grünengrase**
- Horst	**- Radeland**	**- Rehbrook**
- Sattenfelde	**- Tremsbütteler Hof**	**- Wulfskuhle**

LAS 355.3, 937	Grundakte Blatt Nr. 16	o. J.
LAS 355.3, 938	Grundakte Blatt Nr. 20	o. J.
LAS 355.3, 939	Grundakte Blatt Nr. 29	o. J.
LAS 355.3, 940	Grundakte Blatt Nr. 30	o. J.
LAS 355.3, 941	Grundakte Blatt Nr. 31	o. J.
LAS 355.3, 942	Grundakte Blatt Nr. 32	o. J.
LAS 355.3, 943	Grundakte Blatt Nr. 33	o. J.
LAS 355.3, 944	Grundakte Blatt Nr. 35	o. J.
LAS 355.3, 945	Grundakte Blatt Nr. 44	o. J.
LAS 355.3, 946	Grundakte Blatt Nr. 45	o. J.
LAS 355.3, 947	Grundakte Blatt Nr. 46	o. J.
LAS 355.3, 948	Grundakte Blatt Nr. 47	o. J.
LAS 355.3, 949	Grundakte Blatt Nr. 49	o. J.
LAS 355.3, 950	Grundakte Blatt Nr. 50	o. J.
LAS 355.3, 951	Grundakte Blatt Nr. 53	o. J.
LAS 355.3, 952	Grundakte Blatt Nr. 54	o. J.
LAS 355.3, 953	Grundakte Blatt Nr. 57	o. J.
LAS 355.3, 954	Grundakte Blatt Nr. 59	o. J.
LAS 355.3, 955	Grundakte Blatt Nr. 60	o. J.
LAS 355.3, 956	Grundakte Blatt Nr. 61	o. J.
LAS 355.3, 957	Grundakte Blatt Nr. 63	o. J.
LAS 355.3, 958	Grundakte Blatt Nr. 64	o. J.
LAS 355.3, 959	Grundakte Blatt Nr. 66	o. J.
LAS 355.3, 960	Grundakte Blatt Nr. 67	o. J.
LAS 355.3, 961	Grundakte Blatt Nr. 71	o. J.
LAS 355.3, 962	Grundakte Blatt Nr. 75	o. J.
LAS 355.3, 963	Grundakte Blatt Nr. 76	o. J.
LAS 355.3, 964	Grundakte Blatt Nr. 77	o. J.
LAS 355.3, 965	Grundakte Blatt Nr. 81	o. J.
LAS 355.3, 966	Grundakte Blatt Nr. 84	o. J.
LAS 355.3, 967	Grundakte Blatt Nr. 85	o. J.
LAS 355.3, 968	Grundakte Blatt Nr. 88	o. J.
LAS 355.3, 969	Grundakte Blatt Nr. 92	o. J.
LAS 355.3, 970	Grundakte Blatt Nr. 101	o. J.
LAS 355.3, 971	Grundakte Blatt Nr. 110	o. J.
LAS 355.3, 972	Grundakte Blatt Nr. 111	o. J.
LAS 355.3, 973	Grundakte Blatt Nr. 113	o. J.
LAS 355.3, 974	Grundakte Blatt Nr. 126	o. J.
LAS 355.3, 975	Grundakte Blatt Nr. 167	o. J.
LAS 355.3, 976	Grundakte Blatt Nr. 149	o. J.
LAS 355.3, 977	Grundakte Blatt Nr. 171	o. J.

LAS 355.3, 978	Grundakte Blatt Nr. 194	o. J.
LAS 355.3, 979	Grundakte Blatt Nr. 197	o. J.
LAS 355.3, 980	Grundakte Blatt Nr. 199	o. J.

LAS 7, 5253	Vorwerk Tremsbüttel	1571-1708
LAS 8.1, 892	Vorwerk Tremsbüttel	1727-1773
LAS 8.2, 1219	Das Vorwerk Tremsbüttel	1728-1767
LAS 8.2, 197	Das Vorwerk Tremsbüttel	1732-1758
LAS 111, 1656	Gesuch des Besitzers des Stormarnhofes, Christian Schwiecker, um Befreiung seiner Insten vom Verbittelsgeld	1769
LAS 111, 560	Vorwerk Tremsbüttel und seine Erbpachtstellen	1775-1869
LAS 309, 3902	Die Erbpachtsländereien der Witwe Bielfeldt, geb. Filter in Bargteheide	1870
LAS 309, 3911	Die Erbpachtsstelle des Arbeiters J. F. Stölten	1870
LAS 309, 3974	Der Hof Tremsbüttel	1872
LAS 355.3, 428	Anlegung der Erbhöferolle (Sammelakten)	o. J.
LAS 355.3, 446	Erbhöferollen	o. J.

LAS 66, 7651	Konfirmationen; Erbpachtsgehöft Tremsbüttel	1828-1837
LAS 309 Geb. St., 938	Gebäudesteuer	1867
LAS 309, 15623	Reallastenablösung	1875
LAS 309, 15624	Reallastenablösung	1879-1888
LAS 309 Flur (18), 136	Flurbuch	1877
LAS 355.3, 68	Flurbuch	o. J.
LAS 355.3, 69	Flurbuch	o. J.
LAS 355.3, 67	Flurbuchanhänge	o. J.
LAS 355.3, 70	Gebäudesteuerrolle	o. J.

Vorburg

LAS 355.3, 836	Grundakte Blatt Nr. 2	o. J.
LAS 355.3, 837	Grundakte Blatt Nr. 26	o. J.
LAS 355.3, 838	Grundakte Blatt Nr. 34	o. J.
LAS 355.3, 839	Grundakte Blatt Nr. 40	o. J.
LAS 355.3, 840	Grundakte Blatt Nr. 41	o. J.
LAS 355.3, 841	Grundakte Blatt Nr. 42	o. J.
LAS 355.3, 842	Grundakte Blatt Nr. 44	o. J.
LAS 355.3, 843	Grundakte Blatt Nr. 67	o. J.
LAS 355.3, 844	Grundakte Blatt Nr. 68	o. J.
LAS 355.3, 845	Grundakte Blatt Nr. 51	o. J.
LAS 355.3, 846	Grundakte Blatt Nr. 56	o. J.

LAS 355.3, 847	Grundakte Blatt Nr. 58	o. J.
LAS 355.3, 848	Grundakte Blatt Nr. 59	o. J.
LAS 355.3, 849	Grundakte Blatt Nr. 60	o. J.
LAS 355.3, 850	Grundakte Blatt Nr. 61	o. J.
LAS 355.3, 851	Grundakte Blatt Nr. 62	o. J.
LAS 355.3, 852	Grundakte Blatt Nr. 66	o. J.
LAS 355.3, 853	Grundakte Blatt Nr. 71	o. J.
LAS 355.3, 854	Grundakte Blatt Nr. 76	o. J.
LAS 355.3, 855	Grundakte Blatt Nr. 77	o. J.
LAS 355.3, 856	Grundakte Blatt Nr. 82	o. J.
LAS 355.3, 857	Grundakte Blatt Nr. 85	o. J.
LAS 355.3, 858	Grundakte Blatt Nr. 93	o. J.
LAS 355.3, 859	Grundakte Blatt Nr. 103	o. J.
LAS 355.3, 860	Grundakte Blatt Nr. 107	o. J.
LAS 355.3, 861	Grundakte Blatt Nr. 110	o. J.
LAS 355.3, 862	Grundakte Blatt Nr. 112	o. J.
LAS 355.3, 863	Grundakte Blatt Nr. 113	o. J.
LAS 355.3, 864	Grundakte Blatt Nr. 123	o. J.
LAS 355.3, 865	Grundakte Blatt Nr. 7	o. J.
LAS 355.3, 866	Grundakte Blatt Nr. 14	o. J.
LAS 355.3, 867	Grundakte Blatt Nr. 19	o. J.
LAS 355.3, 868	Grundakte Blatt Nr. 45	o. J.
LAS 355.3, 869	Grundakte Blatt Nr. 55	o. J.
LAS 355.3, 870	Grundakte Blatt Nr. 94	o. J.
LAS 355.3, 871	Grundakte Blatt Nr. 114	o. J.
LAS 355.3, 872	Grundakte Blatt Nr. 117	o. J.
LAS 355.3, 873	Grundakte Blatt Nr. 131	o. J.
LAS 355.3, 874	Grundakte Blatt Nr. 137	o. J.
LAS 111, 1886	Gesuch der Kätner und des Erbpächters Schwiecker um Überlassung von Land und Bauholz	1771
LAS 111, 1565	Überlassung von Gemeinde- und Wegeländereien an Eingesessene	1866-1867
LAS 111, 784	Auseinandersetzungen und Landverkäufe	1871-1880
LAS 309 Geb. St., 939	Gebäudesteuer	1867
LAS 309, 15650	Reallastenablösung	1877-1883
LAS 309 Flur (18), 141	Flurbuch	1877
LAS 355.3, 75	Flurbuch	o. J.
LAS 355.3, 76	Flurbuch	o. J.
LAS 355.3, 74	Flurbuchanhänge	o. J.
LAS 355.3, 73	Gebäudesteuerrolle	o. J.

Kirchspiel Bergstedt

LAS 412, 574	Volkszähllisten	1860
LAS 412, 974	Volkszähllisten	1864

Hoisbüttel
- Lottbek

LAS 111, 624c	SchuPfPr	1800-1884
LAS 111, 624e	SchuPfPr (Nebenbuch)	1868-1884
LAS 66, 8172	Gemeinheitsgründe	1813-1836
LAS 309 Geb. St., 888	Gebäudesteuer	1867
LAS 309 Flur (18), 51	Flurbuch	1877
LAS 309, 15668	Reallastenablösung	1879-1906

Kirchspiel Eichede

LAS 412, 575	Volkszähllisten	1860
LAS 412, 975	Volkszähllisten	1864

Lasbek
- Stangenmühle

LAS 355.3, 707	Grundakte Blatt Nr. 9	o. J.
LAS 355.3, 708	Grundakte Blatt Nr. 10	o. J.
LAS 355.3, 709	Grundakte Blatt Nr. 11	o. J.
LAS 355.3, 710	Grundakte Blatt Nr. 17	o. J.
LAS 355.3, 711	Grundakte Blatt Nr. 22	o. J.
LAS 355.3, 712	Grundakte Blatt Nr. 23	o. J.
LAS 355.3, 713	Grundakte Blatt Nr. 27	o. J.
LAS 355.3, 714	Grundakte Blatt Nr. 29	o. J.
LAS 355.3, 715	Grundakte Blatt Nr. 36	o. J.
LAS 355.3, 716	Grundakte Blatt Nr. 31	o. J.
LAS 355.3, 717	Grundakte Blatt Nr. 33	o. J.
LAS 355.3, 718	Grundakte Blatt Nr. 34	o. J.
LAS 355.3, 719	Grundakte Blatt Nr. 35	o. J.
LAS 355.3, 720	Grundakte Blatt Nr. 38	o. J.
LAS 355.3, 721	Grundakte Blatt Nr. 39	o. J.
LAS 355.3, 722	Grundakte Blatt Nr. 37	o. J.
LAS 355.3, 723	Grundakte Blatt Nr. 49	o. J.
LAS 355.3, 724	Grundakte Blatt Nr. 50	o. J.
LAS 355.3, 725	Grundakte Blatt Nr. 52	o. J.

LAS 355.3, 726	Grundakte Blatt Nr. 55	o. J.
LAS 355.3, 727	Grundakte Blatt Nr. 59	o. J.
LAS 355.3, 728	Grundakte Blatt Nr. 60	o. J.
LAS 355.3, 729	Grundakte Blatt Nr. 61	o. J.

LAS 111, 1420	Befreiung der Einwohner des Dorfes von Hand- und Spanndiensten	1778
LAS 309, 4009	Verzichtleistung an dem Näherkaufsrecht an der dem J. F. Gehrken gehörigen Todendorfer Erbpachtsstelle	1875
LAS 355.3, 424	Anlegung der Erbhöferolle (Sammelakten)	o. J.
LAS 355.3, 442	Erbhöferollen	o. J.

LAS 309 Geb. St., 896	Gebäudesteuer	1867
LAS 309, 15647	Reallastenablösung	1876-1880
LAS 309 Flur (18), 67	Flurbuch	1877
LAS 355.3, 1091	Flurbuchanhänge	o. J.
LAS 355.3, 1092	Gebäudesteuerrolle	o. J.
LAS 355.3, 1093	Gebäudesteuerrolle	o. J.

Lasbek (Vorwerk bis 1772)

LAS 111, 1534	Einrichtung eines SchuPfPr für das Gut Lasbek	1777

LAS 355.3, 981	Grundakte Blatt Nr. 2	o. J.
LAS 355.3, 982	Grundakte Blatt Nr. 9	o. J.
LAS 355.3, 983	Grundakte Blatt Nr. 12	o. J.
LAS 355.3, 984	Grundakte Blatt Nr. 14	o. J.
LAS 355.3, 985	Grundakte Blatt Nr. 15	o. J.
LAS 355.3, 986	Grundakte Blatt Nr. 18	o. J.
LAS 355.3, 987	Grundakte Blatt Nr. 19	o. J.
LAS 355.3, 988	Grundakte Blatt Nr. 20	o. J.
LAS 355.3, 989	Grundakte Blatt Nr. 21	o. J.
LAS 355.3, 990	Grundakte Blatt Nr. 24	o. J.
LAS 355.3, 991	Grundakte Blatt Nr. 26	o. J.
LAS 355.3, 992	Grundakte Blatt Nr. 32	o. J.
LAS 355.3, 993	Grundakte Blatt Nr. 38	o. J.
LAS 355.3, 994	Grundakte Blatt Nr. 39	o. J.
LAS 355.3, 995	Grundakte Blatt Nr. 58	o. J.
LAS 355.3, 996	Grundakte Blatt Nr. 65	o. J.
LAS 355.3, 997	Grundakte Blatt Nr. 68	o. J.
LAS 355.3, 998	Grundakte Blatt Nr. 70	o. J.
LAS 355.3, 999	Grundakte Blatt Nr. 73	o. J.
LAS 355.3, 1000	Grundakte Blatt Nr. 74	o. J.

LAS 355.3, 1001	Grundakte Blatt Nr. 77	o. J.
LAS 355.3, 1002	Grundakte Blatt Nr. 78	o. J.
LAS 355.3, 1003	Grundakte Blatt Nr. 81	o. J.
LAS 355.3, 1086	Grundakte Blatt Nr. 57	o. J.
LAS 111, 1672	Verzeichnis der Insten	1702
LAS 111, 1670	Verzeichnis der Insten	1750
LAS 111, 1665	Verzeichnis der Insten	1773-1775
LAS 111, 1666	Verzeichnis der Insten	1775-1780
LAS 111, 1667	Verzeichnis der Insten	1780-1785
LAS 111, 1668	Verzeichnis der Insten	1789-1795
LAS 111, 1669	Verzeichnis der Insten	1796-1800
LAS 111, 1639	Verzeichnis der Insten	1800-1805
LAS 111, 1640	Verzeichnis der Insten	1805-1810
LAS 111, 1641	Verzeichnis der Insten	1810-1816
LAS 111, 1642	Verzeichnis der Insten	1821-1825
LAS 111, 1643	Verzeichnis der Insten	1826-1830
LAS 111, 1644	Verzeichnis der Insten	1831-1836
LAS 111, 1645	Verzeichnis der Insten	1838-1840
LAS 111, 1646	Verzeichnis der Insten	1840-1845
LAS 111, 1647	Verzeichnis der Insten	1845-1847
LAS 7, 5253	Vorwerk Lasbek	1571-1708
LAS 65.1, 619	Lasbek	1575-1721
LAS 7, 6288	Lasbek	1602-1674
LAS 111, 606	Gut und Mühle Lasbek	1656-1748
LAS 111, 562	Gut und Mühle Lasbek	1747-1748
LAS 8.1, 1194	Lasbek	1747-1773
LAS 111, 563	Das Näherkaufsrecht der Landesherrschaft an dem Gut Lasbek	1763
LAS 66, 611	Parzellierung und Vererbpachtung des Gutes	1774-1794
LAS 111, 777	Auseinandersetzungen und Landverkäufe	1859-1882
LAS 355.3, 423	Anlegung der Erbhöferolle (Sammelakten)	o. J.
LAS 355.3, 441	Erbhöferollen	o. J.
LAS 111, 1655	Von den Heuerlingen zu erlangendes Verbittelsgeld und dessen Berechnung	1777
LAS 111, 1540	Mannzahlregister und Schatzzahlprotokoll	1789
LAS 309 Geb. St., 897	Gebäudesteuer	1867
LAS 355.3, 1090	Gebäudesteuerrolle	o. J.
LAS 309, 15638	Reallastenablösung	1876
LAS 309 Flur (18), 68	Flurbuch	1877
LAS 355.3, 47	Gebäudesteuerrolle	o. J.
LAS 355.3, 1084	Flurbuchanhänge	o. J.
LAS 355.3, 1085	Grundstücksverzeichnisse	o. J.

Amt Trittau

LAS 111, 532.68	SchuPfPr mit Register	1759-1832
LAS 111, 532.69	SchuPfPr (Neritz, Rohlfshagen, Rümpel)	1781-1885
LAS 111, 532.11	SchuPfPr: Alphabetisches Gesamtregister zu 532.12, 532.13 und 532.14	o. J.
LAS 111, 532.12	SchuPfPr, Band I (Grande, Grönwohld, Hamfelde, Hohenfelde, Köthel, Kronshorst, Rausdorf, Trittau, Witzhave)	1777-1885
LAS 111, 532.13	SchuPfPr, Band II (Eichede, Großensee, Hoisdorf, Lütjensee, Mollhagen, Oetjendorf, Sprenge)	1777-1885
LAS 111, 532.14	SchuPfPr, Band III (Gölm, Papendorf, Todendorf, Vorwerk Trittau)	1777-1885
LAS 111, 532.16	SchuPfPr, Tomus I (Grande, Grönwohld, Hamfelde, Köthel, Kronshorst, Neritz, Papendorf, Rausdorf, Trittau, Witzhave)	1825
LAS 111, 532.17	SchuPfPr, Tomus II (Eichede, Gölm, Großensee, Hoisdorf, Lütjensee, Mollhagen, Oetjendorf, Rohlfshagen, Rümpel, Sprenge, Todendorf, Vorwerk Trittau)	1825
LAS 111, 532.70	Nebenbuch zum SchuPfPr (Neritz, Rohlfshagen, Rümpel, Schlamersdorf)	1868-1884
LAS 111, 532.15	SchuPfPr, Band IV (Eichede, Grande, Hamfelde, Köthel, Kronshorst, Lütjensee, Trittau, Witzhave)	1878-1885
LAS 111, 532.18	Nebenbuch des SchuPfPr, Tomus IX	1785-1792
LAS 111, 532.19	Nebenbuch des SchuPfPr, Tomus X	1786-1803
LAS 111, 532.20	Nebenbuch des SchuPfPr, Tomus XI	1792-1800
LAS 111, 532.21	Nebenbuch des SchuPfPr, Tomus XII	1800-1804
LAS 111, 532.22	Nebenbuch des SchuPfPr, Tomus XIII	1803-1816
LAS 111, 532.23	Nebenbuch des SchuPfPr, Tomus XIV	1804-1809
LAS 111, 532.24	Nebenbuch des SchuPfPr, Tomus XV	1809-1814
LAS 111, 532.25	Nebenbuch des SchuPfPr, Tomus XVI	1814-1818
LAS 111, 532.26	Nebenbuch des SchuPfPr, Tomus XVII	1816-1827
LAS 111, 532.27	Nebenbuch des SchuPfPr, Tomus XVIII	1818-1824
LAS 111, 532.28	Nebenbuch des SchuPfPr, Tomus XIX	1824-1829
LAS 111, 532.29	Nebenbuch des SchuPfPr, Tomus XX	1827-1836
LAS 111, 532.30	Nebenbuch des SchuPfPr, Tomus XXI	1828-1830
LAS 111, 532.31	Nebenbuch des SchuPfPr, Tomus XXII	1831-1832
LAS 111, 532.32	Nebenbuch des SchuPfPr, Tomus XXIII	1833-1835
LAS 111, 532.33	Nebenbuch des SchuPfPr, Tomus XXIV	1836-1838

LAS 111, 532.34	Nebenbuch des SchuPfPr, Tomus XXV	1836-1843
LAS 111, 532.35	Nebenbuch des SchuPfPr, Tomus XXVI	1839-1841
LAS 111, 532.36	Nebenbuch des SchuPfPr, Tomus XXVII	1842-1844
LAS 111, 532.37	Nebenbuch des SchuPfPr, Tomus XXVIII	1843-1848
LAS 111, 532.38	Nebenbuch des SchuPfPr, Tomus XXIX	1845-1848
LAS 111, 532.39	Nebenbuch des SchuPfPr, Tomus XXX	1848-1853
LAS 111, 532.40	Nebenbuch des SchuPfPr, Tomus XXXI	1849-1852
LAS 111, 532.41	Nebenbuch des SchuPfPr, Tomus XXXII	1853-1855
LAS 111, 532.42	Nebenbuch des SchuPfPr, Tomus XXXIII	1853-1857
LAS 111, 532.43	Nebenbuch des SchuPfPr, Tomus XXXIV	1856-1858
LAS 111, 532.44	Nebenbuch des SchuPfPr, Tomus XXXV	1857-1861
LAS 111, 532.45	Nebenbuch des SchuPfPr, Tomus XXXVI	1859-1861
LAS 111, 532.46	Nebenbuch des SchuPfPr, Tomus XXXVII	1861-1864
LAS 111, 532.47	Nebenbuch des SchuPfPr/Kontrakten-protokoll, Tomus XXXVIII, 1. Heft	1862
LAS 111, 532.48	Nebenbuch des SchuPfPr/Kontrakten-protokoll, Tomus XXXVIII, 2. Heft	1862-1863
LAS 111, 532.49	Nebenbuch des SchuPfPr/Kontrakten-protokoll, Tomus XXXVIII, 3. Heft	1863-1864
LAS 111, 532.50	Nebenbuch des SchuPfPr/Kontrakten-protokoll, Tomus XXXVIII, 4. Heft	1864
LAS 111, 532.51	Nebenbuch des SchuPfPr/Kontrakten-protokoll, Tomus XXXVIII, 5. Heft	1864-1865
LAS 111, 532.52	Nebenbuch des SchuPfPr/Kontrakten-protokoll, Tomus XXXIX	1864-1868
LAS 111, 532.53	Nebenbuch des SchuPfPr/Kontrakten-protokoll, Tomus XL, 1. Heft	1863-1866
LAS 111, 532.54	Nebenbuch des SchuPfPr/Kontrakten-protokoll, Tomus XL, 2. Heft	1866
LAS 111, 532.55	Nebenbuch des SchuPfPr/Kontrakten-protokoll, Tomus XL, 3. Heft	1866-1867
LAS 111, 532.56	Nebenbuch des SchuPfPr/Kontrakten-protokoll, Tomus XL, 4. Heft	1867-1868
LAS 111, 532.57	Nebenbuch des SchuPfPr/Kontrakten-protokoll, Tomus XLI	1868
LAS 111, 532.58	Nebenbuch des SchuPfPr/Kontrakten-protokoll, Tomus XLII, 1. Heft	1868
LAS 111, 532.59	Nebenbuch des SchuPfPr/Kontrakten-protokoll, Tomus XLII, 2. Heft	1869
LAS 111, 532.66	Nebenbuch des SchuPfPr/Kontrakten-protokoll, Tomus XLIX	1882-1883
LAS 111, 532.67	Nebenbuch des SchuPfPr/Kontrakten-protokoll, Tomus L	1884

LAS 111, 2199	Amtsrechnung	1460-1500
LAS 111, 2200	Amtsrechnung	1492
LAS 111, 2201	Amtsrechnung	1534
LAS 111, 2202	Amtsrechnung	1558
LAS 111, 2203	Amtsrechnung	1559
LAS 111, 2204	Amtsrechnung	1560
LAS 111, 2205	Amtsrechnung	1573
LAS 400.5, 427	Amtsrechnung	1579
LAS 111, 2206	Amtsrechnung	1581
LAS 111, 2207	Amtsrechnung	1582
LAS 111, 2208	Amtsrechnung	1583
LAS 111, 2209	Amtsrechnung	1584
LAS 111, 2210	Amtsrechnung	1585
LAS 111, 2211	Amtsrechnung	1586
LAS 111, 2212	Amtsrechnung	1587
LAS 111, 2213	Amtsrechnung	1588
LAS 111, 2214	Amtsrechnung	1589
LAS 111, 2215	Amtsrechnung	1592
LAS 111, 2216	Amtsrechnung	1593
LAS 400.5, 427	Amtsrechnung	1593
LAS 111, 2217	Amtsrechnung	1594
LAS 111, 2218	Amtsrechnung	1596
LAS 111, 2219	Amtsrechnung	1597
LAS 400.5, 427	Amtsrechnung	1597
LAS 111, 2220	Amtsrechnung	1598
LAS 400.5, 427	Amtsrechnung	1598
LAS 111, 2221	Amtsrechnung	1599
LAS 111, 2222	Amtsrechnung	1600
LAS 111, 2223	Amtsrechnung	1601
LAS 111, 2224	Amtsrechnung	1602
LAS 111, 2225	Amtsrechnung	1604
LAS 111, 2226	Amtsrechnung	1605
LAS 400.5, 427	Amtsrechnung	1605
LAS 111, 2227	Amtsrechnung	1606
LAS 400.5, 427	Amtsrechnung	1605
LAS 111, 2228	Amtsrechnung	1607
LAS 111, 2229	Amtsrechnung	1608
LAS 400.5, 427	Amtsrechnung	1610
LAS 400.5, 427	Amtsrechnung	1605
LAS 111, 2230	Amtsrechnung	1611
LAS 400.5, 427	Amtsrechnung	1611
LAS 111, 2231	Amtsrechnung	1612
LAS 111, 2232	Amtsrechnung	1613-1614
LAS 111, 2233	Amtsrechnung	1615-1616
LAS 111, 2234	Amtsrechnung	1616-1617

LAS 111, 2235	Amtsrechnung	1617-1618
LAS 111, 2236	Amtsrechnung	1618-1619
LAS 111, 2237	Amtsrechnung	1619-1620
LAS 111, 2238	Amtsrechnung	1620-1621
LAS 111, 2239	Amtsrechnung	1621-1622
LAS 400.5, 423	Amtsrechnung	1621-1622
LAS 111, 2240	Amtsrechnung	1622-1623
LAS 111, 2241	Amtsrechnung	1623-1624
LAS 111, 2242	Amtsrechnung	1624-1625
LAS 400.5, 424	Amtsrechnung	1624-1625
LAS 111, 2243	Amtsrechnung	1625-1626
LAS 400.5, 425	Amtsrechnung	1625-1626
LAS 111, 2244	Amtsrechnung	1626-1627
LAS 111, 2245	Amtsrechnung	1627-1628
LAS 111, 2246	Amtsrechnung	1628-1630
LAS 111, 2247	Amtsrechnung	1630-1631
LAS 111, 2248	Amtsrechnung	1631-1632
LAS 111, 2249	Amtsrechnung	1632-1633
LAS 111, 2250	Amtsrechnung	1633-1634
LAS 111, 2251	Amtsrechnung	1634-1635
LAS 111, 2252	Amtsrechnung	1635-1636
LAS 111, 2253	Amtsrechnung	1636-1637
LAS 111, 2254	Amtsrechnung	1637-1638
LAS 111, 2255	Amtsrechnung	1638-1639
LAS 111, 2256	Amtsrechnung	1639-1640
LAS 111, 2257	Amtsrechnung	1640-1641
LAS 111, 2258	Amtsrechnung	1641-1642
LAS 111, 2259	Amtsrechnung	1642-1643
LAS 111, 2260	Amtsrechnung	1643-1644
LAS 111, 2261	Amtsrechnung	1644-1645
LAS 111, 2262	Amtsrechnung	1645-1646
LAS 111, 2263	Amtsrechnung	1646-1647
LAS 111, 2264	Amtsrechnung	1647-1648
LAS 111, 2265	Amtsrechnung	1648-1649
LAS 111, 2266	Amtsrechnung	1649-1650
LAS 111, 2267	Amtsrechnung	1650-1651
LAS 111, 2268	Amtsrechnung	1651-1652
LAS 111, 2269	Amtsrechnung	1652-1653
LAS 111, 2270	Amtsrechnung	1653-1654
LAS 111, 2271	Amtsrechnung	1654-1655
LAS 111, 2272	Amtsrechnung	1655-1656
LAS 111, 2273	Amtsrechnung	1656-1657
LAS 111, 2274	Amtsrechnung	1657-1658
LAS 111, 2275	Amtsrechnung	1658-1659
LAS 111, 2276	Amtsrechnung	1659-1660

LAS 111, 2277	Amtsrechnung	1661-1662
LAS 111, 2278	Amtsrechnung	1662-1663
LAS 111, 2279	Amtsrechnung	1663-1664
LAS 111, 2280	Amtsrechnung	1664-1665
LAS 111, 2281	Amtsrechnung	1665-1666
LAS 400.5, 426	Amtsrechnung	1665-1666
LAS 111, 2282	Amtsrechnung	1666-1667
LAS 111, 2283	Amtsrechnung	1667-1668
LAS 111, 2295	Amtsrechnung	1668
LAS 111, 2284	Amtsrechnung	1668-1669
LAS 111, 2285	Amtsrechnung	1669-1670
LAS 111, 2286	Amtsrechnung	1670-1671
LAS 111, 2287	Amtsrechnung	1671-1672
LAS 111, 2288	Amtsrechnung	1672-1673
LAS 111, 2289	Amtsrechnung	1673-1674
LAS 111, 2290	Amtsrechnung	1674-1675
LAS 111, 2291	Amtsrechnung	1675-1676
LAS 111, 2292	Amtsrechnung	1676-1677
LAS 111, 2293	Amtsrechnung	1677-1678
LAS 111, 2294	Amtsrechnung	1678-1679
LAS 111, 2296	Amtsrechnung	1680-1681
LAS 111, 2297	Amtsrechnung	1681-1682
LAS 111, 2298	Amtsrechnung	1682-1683
LAS 111, 2299	Amtsrechnung	1683-1684
LAS 111, 2300	Amtsrechnung	1684-1685
LAS 111, 2472	Amtsrechnung	1684-1689
LAS 111, 2301	Amtsrechnung	1685-1686
LAS 111, 2302	Amtsrechnung	1686-1687
LAS 111, 2303	Amtsrechnung	1687-1688
LAS 111, 2304	Amtsrechnung	1688-1689
LAS 111, 2305	Amtsrechnung	1689
LAS 111, 2306	Amtsrechnung	1690
LAS 111, 2307	Amtsrechnung	1691
LAS 111, 2308	Amtsrechnung	1692
LAS 111, 2309	Amtsrechnung	1693
LAS 111, 2310	Amtsrechnung	1694
LAS 111, 2311	Amtsrechnung	1695
LAS 111, 2312	Amtsrechnung	1696
LAS 111, 2313	Amtsrechnung	1697
LAS 111, 2314	Amtsrechnung	1698
LAS 111, 2315	Amtsrechnung	1699
LAS 111, 2316	Amtsrechnung	1700
LAS 111, 2317	Amtsrechnung	1701
LAS 111, 2318	Amtsrechnung	1704
LAS 111, 2319	Amtsrechnung	1705

LAS 111, 2320	Amtsrechnung	1706
LAS 111, 2321	Amtsrechnung	1713-1714
LAS 111, 2322	Amtsrechnung	1715
LAS 111, 2327	Amtsrechnung	1715-1720
LAS 111, 2323	Amtsrechnung	1716
LAS 111, 2324	Amtsrechnung	1717
LAS 111, 2325	Amtsrechnung	1718
LAS 111, 2326	Amtsrechnung	1719
LAS 111, 2328	Amtsrechnung	1720
LAS 111, 2329	Amtsrechnung	1721
LAS 111, 2330	Amtsrechnung	1722
LAS 111, 2331	Amtsrechnung	1723
LAS 111, 2332	Amtsrechnung	1724
LAS 111, 2333	Amtsrechnung	1725
LAS 111, 2334	Amtsrechnung	1726
LAS 111, 2335	Amtsrechnung	1727
LAS 111, 2336	Amtsrechnung	1728
LAS 111, 2337	Amtsrechnung	1729
LAS 111, 2338	Amtsrechnung	1730
LAS 111, 2339	Amtsrechnung	1731
LAS 111, 2340	Amtsrechnung	1732
LAS 111, 2341	Amtsrechnung	1733
LAS 111, 2342	Amtsrechnung	1734
LAS 111, 2343	Amtsrechnung	1735
LAS 111, 2344	Amtsrechnung	1736
LAS 111, 2345	Amtsrechnung	1737
LAS 111, 2346	Amtsrechnung	1738
LAS 111, 2347	Amtsrechnung	1739
LAS 111, 2348	Amtsrechnung	1740
LAS 111, 2349	Amtsrechnung	1741
LAS 111, 2350	Amtsrechnung	1742
LAS 111, 2351	Amtsrechnung	1743
LAS 111, 2352	Amtsrechnung	1744
LAS 111, 2353	Amtsrechnung	1745
LAS 111, 2354	Amtsrechnung	1746
LAS 111, 2355	Amtsrechnung	1747
LAS 111, 2356	Amtsrechnung	1748
LAS 111, 2357	Amtsrechnung	1749
LAS 111, 2358	Amtsrechnung	1750
LAS 111, 2359	Amtsrechnung	1751
LAS 111, 2360	Amtsrechnung	1752
LAS 111, 2361	Amtsrechnung	1753
LAS 111, 2362	Amtsrechnung	1754
LAS 111, 2363	Amtsrechnung	1755
LAS 111, 2364	Amtsrechnung	1756

LAS 111, 2365	Amtsrechnung	1757
LAS 111, 2366	Amtsrechnung	1758
LAS 111, 2367	Amtsrechnung	1759
LAS 111, 2368	Amtsrechnung	1760
LAS 111, 2369	Amtsrechnung	1761
LAS 111, 2370	Amtsrechnung	1762
LAS 111, 2371	Amtsrechnung	1763
LAS 111, 2372	Amtsrechnung	1764
LAS 111, 2373	Amtsrechnung	1765
LAS 111, 2374	Amtsrechnung	1766
LAS 111, 2375	Amtsrechnung	1767
LAS 111, 2376	Amtsrechnung	1768
LAS 111, 2377	Amtsrechnung	1769
LAS 111, 2378	Amtsrechnung	1770
LAS 111, 2379	Amtsrechnung	1771
LAS 111, 2380	Amtsrechnung	1772
LAS 111, 2381	Amtsrechnung	1773
LAS 111, 2382	Amtsrechnung	1774
LAS 111, 2383	Amtsrechnung	1775
LAS 111, 2384	Amtsrechnung	1776
LAS 111, 2385	Amtsrechnung	1777
LAS 111, 2386	Amtsrechnung	1778
LAS 111, 2387	Amtsrechnung	1779
LAS 111, 2388	Amtsrechnung	1780
LAS 111, 2389	Amtsrechnung	1781
LAS 111, 2390	Amtsrechnung	1782
LAS 111, 2391	Amtsrechnung	1783
LAS 111, 2392	Amtsrechnung	1784
LAS 111, 2393	Amtsrechnung	1785
LAS 111, 2394	Amtsrechnung	1786
LAS 111, 2395	Amtsrechnung	1787
LAS 111, 2396	Amtsrechnung	1788
LAS 111, 2397	Amtsrechnung	1789
LAS 111, 2398	Amtsrechnung	1790
LAS 111, 2399	Amtsrechnung	1791
LAS 111, 2400	Amtsrechnung	1792
LAS 111, 2401	Amtsrechnung	1793
LAS 111, 2402	Amtsrechnung	1794
LAS 111, 2403	Amtsrechnung	1795
LAS 111, 2404	Amtsrechnung	1796
LAS 111, 2405	Amtsrechnung	1797
LAS 111, 2406	Amtsrechnung	1798
LAS 111, 2407	Amtsrechnung	1799
LAS 111, 2408	Amtsrechnung	1800
LAS 111, 2409	Amtsrechnung	1801

LAS 111, 2410	Amtsrechnung	1802
LAS 111, 2411	Amtsrechnung	1803
LAS 111, 2412	Amtsrechnung	1804
LAS 111, 2413	Amtsrechnung	1805
LAS 111, 2414	Amtsrechnung	1806
LAS 111, 2415	Amtsrechnung	1807
LAS 111, 2416	Amtsrechnung	1808
LAS 111, 2417	Amtsrechnung	1809
LAS 111, 2418	Amtsrechnung	1810
LAS 111, 2419	Amtsrechnung	1811
LAS 111, 2420	Amtsrechnung	1812
LAS 111, 2421	Amtsrechnung	1813
LAS 111, 2422	Amtsrechnung	1814
LAS 111, 2423	Amtsrechnung	1815
LAS 111, 2424	Amtsrechnung	1816
LAS 111, 2425	Amtsrechnung	1817-1818
LAS 66, 5825.12	Beilagen zur Amtsrechnung	1817-1846
LAS 111, 2473	Amtsrechnung	1818
LAS 111, 2426	Amtsrechnung	1819-1818
LAS 111, 2474	Amtsrechnung	1820
LAS 111, 2427	Amtsrechnung	1821-1818
LAS 111, 2475	Amtsrechnung	1822
LAS 111, 2428	Amtsrechnung	1823-1818
LAS 111, 2476	Amtsrechnung	1824
LAS 111, 2429	Amtsrechnung	1825
LAS 111, 2430	Amtsrechnung	1826
LAS 111, 2431	Amtsrechnung	1827
LAS 111, 2432	Amtsrechnung	1828
LAS 111, 2433	Amtsrechnung	1829
LAS 111, 2434	Amtsrechnung	1830
LAS 111, 2435	Amtsrechnung	1831
LAS 111, 2436	Amtsrechnung	1832
LAS 111, 2437	Amtsrechnung	1833
LAS 111, 2438	Amtsrechnung	1834
LAS 111, 2439	Amtsrechnung	1835
LAS 111, 2440	Amtsrechnung	1836
LAS 111, 2441	Amtsrechnung	1837
LAS 111, 2442	Amtsrechnung	1838
LAS 111, 2443	Amtsrechnung	1839
LAS 111, 2444	Amtsrechnung	1840
LAS 111, 2445	Amtsrechnung	1841
LAS 111, 2446	Amtsrechnung	1842
LAS 111, 2447	Amtsrechnung	1843
LAS 111, 2448	Amtsrechnung	1844
LAS 111, 2449	Amtsrechnung	1845

LAS 111, 2450	Amtsrechnung	1846
LAS 111, 2451	Amtsrechnung	1847
LAS 111, 2452	Amtsrechnung	1848
LAS 111, 2453	Amtsrechnung	1849
LAS 111, 2454	Amtsrechnung	1850
LAS 111, 2455	Amtsrechnung	1851
LAS 111, 2456	Amtsrechnung	1852
LAS 111, 2457	Amtsrechnung	1853-1854
LAS 111, 2458	Amtsrechnung	1854-1855
LAS 111, 2459	Amtsrechnung	1855-1856
LAS 111, 2460	Amtsrechnung	1856-1857
LAS 111, 2461	Amtsrechnung	1857-1858
LAS 111, 2462	Amtsrechnung	1858-1859
LAS 111, 2463	Amtsrechnung	1859-1860
LAS 111, 2464	Amtsrechnung	1860-1861
LAS 111, 2465	Amtsrechnung	1861-1862
LAS 111, 2466	Amtsrechnung	1862-1863
LAS 111, 2467	Amtsrechnung	1863-1864
LAS 111, 2468	Amtsrechnung	1864-1865
LAS 111, 2469	Amtsrechnung	1865-1866
LAS 111, 2470	Amtsrechnung	1866-1867
LAS 111, 2471	Amtsrechnung	1867
LAS 111, 532.1	Amtsbuch	1586-1640
LAS 111, 532.2	Amtsbuch	1641-1683
LAS 111, 532.3	Amtsbuch	1660-1671
LAS 111, 532.4	Amtsbuch	1672
LAS 111, 532.5	Amtsbuch	1680-1724
LAS 111, 1399	Amtsprotokoll	1687
LAS 111, 532.6	Amtsbuch	1724-1758
LAS 111, 532.7	Amtsbuch	1758-1770
LAS 111, 532.8	Amtsbuch	1764-1785
LAS 111, 532.9	Amtsbuch	1770-1775
LAS 111, 532.10	Amtsbuch	1775-1785
LAS 111, 527	Ding- und Rechtsprotokoll	1616-1707
LAS 111, 511	Gerichtsprotokoll	1635-1637
LAS 111, 512	Gerichtsprotokoll	1681-1684
LAS 111, 513	Gerichtsprotokoll	1701
LAS 111, 514	Gerichtsprotokoll	1702-1704
LAS 111, 515	Gerichtsprotokoll	1703-1708
LAS 111, 516	Gerichtsprotokoll	1704-1705
LAS 111, 517	Gerichtsprotokoll	1709
LAS 111, 518	Gerichtsprotokoll	1710
LAS 111, 519	Gerichtsprotokoll	1712

LAS 111, 520	Gerichtsprotokoll	1721-1725
LAS 111, 528	Ding- und Rechtsprotokoll	1722-1737
LAS 111, 521	Gerichtsprotokoll	1724-1725
LAS 111, 522	Gerichtsprotokoll	1724-1726
LAS 111, 523	Gerichtsprotokoll	1726-1728
LAS 111, 524	Gerichtsprotokoll	1726-1741
LAS 111, 525	Gerichtsprotokoll	1728-1739
LAS 111, 529.1	Gerichtsprotokoll	1739-1752
LAS 111, 529	Gerichtsprotokoll	1741-1763
LAS 111, 529.2	Gerichtsprotokoll	1752-1764
LAS 111, 526	Gerichtsprotokoll	1764-1768
LAS 111, 529.3	Gerichtsprotokoll	1764-1772
LAS 111, 529.4	Gerichtsprotokoll	1773-1780
LAS 111, 529.5	Gerichtsprotokoll	1781-1788
LAS 111, 529.6	Gerichtsprotokoll	1789-1796
LAS 111, 529.7	Gerichtsprotokoll	1797-1800
LAS 111, 529.8	Gerichtsprotokoll	1801-1804
LAS 111, 529.9	Gerichtsprotokoll	1805-1806
LAS 111, 529.10	Gerichtsprotokoll	1807-1811
LAS 111, 529.11	Gerichtsprotokoll	1812-1816
LAS 111, 529.12	Gerichtsprotokoll	1816-1819
LAS 111, 529.13	Gerichtsprotokoll	1819-1824
LAS 111, 529.14	Gerichtsprotokoll	1824-1826
LAS 111, 529.15	Gerichtsprotokoll	1827-1829
LAS 111, 529.16	Gerichtsprotokoll	1830-1832
LAS 111, 529.17	Gerichtsprotokoll	1833-1836
LAS 111, 529.18	Gerichtsprotokoll	1837-1840
LAS 111, 529.19	Gerichtsprotokoll	1841-1844
LAS 111, 529.20	Gerichtsprotokoll	1845-1850
LAS 111, 529.21	Gerichtsprotokoll	1851-1855
LAS 111, 529.22	Gerichtsprotokoll	1855-1861
LAS 111, 529.23	Gerichtsprotokoll	1862-1863
LAS 111, 529.24	Gerichtsprotokoll	1863-1865
LAS 111, 529.25	Gerichtsprotokoll	1865-1867
LAS 111, 529.26	Gerichtsprotokoll	1867
LAS 7, 5147	Verschiedene Fuhr- und Dienstsachen	1579-1710
LAS 7, 5146	Ländliche Besitzverhältnisse, wüste Hufen, Landwirtschaftssachen	1600-1710
LAS 111, 441	Hufen, Katen und Ländereien	1614-1827
LAS 111, 449	Hufen, Katen und Ländereien	1640-1773
LAS 111, 450	Neue Anbauer	1681-1782
LAS 111, 1394	Register der Amtsfuhren	1687
LAS 111, 482	Verzeichnis sämtlicher Amtsuntertanen, ihres Viehbestandes und Besitzes	1692

LAS 111, 486	Amtsregister	1692
LAS 111, 483	Bericht, was ein jeder Untertan an Vieh und Einsaat angegeben hat	1699
LAS 111, 484	Untersuchungsregister der Amtsuntertanen	1700
LAS 111, 487	Amtsregister	1705
LAS 111, 1825	Spezifikation der Pachtstücke	1720
LAS 8.2, 1154	Bäuerliche Besitzverhältnisse: Hufen, Katen, Ländereien, Altenteile	1722-1777
LAS 111, 430	Dienst- und Fuhrsachen	1734-1866
LAS 111, 451	Aufmessung und Aufteilung der gemeinen Weide und der Dorfschaftsländereien	1763-1765
LAS 111, 452	Vom Gut Brodau reklamierter Leibeigener	1769
LAS 111, 431	Gedruckte Dienstreglements für sämtliche Dorfschaften	1770-1819
LAS 111, 1529	Gedruckte Dienstreglements für sämtliche Dorfschaften	1771-1835
LAS 66, 4993	Dienstreglements	1771-1836
LAS 66, 4799	Dienst-Fuhrreglements für einzelne Dorfschaften	1776-1836
LAS 66, 4567	Pachtstücke und Konzessionen	1778-1822
LAS 66, 7528	Fuhrsachen	1779-1847
LAS 66, 7529	Fuhrsachen	1779-1847
LAS 66, 482	Landausweisungen	1782-1804
LAS 66, 483	Landausweisungen	1782-1804
LAS 66, 484	Landausweisungen	1782-1804
LAS 66, 6399	Fuhrregister	1791
LAS 66, 6400	Fuhrregister	1792
LAS 66, 6401	Fuhrregister	1793
LAS 66, 6402	Fuhrregister	1794
LAS 66, 6403	Fuhrregister	1795
LAS 66, 6404	Fuhrregister	1796
LAS 66, 6405	Fuhrregister	1797
LAS 66, 6406	Fuhrregister	1798
LAS 66, 6407	Fuhrregister	1799
LAS 66, 6408	Fuhrregister	1800
LAS 66, 2327	Fuhrregister	1801-1802
LAS 66, 2328	Fuhrregister	1801-1805
LAS 66, 6409	Fuhrregister	1804
LAS 66, 6410	Fuhrregister	1806
LAS 66, 6411	Fuhrregister	1807
LAS 66, 6412	Fuhrregister	1808
LAS 66, 5512	Aufgemessene Gemeinheitsgründe	1820-1821
LAS 66, 8187	Unapprobierte Landausweisungen	1820-1826
LAS 66, 6534	Ablegung von Bauervogtkoppeln	1821-1836
LAS 111, 114	Dienst- und Fuhrsachen	1830-1871

LAS 66, 5183	Ländereisachen	1848
LAS 66, 8174	Landüberlassungen (Journale Lw B-K)	1805-1822
LAS 66, 8175	Landveräußerungen (Journale Lw C-M)	1807-1826
LAS 66, 8176	Landüberlassungen (Journale Lw K-M)	1822-1826
LAS 66, 8177	Landüberlassungen (Journale Lw N-O)	1827-1828
LAS 66, 8178	Landüberlassungen (Journale Lw P-Q)	1829-1832
LAS 66, 8179	Landveräußerungen (Journale Lw R-T)	1832-1837
LAS 66, 8180	Landveräußerungen (Journale Lw U-W)	1838-1842
LAS 66, 8181	Landveräußerungen (Journale Lw U-W)	1842-1843
LAS 66, 8182	Landveräußerungen (Journale Lw U-W)	1843-1845
LAS 66, 8183	Landveräußerungen (Journale Lw U-W)	1846
LAS 66, 8184	Landveräußerungen (Journale Lw U-W)	1846-1847
LAS 66, 8185	Landveräußerungen (Journale Lw U-W)	1847-1848
LAS 66, 5182	Landveräußerungen (Unerledigte Sachen)	1847-1848
LAS 7, 5157	Kontributionsregister	1680-1682
LAS 7, 5158	Kontributionsregister	1682-1684
LAS 66, 7070	Kontributions-, Magazinkorn-, Kopf- und Viehschatzregister	1684-1687
LAS 66, 7188	Kontributions-Restanten-Register	1685-1689
LAS 111, 1393	Kontributionssachen	1685-1689
LAS 7, 5159	Kontributionsregister	1689-1690
LAS 111, 426	Verschiedene Hebungs- und Abgabesachen	1689-1724
LAS 7, 5160	Gesetztes Amtsregister (Setzregister von 1705 im Vergleich mit 1692)	1692-1705
LAS 111, 488	Hebungsregister	1705
LAS 111, 491	Erdbuch	1706-1766
LAS 8.2, 1123	Erdbuch, Band 2 (Register der Dorfschaften)	1708
LAS 111, 491a	Erdbuch, Tomus I, Band 1	1708-1765
LAS 111, 491b	Erdbuch, Tomus II, Band 2	1708-1765
LAS 111, 491c	Erdbuch, Tomus III, Band 3	1708-1765
LAS 111, 1858	Restantenregister	1713-1716
LAS 111, 1851	Restanten der wüsten Hufen	1713-1716
LAS 66, 7260	Veranlagung zur Extrasteuer	1714-1720
LAS 111, 1850	Eingekommene Restanten der ordinären Kontribution und der Herrengelder	1714-1717
LAS 111, 1867	Verzeichnis der Restanten	1715
LAS 111, 1811	Restantenregister	1715
LAS 111, 1860	Restantenregister	1715-1720
LAS 111, 1812	Extrakt aus den Hebungsregistern	1716
LAS 111, 1849	Restantenregister	1716-1717
LAS 111, 488a	Kassa-Buch	1716

LAS 66, 7280	Akten zur Veranlagung zur Kriegs-, Vermögens- und Nahrungssteuer sowie zur Kopf-, Karossen- und Pferdesteuer	1717
LAS 111, 1813	Verzeichnis der Kopf-, Karossen- und Pferdesteuer	1717
LAS 111, 1815	General-Extrakt aus der Hebung	1717
LAS 111, 1853	Verzeichnis der eingebrachten Exekutionsgebühren	1717
LAS 111, 488b	Hebungsregister	1718
LAS 111, 1817	Summarischer Extrakt der Hebung aus dem Kassa-Buch	1718
LAS 111, 1818	Hebung	1718
LAS 111, 1864	Hebungs- und Rechnungssachen	1718
LAS 111, 1852	Brücheregister	1718
LAS 111, 1856	Brücheregister	1719
LAS 111, 1854	Spezifikation der Hebung von den wüsten Hufen	1719
LAS 111, 1855	Spezifikation der Insten, die Verbittelsgeld zahlen müssen	1719
LAS 111, 1857	Spezifikation der Exekutionsgebühren	1719
LAS 111, 1819	General-Extrakt aller gehobenen Intraden	1719
LAS 111, 1820	Regelmäßige Extrakte aus der Hebung	1719
LAS 111, 488c	Kassa-Buch	1719
LAS 111, 488d	Hebungsregister	1719
LAS 111, 1861	Restantenregister	1719-1720
LAS 111, 1876	Verzeichnis der zu erhebenden Abgaben	1719-1720
LAS 111, 1863	Register des gelieferten Magazinroggens	1719-1720
LAS 111, 1823	Herrengeldregister	1720
LAS 111, 1824	Exekutionsprotokoll	1720
LAS 111, 1826	Regelmäßige Extrakte aus den Hebungen	1720
LAS 111, 488e	Kassa-Buch	1720
LAS 111, 488f	Hauptbuch	1720
LAS 111, 427	Erhebung der Einprozentgelder	1721-1728
LAS 8.1, 850	Hebungssachen	1722-1737
LAS 8.2, 1192	Feld- und Geldregister	1735
LAS 8.2, 1124	Erdbuch, Band 2 (Register der Dorfschaften)	1765
LAS 8.2, 1194	Mannzahlregister	1775
LAS 66, 631	Setzungen	1775-1777
LAS 111, 533.6	Mannzahlregister	1779
LAS 66, 3871	Fundamental-Extrakte aus dem SchuPfPr für die Viertelprozent-Kapitaliensteuer	1781
LAS 111, 105	Vermessung der steuerpflichtigen Gebäude und Entwurf eines Hebungsregisters	1803-1806
LAS 66, 5945	Landsteuer-Register	1804-1811

LAS 111, 1789	Mannzahlregister	1808
LAS 66, 3862	Zwei-Prozent-Kapitalsteuer	1810
LAS 66, 7159	Mannzahl- und Schatzprotokolle zur Vermögenssteuer	1810-1814
LAS 66, 5944	Landsteuer-Register	1813
LAS 66, 4135	Hebungs- und Rechnungssachen	1818-1831
LAS 111, 1919	Hebungsregister	1822
LAS 66, 5518	Steuersachen	1823-1845
LAS 66, 5519	Steuersachen	1823-1845
LAS 66, 3934	Hebungsextrakte	1835-1836
LAS 66, 6512	Hebungsextrakte	1835-1837
LAS 66, 936	Halbprozent-Steuerfälle von Erbschaften, Verkäufen und Auktionen	1838
LAS 66, 2574.7	Hebungsextrakte über Gefälle und Intraden	1839-1840
LAS 66, 2571.3	Hebungsextrakte über Gefälle und Intraden	1840-1841
LAS 66, 949	Halbprozent-Steuerlisten	1840
LAS 66, 952	Halbprozent- und Vierprozent-Steuerlisten	1840
LAS 66, 951	Halbprozent- und Vierprozent-Steuerlisten	1841
LAS 66, 944	Halbprozent- und Kollateralsteuerlisten	1842
LAS 111, 429a	Feststehende Abgaben	1844
LAS 66, 5179	Einprozentgelder	1848
LAS 111, 490	Hauptbuch zur Hebung der Kriegssteuer	1849
LAS 111, 1920	Hauptbuch	1862-1865
LAS 111, 1921	Hauptbuch	1862-1865
LAS 309, 2642	verschiedene Abgaben wie Grundheuer, Erbpacht etc.	1869-1871
LAS 309, 2657	verschiedene Abgaben wie Grundheuer, Erbpacht etc.	1872
LAS 309, 15587	Reallastenablösung	1873-1881
LAS 111, 533.4	Vormundschaftsregister	1821-1876
LAS 111, 533.5	Vormünderprotokoll	1825-1869
LAS 111, 533.2	Aussagenprotokoll	1826-1862
LAS 111, 1759	Testamente und Nachlasssachen	1791-1810
LAS 111, 1532	Testamente und Nachlasssachen	1806-1864
LAS 111, 1542	Testamente und Nachlasssachen	1850-1865
LAS 111, 1543	Testamente und Nachlasssachen	1851-1862
LAS 111, 1634	Testamente und Nachlasssachen	1853-1854
LAS 111, 1635	Testamente und Nachlasssachen	1853-1854
LAS 111, 1756	Testamente und Nachlasssachen	1859
LAS 111, 1548	Testamente und Nachlasssachen	1860-1861
LAS 111, 1549	Testamente und Nachlasssachen	1860-1861
LAS 111, 1541	Testamente und Nachlasssachen	1861-1862
LAS 111, 1636	Testamente und Nachlasssachen	1862-1863

LAS 111, 1637	Testamente und Nachlasssachen	1863
LAS 111, 1648	Testamente und Nachlasssachen	1863
LAS 111, 1547	Testamente und Nachlasssachen	1863-1865
LAS 400.5, 1114	Brandversicherungsregister	1777
LAS 400.5, 1115	Brandversicherungsregister	1787
LAS 400.5, 1116	Brandversicherungsregister	1797
LAS 400.5, 1117	Brandversicherungsregister	1810
LAS 400.5, 1118	Brandversicherungsregister	1820
LAS 7, 5148	„Spezifiziertes Verzeichnis aller Dörfer und deren Einwohner an Hufnern und halben Hufnern	1610
LAS 412, 294	Volkszähllisten	1803
LAS 415, 5413	Volkszählungen	1835
LAS 415, 5437	Volkszähllisten	1840
LAS 415, 5438	Volkszähllisten	1840
LAS 415, 5466	Volkszähllisten	1845
LAS 415, 5533	Volkszähllisten	1855
LAS 320 Segeberg, 82	Volkszählungen	1880-1890
LAS 111, 453	Privilegierte Bauervogteien	1728
LAS 7, 5149	Hühnerregister	1610

Kirchspiel Eichede

Eichede

- Eicheder Hof **- Horst** **- Krühe**

LAS 7, 5109	Meierhof zu Eichede	1614-1698
LAS 111, 443	Hof und Hufen	1647-1865
LAS 111, 493	Ökonomische Beschreibung	nach 1722
LAS 111, 455	Bauervogtei	1753-1853
LAS 8.2, 1145	Der an die Voll- und Halbhufner der Dorfschaften Großensee, Lütjensee, Hoisdorf, Eichede, Mollhagen und Sprenge verpachtete Meierhof Todendorf	1755-1764
LAS 66, 5636	Setzung	1776-1777
LAS 66, 594	Setzungen und Landüberlassungen	1777-1798
LAS 111, 1802	Verzeichnis des Bestandes der Grundeigentümer	1815

LAS 66, 836	Setzungsregister und Erdbuch	1834
LAS 309 Geb. St., 875	Gebäudesteuer	1867
LAS 309 Flur (18), 25	Flurbuch	1877
LAS 309, 15691	Reallastenablösung	1879
LAS 412, 566	Volkszähllisten	1860
LAS 412, 967	Volkszähllisten	1864
LAS 415, 1874	Karte	1773
LAS 402 A 3, 129 b-c	Risse	1808

Mollhagen

LAS 8.2, 1145	Der an die Voll- und Halbhufner der Dorfschaften Großensee, Lütjensee, Hoisdorf, Eichede, Mollhagen und Sprenge verpachtete Meierhof Todendorf	1755-1764
LAS 66, 5636	Setzung	1776-1777
LAS 66, 594	Setzungen und Landüberlassungen	1777-1798
LAS 111, 1803	Verzeichnis des Bestandes der Grundeigentümer	1815
LAS 66, 846	Setzungsregister und Erdbuch	1834
LAS 309 Geb. St., 903	Gebäudesteuer	1867
LAS 309 Flur (18), 79	Flurbuch	1877
LAS 309, 15694	Reallastenablösung	1879
LAS 415, 1554	Karte	1772
LAS 402 A 3, 153 a-b	Zwei Risse von der Weide bei dem Dorfe	1816

Rohlfshagen (Meierhof bis 1767)
- Buddikate **- Rohlfshagener Hof**

LAS 7, 5116	Meierhof Rohlfshagen	1600-1710
LAS 7, 5119	Inventarien des Hauses und Vorwerks Trittau samt den zugehörigen Meierhöfen Todendorf und Rohlfshagen	1601-1609
LAS 111, 434	Domanialgut Rohlfshagen	1682-1755
LAS 8.1, 855	Gut Rohlfshagen	1720-1768
LAS 8.2, 1136	Erbverpachtung	1763-1765
LAS 66, 7563	Erbpachten und Konfirmationen	1813-1816
LAS 66, 5631	Erbpachtschaft	1837-1838
LAS 111, 1717	Veränderungen des Immobiliarbesitzes	1868-1870

LAS 309, 3886	Die Erbpachtstellen des Kätners Kähler	1868-1870
LAS 309, 3901	Die Erbpachtsstelle des Hans Hinrich Schacht	1869-1870
LAS 309 Geb. St., 916	Gebäudesteuer	1867
LAS 309, 3429	Leistungen an das ehemalige Amt Trittau	1868
LAS 309, 15593	Reallastenablösung	1874
LAS 309, 15594	Reallastenablösung	1880-1884
LAS 309 Flur (18), 106	Flurbuch	1877
LAS 415, 1543	Karte	1764

Sprenge

- Brökerkate **- Buschkate** **- Steinrade**

LAS 111, 460	Bauervogtei	1723-1840
LAS 8.2, 1145	Der an die Voll- und Halbhufner der Dorfschaften Großensee, Lütjensee, Hoisdorf, Eichede, Mollhagen und Sprenge verpachtete Meierhof Todendorf	1755-1764
LAS 66, 5636	Setzung	1776-1777
LAS 66, 594	Setzungen und Landüberlassungen	1777-1798
LAS 111, 1804	Verzeichnis des Bestandes der Grundeigentümer	1815
LAS 66, 856	Setzungsregister und Erdbuch	1834
LAS 309 Geb. St., 926	Gebäudesteuer	1867
LAS 309 Flur (18), 118	Flurbuch	1877
LAS 309, 15685	Reallastenablösung	1879
LAS 415, 1554	Karte	1772

Todendorf (Meierhof bis 1767)

- Altenfelde **- Fliegenberg** **- Gölm**
- Kalkkuhle **- Krummstück** **- Mannhagen**
- Niekoppel **- Ochsenkoppel** **- Rönnbaum**
- Viehrögen **- Wollmershorst**

LAS 7, 5116	Meierhof Todendorf	1600-1710
LAS 7, 5119	Inventarien des Hauses und Vorwerks Trittau samt den zugehörigen Meierhöfen Todendorf und Rohlfshagen	1601-1609
LAS 111, 435	Meierhof Todendorf	1662-1768
LAS 8.2, 1137	Der verpachtete Meierhof Todendorf	1720-1723
LAS 8.2, 1138	Heuerkonditionen des Meierhofs	1722-1754
LAS 8.2, 1139	Pachtkontrakte des Meierhofs	1722-1755

LAS 8.2, 1140	Inventaria des Meierhofs	1722-1755
LAS 8.1, 859	Gut Todendorf	1723-1769
LAS 8.2, 1142	Der Meierhof unter den Pächtern Asmus Nickelsen und Daniel Wilckens	1727-1746
LAS 8.2, 1143	Dienst-Reglements von Todendorf	1728-1754
LAS 8.2, 1144	Der Meierhof unter Anton Krafft, Afterpächter	1750-1753
LAS 8.2, 1145	Der an die Voll- und Halbhufner der Dorfschaften Großensee, Lütjensee, Hoisdorf, Eichede, Mollhagen und Sprenge verpachtete Meierhof Todendorf	1755-1764
LAS 8.2, 1146	Die zergliederte Erbverpachtung	1765-1774
LAS 111, 1519	Ländereisachen des Vorwerks Todendorf	1772-1790
LAS 8.2, 1147	Die Erbpachtspazellistenkommüne	1774-1775
LAS 66, 608	Parzellierung der Gölmerteichsländereien	1777-1790
LAS 66, 6420	Erbpachten und Konfirmationen	1783-1847
LAS 66, 6421	Erbpachten und Konfirmationen	1783-1847
LAS 66, 5197	Erbpachten und Konfirmationen	1848
LAS 309, 3908	Die beiden Gölmer Erbpachtsgrundstücke des Erbpächters Bestmann	1868-1869
LAS 309, 3887	Die Erbpachtstelle des Schmieds C. Wachtmann und Braut D. Schümann	1869
LAS 309, 3890	Die Erbpachtsstelle des Hinrich Ehlers	1869-1870
LAS 309, 3906	Die Erbpachtsstelle des Jochim Hinrich Mink und des Hans Jochim Eggert Peemöller	1869-1870
LAS 309, 3918	Die Erbpachtsstelle des J. H. Witthöft	1870-1873
LAS 309, 3934	Die Erbpachtsstellen des Johann Hinrich Naefken und Hans Hinrich Stahmer	1870-1871
LAS 309, 3936	Die Erbpachtsstellen des Hinrich Friedrich Sengelmann, des Carl Fr. Tesch und des Johann Friedrich Homann	1871
LAS 309, 3942	Die Erbpachtsstelle des Claus Hinrich Buck	1871
LAS 309, 3948	Die Erbpachtsstelle der A. M. Bartels geb. Pöhlsen jetzt verehelichte Gehrken	1871-1872
LAS 309, 3976	Die Erbpachtsstelle des Jochim Fr. Kruse	1871
LAS 309, 3969	Die von der Erbpachtsstelle des J. H. Tiedemann abgelegte Parzelle	1872
LAS 309, 3977	Die Erbpachtsstelle des H. J. Filter	1872
LAS 309, 3981	Die Erbpachtsstelle des Claus Friedrich Peemöller	1872
LAS 309, 4000	Das der Landesherrschaft zustehende Näherkaufsrecht an den dem Jochim Hinr. Friedr. Schmüser überlassenen 34 Quadratruten Erbpachtslandes	1873

LAS 309, 4002	Die den Erbpächtern Joachim Hinr. Martens und Hinr. Friedr. Kröger-Studt gehörigen Erbpachtsländereien	1873
LAS 309, 4009	Verzichtleistung an dem Näherkaufsrecht an der dem J. F. Gehrken in Lasbek gehörigen Erbpachtsstelle	1875
LAS 309, 4013	Die Erbpachtsstellen des H. F. Christen, J. H. Bartels, H. H. Filter und Hufner H. H. Blinkmann in Siek und des Kätners J. H. Bluckmann	1876

LAS 309, 3429	Leistungen an das ehemalige Amt Trittau	1868
LAS 309 Geb. St., 934	Gebäudesteuer	1867
LAS 309 Flur (18), 132	Flurbuch	1877
LAS 309, 15629	Reallastenablösung	1875
LAS 309, 15630	Reallastenablösung	1883
LAS 309, 15631	Reallastenablösung	1887-1928

Kirchspiel Kirchsteinbek

LAS 7, 5076	Tausch von Dörfern zwischen den Ämtern Reinbek und Trittau	1608-1609

LAS „Fremde Archive" 541, Buch A-85	*Kirchenbuch, Trauregister*	*1692-1800*
LAS „Fremde Archive" 541, Buch A-79	*Kirchenbuch, Trauregister*	*1721-1771*
LAS „Fremde Archive" 541, Buch A-82	*Kirchenbuch, Trauregister*	*1721-1771*
LAS „Fremde Archive" 541, Buch A-83	*Kirchenbuch, Sterberegister*	*1721-1771*
LAS „Fremde Archive" 541, Buch A-80	*Kirchenbuch, Trau- und Sterberegister*	*1772-1800*
LAS „Fremde Archive" 541, Buch A-77	*Kirchenbuch, Trauregister*	*1800-1823*
LAS „Fremde Archive" 541, Buch A-76	*Kirchenbuch, Trauregister*	*1824-1831*

Barsbüttel (ab 1609 Amt Reinbek)

Oststeinbek (ab 1609 Amt Reinbek)

Stemwarde (ab 1609 Amt Reinbek)

Willinghusen (ab 1609 Amt Reinbek)

Kirchspiel Oldesloe

LAS 110.2, 117	Landwesenssachen	1748
LAS 109, 853	Vormünderbuch	1805-1867
LAS 109, 854	Vormünderbuch	1847-1870
LAS 412, 569	Volkszähllisten	1860
LAS 412, 969	Volkszähllisten	1864

Neritz

- Floggensee **- Schnurtschimmel**

LAS 111, 457	Bauervogtei	1724-1853
LAS 8.2, 1158	Aufmessung und Einteilung der Gemeinen Weide und der Dorfschaftsländereien	1763
LAS 111, 1801	Verzeichnis des Bestandes der Grundeigentümer	1815
LAS 66, 8186.2	Landüberlassungen	1816-1836
LAS 111, 777	Auseinandersetzungen und Landverkäufe	1859-1882
LAS 111, 1717	Veränderungen des Immobiliarbesitzes	1868-1870
LAS 111, 1910	Erfassung der von den Untertanen nach Vermessung ihrer Ländereien zu leistenden Abgaben	1705
LAS 8.2, 1193	Setzungsregister	1770-1773
LAS 66, 848	Setzungsregister und Erdbuch	1845
LAS 309 Geb. St., 906	Gebäudesteuer	1867
LAS 309 Flur (18), 80	Flurbuch	1877
LAS 309, 15676	Reallastenablösung	1879-1881

Rümpel

LAS 111, 447	Hufen, Katen, Ländereien und verschiedene andere Landwesenssachen	1722-1754
LAS 8.2, 1193	Setzungsregister	1770-1773
LAS 66, 598	Setzungen und Landüberlassungen	1774-1794
LAS 66, 384	Erdbücher, Feldrisse	1783-1839
LAS 111, 1717	Veränderungen des Immobiliarbesitzes	1868-1870
LAS 111, 782	Auseinandersetzungen und Landverkäufe	1872-1879
LAS 309 Geb. St., 918	Gebäudesteuer	1867
LAS 309, 15646	Reallastenablösung	1876-1880
LAS 309 Flur (18), 107	Flurbuch	1877

Kirchspiel Siek

LAS 412, 571	Volkszähllisten	1860
LAS 412, 971	Volkszähllisten	1864
LAS „Fremde Archive" 541, Buch A-87	*Kirchenbuch, Tauf-, Trau- und Sterberegister*	*1738-1830*

Hoisdorf

- Achterndiek **- Fürstenkate** **- Hoisdorfer Baumkate**
- Schwarzenbrook **- Siekerberg** **- Viehsdorfer Baumkate**

LAS 111, 445	Hufen, Katen, Ländereien und verschiedene andere Landwesenssachen	1681-1769
LAS 8.2, 1145	Der an die Voll- und Halbhufner der Dorfschaften Großensee, Lütjensee, Hoisdorf, Eichede, Mollhagen und Sprenge verpachtete Meierhof Todendorf	1755-1764
LAS 127.3 Ahrensburg, 368	Die Burmeistersche Hufenstelle	1774-1867
LAS 111, 1799	Verzeichnis des Bestandes der Grundeigentümer	1815
LAS 66, 8199	Gemeinheitsgründe	1833-1835
LAS 66, 8192	Setzung	1775-1798
LAS 66, 841	Setzungsregister und Erdbuch	1834
LAS 309 Geb. St., 889	Gebäudesteuer	1867
LAS 309 Flur (18), 52	Flurbuch	1877
LAS 309, 15687	Reallastenablösung	1879-1881
LAS 402 A 3, 144	Karte von den Gemeinheitsländereien	1818
LAS 415, 1447-1448	Karte von den Gemeinheitsländereien	1771

Kronshorst

LAS 66, 835	Additamentum zum Vermessungsprotokoll	1788
LAS 66, 8196	Gemeinheitsgründe	1787-1836
LAS 66, 8191	Setzung	1784-1803
LAS 309 Geb. St., 873	Gebäudesteuer	1867
LAS 309 Flur (18), 64	Flurbuch	1877
LAS 309, 15695	Reallastenablösung	1879
LAS 402 A 3, 128	Karte von den Gemeinheitsländereien	1818

Oetjendorf
- Gölm

LAS 111, 1805	Verzeichnis des Bestandes der Grundeigentümer	1815
LAS 66, 849	Setzungsregister und Erdbuch	1834
LAS 309 Geb. St., 908	Gebäudesteuer	1867
LAS 309 Flur (18), 89	Flurbuch	1877
LAS 309, 15684	Reallastenablösung	1879
LAS 415, 1447-1448	Karte von den Gemeinheitsländereien	1771

Papendorf (Meierhof 1702–1741)

LAS 111, 432	Meierhof Papendorf	1702-1755
LAS 7, 5113	Dorf bzw. Meierhof Papendorf	1702-1707
LAS 8.2, 1131	Pachtkontrakte, Inventaria und Feldregister	1722-1741
LAS 8.2, 1133	Die Verpachtung des Meierhofes an die Insten	1728-1736
LAS 8.1, 854	Meierhof Papendorf	1731
LAS 8.2, 1134	Die Erbverpachtung des Meierhofes	1741-1746
LAS 309, 3888	Die Erbpachtstellen des Hans Heinrich Wagner	1868-1874
LAS 309, 4001	Die Erbpachtsstelle des Hinrich Jacob Wagner	1873
LAS 66, 851	Setzungsregister und Erdbuch	1836
LAS 309 Geb. St., 911	Gebäudesteuer	1867
LAS 309 Flur (18), 94	Flurbuch	1877
LAS 309, 15679	Reallastenablösung	1879-1881
LAS 415, 1549	Karte	1785

Rausdorf (z. T.)
(siehe Kirchspiel Trittau, S. 160)

Kirchspiel Trittau

LAS 111, 1508	Hufen, Katen, Ländereien und verschiedene andere einzelne Landwesenssachen	1840-1867
LAS 111, 766	Wegfall und Ablösung der Erbpacht- und Kanonbeträge	1869-1888
LAS 111, 1718	Veräußerung fiskalischer Grundstücke	1869-1888

LAS 111, 768	Dingliche Rechte des Fiskus an Grundstücken (Reallasten) und deren Eintragung ins Grundbuch	1875-1885
LAS 111, 765	Umwandlung früherer Leistungen in die Grundsteuer	1869-1879
LAS 412, 564	Volkszähllisten	1860
LAS 412, 965	Volkszähllisten	1864

Grande
- Granderheide **- Kiebitzkate**

LAS 111, 444	Hufen, Katen, Ländereien und verschiedene andere Landwesenssachen	1678-1812
LAS 111, 456	Bauervogtei	1695-1855
LAS 66, 8191	Setzung	1784-1803
LAS 66, 837	Additamentum zum Vermessungsprotokoll	1787
LAS 111, 1506	Hufen, Katen, Ländereien und verschiedene andere Landwesenssachen	1818-1867
LAS 66, 8198	Gemeinheitsgründe	1823-1840
LAS 309 Geb. St., 879	Gebäudesteuer	1867
LAS 309 Flur (18), 32	Flurbuch	1877
LAS 309, 15681	Reallastenablösung	1879
LAS 415, 1522	Karte	1784

Grönwohld
- Steenern **- Tollhaus**

LAS 66, 604	Setzungen und Landüberlassungen	1773-1798
LAS 66, 8186.1	Landüberlassungen	1821-1831
LAS 309, 4696	Die Veräußerung eines fiskalischen Landstücks an die Witwe Biehl	1877-1878
LAS 66, 838	Setzungsregister und Erdbuch	1834
LAS 111, 1550	Erdbuch	1863
LAS 309 Geb. St., 880	Gebäudesteuer	1867
LAS 309 Flur (18), 33	Flurbuch	1877
LAS 309, 15688	Reallastenablösung	1879-1887
LAS 111, 1757	Nachlasssache des Vogts Hinrich Gottfried Christier	1859
LAS 415, 1523	Karte	1773

Großensee
- Bornbek **- Glashütte** **- Schierholzkate**

LAS 8.2, 1145	Der an die Voll- und Halbhufner der Dorfschaften Großensee, Lütjensee, Hoisdorf, Eichede, Mollhagen und Sprenge verpachtete Meierhof Todendorf	1755-1764
LAS 66, 839	Additamentum zum Vermessungsprotokoll	1785
LAS 111, 1800	Verzeichnis des Bestandes der Grundeigentümer	1815
LAS 66, 8193	Gemeinheitsgründe	1785-1804
LAS 66, 8197	Gemeinheitsgründe	1805-1840
LAS 309 Geb. St., 881	Gebäudesteuer	1867
LAS 309 Flur (18), 35	Flurbuch	1877
LAS 309, 15689	Reallastenablösung	1879-1881
LAS 415, 1452	Karte	1779
LAS 402 A 3, 144	Karte von den Gemeinheitsländereien	1818

Hamfelde
- Kronshorst

LAS 8.2, 1126	Die Verpachtung der Ehlerswiese	1721-1760
LAS 8.1, 852	Die dem Bauervogt Daniel Heuer verheuerte sog. Ehlerswiese	1751-1760
LAS 111, 1513	Hufen, Katen, Ländereien und verschiedene andere Landwesenssachen	1774-1833
LAS 111, 1890	Dienstreglement	1835
LAS 66, 8200	Setzung	1788-1835
LAS 66, 840	Setzungsregister und Erdbuch	1816-1835
LAS 66, 8201	Setzung	1819-1839
LAS 111, 1545	Erdbuch	1833-1834
LAS 309 Geb. St., 883	Gebäudesteuer	1867
LAS 309 Flur (18), 39	Flurbuch	1877
LAS 309, 15692	Reallastenablösung	1879 ff.
LAS 415, 1513	Karte	1779
LAS 402 A 3, 139.1-12	Risse	1833
LAS 402 A 3, 140 b-c	Karten	1834

Hohenfelde

LAS 111, 1507	Hufen, Katen, Ländereien und verschiedene andere Landwesenssachen	1822-1860
LAS 111, 1889	Dienstreglement	1834
LAS 66, 8200	Setzung	1788-1835
LAS 66, 8201	Setzung	1819-1839
LAS 111, 1544	Erdbuch	1833-1834
LAS 66, 842	Erdbuch	1834
LAS 309 Geb. St., 887	Gebäudesteuer	1867
LAS 309 Flur (18), 49	Flurbuch	1877
LAS 415, 1875	Karte	1834
LAS 402 A 3, 139.1-12	Risse	1833

Köthel

LAS 111, 1514	Hufen, Katen, Ländereien und verschiedene andere Landwesenssachen	1777-1857
LAS 66, 8191	Setzung	1784-1803
LAS 66, 8190	Setzung	1789-1829
LAS 111, 1546	Erdbuch	1808
LAS 66, 843	Setzungsregister und Erdbuch	1819
LAS 309 Geb. St., 893	Gebäudesteuer	1867
LAS 309 Flur (18), 62	Flurbuch	1877
LAS 309, 15683	Reallastenablösung	1879
LAS 415, 1568	Karte	1767
LAS 402 A 3, 147	Karte	1804-1805
LAS 402 A 3, 148	Karte	1804-1805

Lütjensee
- Bollmoor **- Dwerkate** **- Schleushörn**

LAS 8.2, 1127	Die Überlassung herrschaftlicher Koppeln an den Besitzer der Dwerkate	1745-1758
LAS 8.2, 1145	Der an die Voll- und Halbhufner der Dorfschaften Großensee, Lütjensee, Hoisdorf, Eichede, Mollhagen und Sprenge verpachtete Meierhof Todendorf	1755-1764
LAS 66, 8202	Gemeinheitsgründe	1777-1841
LAS 111, 1798	Verzeichnis des Bestandes der Grundeigentümer	1815

LAS 66, 5636	Setzung	1776-1777
LAS 66, 594	Setzungen und Landüberlassungen	1777-1798
LAS 66, 844	Setzungsregister und Erdbuch	1834-1835
LAS 111, 1706	Erhebung von Abgaben vom Anbauer und Vogt Heuer für ihm überlassenes Gemeindeland	1857-1860
LAS 309 Geb. St., 899	Gebäudesteuer	1867
LAS 309 Flur (18), 72	Flurbuch	1877
LAS 309, 15693	Reallastenablösung	1879-1882
LAS 111, 1758	Nachlasssache des Holzvogts Karl Hinrich Moritz Laddey	1859
LAS 402 A 3, 144	Karte von den Gemeinheitsländereien	1818
LAS 415, 1547	Karte	1771

Rausdorf
- Lindenhof

LAS 66, 598	Setzungen und Landüberlassungen	1774-1794
LAS 66, 8205	Gemeinheitsgründe	1833-1836
LAS 66, 853	Setzungsregister und Erdbuch	1784
LAS 111, 1763	Erdbuch	1785
LAS 309 Geb. St., 915	Gebäudesteuer	1867
LAS 309 Flur (18), 100	Flurbuch	1877
LAS 309, 15686	Reallastenablösung	1879-1895

Steinburg (seit 1978) siehe Eichede, Mollhagen, Sprenge

Trittau
- Auf der Heide **- Papierholz** **- Trittauerfeld**
- Vorwerk

LAS 7, 5120	Neueinrichtung des Ackerbaus und der Landverteilung	1613
LAS 111, 448	Hufen, Katen, Ländereien und verschiedene andere Landwesenssachen	1721-1853
LAS 111, 461	Bauervogtei	1722-1853
LAS 66, 604	Setzungen und Landüberlassungen	1773-1798
LAS 111, 1509	Hufen, Katen, Ländereien und verschiedene andere Landwesenssachen	1791-1858
LAS 111, 1510	Hufen, Katen, Ländereien und verschiedene andere Landwesenssachen	1816-1867
LAS 111, 1511	Neues Verteilungs-Additament über die Feldmark des Dorfes und des Vorwerks	1817-1876

LAS 66, 858	Neues Verteilungs-Additament sowie neues Setzungsregister des Dorfes und des Vorwerks	1817-1825
LAS 309, 3917	Die Erbpachtsstelle des weiland Schuhmachers Behnke	1863-1870
LAS 309, 3885	Die Erbpachtstellen der Erbpächter J. H. Benthien und R. Schmüser	1869
LAS 309, 3894	Das Erbpachtstück, die sogenannte Scharfrichter-Kate	1869
LAS 309, 4004	Das dem Fiskus an dem sogenannten Freigut Trittau zustehende Näherkaufsrecht	1874
LAS 309, 4005	Das dem Fiskus zustehende Näherkaufsrecht an der Erbpachtsstelle des Jochim Hinrich Schmidt	1874
LAS 309 Geb. St., 937	Gebäudesteuer	1867
LAS 309, 2327	Grundsteuer	1868-1878
LAS 309 Flur (18), 139	Flurbuch	1877
LAS 309, 15690	Reallastenablösung	1879-1884
LAS 111, 1401	Mitgliederverzeichnis der Brandgilde	1685
LAS 415, 1556-1558	Karte der Dorfschaft wie auch von den Amts- und Vorwerksländereien	1772

Vorwerk Trittau:

LAS 7, 5119	Inventarien des Hauses und Vorwerks Trittau samt den zugehörigen Meierhöfen Todendorf und Rohlfshagen	1601-1609
LAS 7, 5121	Haus und Vorwerk Trittau	1656-1710
LAS 111, 436	Vorwerk zu Trittau	1664-1858
LAS 7, 5122	Verpachtung des Vorwerks Trittau an die dazugehörigen Untertanen	1696
LAS 8.2, 1149	Das Vorwerk unter den Pächtern Matthias Gerkens und Friedrich Jasper Petersen	1721-1724
LAS 8.2, 1150	Inventaria	1723-1734
LAS 8.2, 1151	Pacht- bzw. Erbpachtskontrakte	1723-1759
LAS 8.2, 1152	Das Vorwerk unter den Pächtern Abraham Barthem, Hausvogt, und Etatsrat E. C. von Hecklau	1726-1741
LAS 8.2, 1153	Das Vorwerk im Besitz von Erbpächtern	1741-1774
LAS 111, 1505	Vorwerk zu Trittau	1791-1830
LAS 8.1, 860	Das Vorwerk Trittau	1732-1734
LAS 111, 1512	Freigut Trittau	1773-1868
LAS 66, 7631	Vorwerk Trittau; u. a. Verpachtung	1774-1838

LAS 66, 592	Vorwerk Trittau; Landveräußerungen etc.	1774-1844
LAS 111, 1511	Neues Verteilungs-Additament über die Feldmark des Dorfes und des Vorwerks	1817-1876
LAS 66, 858	Neues Verteilungs-Additament sowie neues Setzungsregister des Dorfes und des Vorwerks	1817-1825
LAS 309, 3435	Abgaben für das vormalige Vorwerk Trittau	1865-1882
LAS 309, 4004	Das dem Fiskus an dem sogenannten Freigut Trittau zustehende Näherkaufsrecht	1874
LAS 402 A 3, 165.1-6	Karten vom Vorwerk	1802-1812

Witzhave
- Heinrichshof **- Kiebitzkate**

LAS 111, 1515	Hufen, Katen, Ländereien und verschiedene andere Landwesenssachen	1784-1836
LAS 66, 860	Additamentum zum Vermessungsprotokoll	1788
LAS 66, 8209	Gemeinheitsgründe	1817-1819
LAS 66, 8191	Setzung	1784-1803
LAS 309 Geb. St., 941	Gebäudesteuer	1867
LAS 309 Flur (18), 148	Flurbuch	1877
LAS 309, 15682	Reallastenablösung	1879
LAS 111, 1638	Nachlasssache der Eheleute Hans Jochim Knack und Anna Catharina Magdalena, geborene Sievers	1859-1860
LAS 415, 1559	Karte	1788

Städte

LAS 309, 16262	Landumsätze	1868-1871
LAS 309, 16263	Landumsätze, vol. III	1874-1876

Ahrensburg (Stadt seit 1949; vor 1867 Woldenhorn, siehe S. 190)

LAS 309, 2269	Grundsteuer	1868-1879
LAS 402 A 46, 79-100	Katasterkarten M 1:2000, Sektionen 1 bis 3	o. J.

Näheres hierzu entnehmen Sie bitte dem gedruckten Findbuch LAS 402 A, Band 3, S. 696 f.

Bad Oldesloe

- Hunnenkate	- Im neuen Legan	- Kneeden
- Krahn	- Ritzen	- Travensalze

LAS 141, 278	SchuPfPr, Bd. 1, fol. 1-352	1682-1829
LAS 141, 279	SchuPfPr, Bd. 2, fol. 353-787	1725-1847
LAS 141, 280	SchuPfPr, Bd. 3, fol. 788-1152	1787-1880
LAS 141, 281	SchuPfPr, Bd. 4, fol. 1156-1518	1811-1883
LAS 141, 282	SchuPfPr, Bd. 5, fol. 1521-1775	1839-1887
LAS 141, 283	Älteres Register zu den SchuPfPr	
LAS 141, 284	Jüngeres Register zu den SchuPfPr	
LAS 141, 285	Kontraktenprotokoll, Bd. 1, fol. 1-1061	1637-1733
LAS 141, 286	Kontraktenprotokoll, Bd. 2, fol. 1063-1651	1734-1740
LAS 141, 287	Kontraktenprotokoll, Bd. 3, fol. 1652-2323	1741-1747
LAS 141, 288	Kontraktenprotokoll, Bd. 4, fol. 2324-3126	1748-1755
LAS 141, 289	Kontraktenprotokoll, Bd. 5, fol. 3127-3709	1756-1762
LAS 141, 290	Kontraktenprotokoll, Bd. 6, fol. 5827-6372	1771-1776
LAS 141, 291	Kontraktenprotokoll, Bd. 7, fol. 6373-7122	1776-1785
LAS 141, 292	Kontraktenprotokoll, Bd. 8, fol. 7123-7862	1785-1793
LAS 141, 293	Kontraktenprotokoll, Bd. 9, fol. 7863-8480	1793-1799
LAS 141, 294	Kontraktenprotokoll, Bd. 10, fol. 8481-8762	1800-1803
LAS 141, 295	Kontraktenprotokoll, Bd. 11, fol. 8764-9000	1803-1805
LAS 141, 296	Kontraktenprotokoll, Bd. 12, fol. 9001-9475	1805-1809
LAS 141, 297	Kontraktenprotokoll, Bd. 13, fol. 9476-9805	1809-1814
LAS 141, 298	Kontraktenprotokoll, Bd. 14, fol. 9806-12076	1814-1820
LAS 141, 299	Kontraktenprotokoll, Bd. 15, fol. 12077-12446	1820-1826
LAS 141, 300	Kontraktenprotokoll, Bd. 16, fol. 12447-13007	1826-1835
LAS 141, 301	Kontraktenprotokoll, Bd. 17, fol. 13008-13434	1835-1843
LAS 141, 302	Kontraktenprotokoll, fol. 13435-13995	1843-1851
LAS 141, 303	Kontraktenprotokoll, fol. 13996-14453	1851-1857
LAS 141, 304	Kontraktenprotokoll, fol. 14454-14928	1857-1865
LAS 141, 305	Kontraktenprotokoll, fol. 14929-15410	1865-1870
LAS 141, 306	Kontraktenprotokoll, fol. 15883-15999	1873-1876
LAS 141, 307	Kontraktenprotokoll neue Folge, Bd. 1	1876-1878
LAS 141, 308	Kontraktenprotokoll neue Folge, Bd. 2	1878-1880
LAS 141, 309	Kontraktenprotokoll neue Folge, Bd. 3	1880-1882
LAS 141, 310	Kontraktenprotokoll neue Folge, Bd. 4	1882-1884
LAS 141, 311	Kontraktenprotokoll neue Folge, Bd. 5	1884-1889
LAS 141, 203	Gerichtsprotokoll	1762-1772
LAS 141, 204	Gerichtsprotokoll	1778-1785
LAS 141, 205	Gerichtsprotokoll	1787-1793
LAS 141, 206	Gerichtsprotokoll	1794-1800
LAS 141, 207	Gerichtsprotokoll	1800-1807
LAS 141, 208	Gerichtsprotokoll	1801

LAS 141, 209	Gerichtsprotokoll	1808-1815
LAS 141, 210	Gerichtsprotokoll	1815-1821
LAS 141, 211	Gerichtsprotokoll	1821-1825
LAS 141, 212	Gerichtsprotokoll	1825-1828
LAS 141, 213	Gerichtsprotokoll	1828-1832
LAS 141, 214	Gerichtsprotokoll	1832-1835
LAS 141, 215	Gerichtsprotokoll	1835-1837
LAS 141, 216	Gerichtsprotokoll	1837-1840
LAS 141, 217	Gerichtsprotokoll	1840-1842
LAS 141, 218	Gerichtsprotokoll	1842-1844
LAS 141, 219	Gerichtsprotokoll	1844-1846
LAS 141, 220	Gerichtsprotokoll	1846-1849
LAS 141, 221	Gerichtsprotokoll	1849-1851
LAS 141, 222	Gerichtsprotokoll	1851-1853
LAS 141, 223	Gerichtsprotokoll	1853-1855
LAS 141, 224	Gerichtsprotokoll	1855-1857
LAS 141, 225	Gerichtsprotokoll	1857-1860
LAS 141, 226	Gerichtsprotokoll	1860-1865
LAS 141, 227	Gerichtsprotokoll	1865-1867

Für die Aktennummern LAS 141, 229-277 gibt es ein gedrucktes Namensregister!

LAS 141, 229	Beilagen zu den Passprotokollen	1823
LAS 141, 230	Beilagen zu den Passprotokollen	1824
LAS 141, 231	Beilagen zu den Passprotokollen	1825
LAS 141, 232	Beilagen zu den Passprotokollen	1826
LAS 141, 233	Beilagen zu den Passprotokollen	1827
LAS 141, 234	Beilagen zu den Passprotokollen	1828
LAS 141, 235	Beilagen zu den Passprotokollen	1829
LAS 141, 236	Beilagen zu den Passprotokollen	1830
LAS 141, 237	Beilagen zu den Passprotokollen	1831
LAS 141, 238	Beilagen zu den Passprotokollen	1832
LAS 141, 239	Beilagen zu den Passprotokollen	1833
LAS 141, 240	Beilagen zu den Passprotokollen	1834
LAS 141, 241	Beilagen zu den Passprotokollen	1835
LAS 141, 242	Beilagen zu den Passprotokollen	1836
LAS 141, 243	Beilagen zu den Passprotokollen	1837
LAS 141, 244	Beilagen zu den Passprotokollen	1838
LAS 141, 245	Beilagen zu den Passprotokollen	1839
LAS 141, 246	Beilagen zu den Passprotokollen	1840
LAS 141, 247	Beilagen zu den Passprotokollen	1841
LAS 141, 248	Beilagen zu den Passprotokollen	1842
LAS 141, 249	Beilagen zu den Passprotokollen	1843
LAS 141, 250	Beilagen zu den Passprotokollen	1844
LAS 141, 251	Beilagen zu den Passprotokollen	1845

LAS 141, 252	Beilagen zu den Passprotokollen	1846
LAS 141, 253	Beilagen zu den Passprotokollen	1847
LAS 141, 254	Beilagen zu den Passprotokollen	1848
LAS 141, 255	Beilagen zu den Passprotokollen	1849
LAS 141, 256	Beilagen zu den Passprotokollen	1850
LAS 141, 257	Beilagen zu den Passprotokollen	1851
LAS 141, 258	Beilagen zu den Passprotokollen	1852
LAS 141, 259	Beilagen zu den Passprotokollen	1853
LAS 141, 260	Beilagen zu den Passprotokollen	1854
LAS 141, 261	Beilagen zu den Passprotokollen	1855
LAS 141, 262	Beilagen zu den Passprotokollen	1856
LAS 141, 263	Beilagen zu den Passprotokollen	1857
LAS 141, 264	Beilagen zu den Passprotokollen	1858
LAS 141, 265	Beilagen zu den Passprotokollen	1859
LAS 141, 266	Beilagen zu den Passprotokollen	1860
LAS 141, 267	Beilagen zu den Passprotokollen	1861
LAS 141, 268	Beilagen zu den Passprotokollen	1862
LAS 141, 269	Beilagen zu den Passprotokollen	1863
LAS 141, 270	Beilagen zu den Passprotokollen	1864
LAS 141, 271	Beilagen zu den Passprotokollen	1865
LAS 141, 272	Beilagen zu den Passprotokollen	1866
LAS 141, 273	Beilagen zu den Passprotokollen	1867
LAS 141, 274	Beilagen zu den Passprotokollen	1868
LAS 141, 275	Beilagen zu den Passprotokollen	1869
LAS 141, 276	Beilagen zu den Passprotokollen	1870-1880
LAS 141, 277	Beilagen zu den Passprotokollen	1880-1890
LAS 66, 7864	Aufteilung des gemeinschaftlichen Stadtfeldes	1773-1780
LAS 66, 6113	Aufteilung der Stadtländereien	1784-1837
LAS 309, 17850	Veräußerung von Grundstücken	1868-1918
LAS 66, 7231	Veranlagung zur Kriegssteuer	1710
LAS 66, 7235	Extraordinäre Schatzung	1711
LAS 66, 7265	Akten zur Veranlagung zur Kriegs-, Vermögens- und Nahrungssteuer sowie zur Kopf-, Karossen- und Pferdesteuer	1717
LAS 66, 5835	Kriegs-, und Kopfsteuer-Listen	1720
LAS 66, 5765	Kriegs-, und Vermögenssteuerregister	1721
LAS 66, 6279	Beilagen zum Mannzahl- und Schatzprotokoll	1789
LAS 66, 5320	Haussteuer	1803-1848
LAS 66, 5949	Landsteuer-Register	1803
LAS 66, 5952	Landsteuer-Register	1803-1841
LAS 66, 3859	Zwei-Prozent-Kapitalsteuer	1809-1814

LAS 66, 7132	Mannzahl- und Schatzprotokolle zur Vermögenssteuer	1810-1814
LAS 66, 941	Halbprozent-Steuerlisten	1838-1839
LAS 66, 964a	Halbprozent-Steuerlisten	1840
LAS 66, 940	Halbprozent-Steuerlisten	1841
LAS 66, 943	Halbprozent-Steuerlisten	1842
LAS 66, 939.1	Halbprozent-Steuerlisten	1843
LAS 66, 959	Halbprozent-Steuerlisten	1844
LAS 66, 6180	Verzeichnisse der Halbprozent-Steuerfälle und der Vierprozent-(Kollateral)steuerfälle	1845
LAS 66, 964	Halbprozent-Steuerlisten	1846
LAS 66, 3979	Kopf- und Rangsteuerlisten	1817
LAS 66, 3980	Kopf- und Rangsteuerlisten	1818
LAS 66, 3981	Kopf- und Rangsteuerlisten	1819
LAS 66, 3982	Kopf- und Rangsteuerlisten	1820
LAS 66, 3983	Kopf- und Rangsteuerlisten	1821
LAS 66, 3984	Kopf- und Rangsteuerlisten	1822
LAS 66, 3985	Kopf- und Rangsteuerlisten	1823
LAS 66, 3986	Kopf- und Rangsteuerlisten	1824
LAS 66, 3987	Kopf- und Rangsteuerlisten	1825
LAS 66, 3988	Kopf- und Rangsteuerlisten	1826
LAS 66, 3989	Kopf- und Rangsteuerlisten	1827
LAS 66, 3990	Kopf- und Rangsteuerlisten	1828
LAS 66, 3992	Kopf- und Rangsteuerlisten	1829
LAS 66, 3993	Kopf- und Rangsteuerlisten	1830
LAS 66, 3994	Kopf- und Rangsteuerlisten	1831
LAS 66, 3995	Kopf- und Rangsteuerlisten	1832
LAS 66, 3996	Kopf- und Rangsteuerlisten	1833
LAS 66, 3997	Kopf- und Rangsteuerlisten	1834
LAS 66, 3998	Kopf- und Rangsteuerlisten	1835
LAS 66, 3999	Kopf- und Rangsteuerlisten	1836
LAS 66, 4000	Kopf- und Rangsteuerlisten	1837
LAS 309 Geb. St., 17	Gebäudesteuer	1867
LAS 309, 2310	Grundsteuer	1868-1878
LAS 309, 408	Besteuerungswesen	1868-1885
LAS 309, 15621	Reallastenablösung	1875
LAS 309 Flur (18), 92	Flurbuch	1877
LAS 309, 18169	Vermögen- und Schuldenwesen	1893-1927
LAS 400.5, 888	Brandversicherungsregister	1774
LAS 412, 463	Volkszähllisten	1803
LAS 415, 5408	Volkszähllisten	1835

LAS 415, 5433	Volkszähllisten	1840
LAS 415, 5462	Volkszähllisten	1845
LAS 415, 5499	Volkszähllisten	1855
LAS 412, 809	Volkszähllisten	1860
LAS 412, 1203	Volkszähllisten	1864

LAS „Fremde Archive" 10, Acta VII a, Nr. 8	*Konkurse*	*1793-1867*
LAS „Fremde Archive" 10, Acta VII b, Nr. 1	*Besitz- und Eigentumsübertragungen*	*1793-1867*
LAS „Fremde Archive" 10, Acta VII b, Nr. 2	*SchuPfPr*	*1698-1834*
LAS „Fremde Archive" 10, Acta VII b, Nr. 3c	*Vormundschaften*	*1666-1896*
LAS „Fremde Archive" 10, Acta VII b, Nr. 3d	*Erbrecht*	*1755-1855*
LAS „Fremde Archive" 10, Acta XII, Nr. 1	*Die alten Landsteuern*	*1636-1868*
LAS „Fremde Archive" 10, Acta XII, Nr. 2	*Kriegs-, Nahrungs- und Vermögenssteuer*	*1716-1753*
LAS „Fremde Archive" 10, Acta XII, Nr. 4	*Rangsteuer*	*1758-1867*
LAS „Fremde Archive" 10, Acta XII, Nr. 6	*¼-Prozent-Steuer für Kapitalien*	*1781-1809*
LAS „Fremde Archive" 10, Acta XII, Nr. 7	*Kollateralsteuer*	*1792-1830*
LAS „Fremde Archive" 10, Acta XII, Nr. 8	*½-Prozent-Steuer von Erbschaften etc.*	*1810-1865*
LAS „Fremde Archive" 10, Acta XII, Nr. 9	*Zwei-Prozent-Steuer von Kapitalien*	*1809-1814*
LAS „Fremde Archive" 10, Acta XII, Nr. 10	*Vier-Prozent-Steuer von Einkünften*	*1810-1814*
LAS „Fremde Archive" 10, Acta XII, Nr. 11	*Grund- und Benutzungssteuer*	*1808-1848*
LAS „Fremde Archive" 10, Acta XII, Nr. 12	*Haus- und Landsteuer*	*1802-1866*
LAS „Fremde Archive" 10, Acta XII, Nr. 13	*Extrasteuer*	*1836-1847*
LAS „Fremde Archive" 10, Acta XII, Nr. 14	*Die 1848 verordnete Einkommensteuer*	*1848-1865*
LAS „Fremde Archive" 10, Acta XII, Nr. 15	*Grund- und Hypothekensteuer*	*1848-1852*
LAS „Fremde Archive" 10, Acta XII, Nr. 16	*Außerordentliche Kriegssteuer*	*1849-1850*

LAS „Fremde Archive“ 10, Acta XII, Nr. 17	*Decimationen*	*1710-1870*
LAS „Fremde Archive“ 10, Acta XII, Nr. 21	*Gebäudesteuer*	*1867-1872*
LAS „Fremde Archive“ 10, Acta XII, Nr. 23	*Klassensteuer*	*1867-1892*
LAS „Fremde Archive“ 10, Acta XVIII, Nr. 1	*Die Stadtländereien*	*1651-1882*
LAS „Fremde Archive“ 10, Acta XVIII, Nr. 6	*Stadtgebäude*	*1706-1872*

Bargteheide (Stadt seit 1970; siehe Amt Tremsbüttel, Kirchspiel Bargteheide, S. 122)

Glinde (Stadt seit 1979; siehe Amt Reinbek, Kirchspiel Kirchsteinbek, S. 63)

Reinbek (Stadt seit 1952; siehe Amt Reinbek, Kirchspiel Kirchsteinbek, S. 65)

Reinfeld (Stadt; siehe Amt Reinfeld, Kirchspiel Reinfeld, S. 87)

Stadt Hamburg

Landherrenschaft der Geestlande

StaHH 412-3, 6712	*Auszüge aus den Pfandprotokollen*	*1833-1870*
StaHH 412-3, 6671	*Pfandbücher, Band 1*	*1831-1832*
StaHH 412-3, 6672	*Pfandbücher, Band 2*	*1832-1835*
StaHH 412-3, 6673	*Pfandbücher, Band 3*	*1835-1838*
StaHH 412-3, 6674	*Pfandbücher, Band 4*	*1838-1841*
StaHH 412-3, 6675	*Pfandbücher, Band 5*	*1841-1843*
StaHH 412-3, 6676	*Pfandbücher, Band 6*	*1843-1845*
StaHH 412-3, 6677	*Pfandbücher, Band 7*	*1845-1847*
StaHH 412-3, 6678	*Pfandbücher, Band 8*	*1847-1848*
StaHH 412-3, 6679	*Pfandbücher, Band 9*	*1848-1849*
StaHH 412-3, 6680	*Pfandbücher, Band 10*	*1849-1852*
StaHH 412-3, 6681	*Pfandbücher, Band 11*	*1852-1854*
StaHH 412-3, 6682	*Pfandbücher, Band 12*	*1854-1856*
StaHH 412-3, 6683	*Pfandbücher, Band 13*	*1856-1857*
StaHH 412-3, 6684	*Pfandbücher, Band 14*	*1857-1859*
StaHH 412-3, 6685	*Pfandbücher, Band 15*	*1859-1860*
StaHH 412-3, 6686	*Pfandbücher, Band 16*	*1860-1861*
StaHH 412-3, 6687	*Pfandbücher, Band 17*	*1861-1862*
StaHH 412-3, 6688	*Pfandbücher, Band 18*	*1862-1863*
StaHH 412-3, 6689	*Pfandbücher, Band 19*	*1863-1864*
StaHH 412-3, 6690	*Pfandbücher, Band 20*	*1865*
StaHH 412-3, 6691	*Pfandbücher, Band 21*	*1865-1866*
StaHH 412-3, 6692	*Pfandbücher, Band 22*	*1866-1867*
StaHH 412-3, 6693	*Pfandbücher, Band 23*	*1867*
StaHH 412-3, 6694	*Pfandbücher, Band 24*	*1867-1868*
StaHH 412-3, 6695	*Pfandbücher, Band 25*	*1868*
StaHH 412-3, 6696	*Pfandbücher, Band 26*	*1868-1869*
StaHH 412-3, 6697	*Pfandbücher, Band 27*	*1869*
StaHH 412-3, 6698	*Pfandbücher, Band 28*	*1869-1870*
StaHH 412-3, 6699	*Pfandbücher, Band 29*	*1870*
StaHH 412-3, 6700	*Pfandbücher, Band 30*	*1870*
StaHH 412-3, 6701	*Pfandbücher, Band 31*	*1870-1871*
StaHH 412-3, 6702	*Pfandbücher, Band 32*	*1871*
StaHH 412-3, 6703	*Pfandbücher, Band 33*	*1871-1872*
StaHH 412-3, 6704	*Pfandbücher, Band 34*	*1872*
StaHH 412-3, 6705	*Pfandbücher, Band 35*	*1872-1873*
StaHH 412-3, 6706	*Pfandbücher, Band 36*	*1873*
StaHH 412-3, 6707	*Pfandbücher, Band 37*	*1873-1874*
StaHH 412-3, 6708	*Pfandbücher, Band 38*	*1874*
StaHH 412-3, 6709	*Pfandbücher, Band 39*	*1874*

StaHH 412-3, 6710	*Pfandbücher, Band 40*	*1874-1875*
StaHH 412-3, 6711	*Pfandbücher, Band 41*	*1875*
StaHH 412-3, 6895	*Auszüge aus den Konkursprotokollen*	*1838-1869*
StaHH 412-3, 6886	*Konkursprotokoll, Band 1*	*1836-1843*
StaHH 412-3, 6887	*Konkursprotokoll, Band 2*	*1843-1848*
StaHH 412-3, 6888	*Konkursprotokoll, Band 3*	*1846-1848*
StaHH 412-3, 6889	*Konkursprotokoll, Band 4*	*1848-1851*
StaHH 412-3, 6890	*Konkursprotokoll, Band 5*	*1851-1855*
StaHH 412-3, 6891	*Konkursprotokoll, Band 6*	*1854-1857*
StaHH 412-3, 6892	*Konkursprotokoll, Band 7*	*1857-1859*
StaHH 412-3, 6893	*Konkursprotokoll, Band 8*	*1859-1860*
StaHH 412-3, 6894	*Konkursprotokoll, Band 9*	*1860-1873*
StaHH 412-3, 6896	*Konkurszitierbuch, Band 1*	*1846-1849*
StaHH 412-3, 6897	*Konkurszitierbuch, Band 2*	*1849-1853*
StaHH 412-3, 6898	*Konkurszitierbuch, Band 3*	*1853-1857*
StaHH 412-3, 6899	*Konkurszitierbuch, Band 4*	*1857-1860*
StaHH 412-3, 6900	*Inventarienprotokoll, Band 1*	*1832-1836*
StaHH 412-3, 6901	*Inventarienprotokoll, Band 2*	*1836-1841*
StaHH 412-3, 6902	*Inventarienprotokoll, Band 3*	*1841-1846*
StaHH 412-3, 6903	*Inventarienprotokoll, Band 4*	*1846-1850*
StaHH 412-3, 6904	*Inventarienprotokoll, Band 5*	*1850-1856*
StaHH 412-3, 6905	*Inventarienprotokoll, Band 6*	*1856-1871*
StaHH 412-3, 6906	*Inventarienprotokoll, Band 7*	*1871*
StaHH 412-3, 6907	*Sammlung notariell beglaubigter Verkaufs- und Cessionsverträge, Fasc. 1, Nr. 1-75*	*1853-1868*
StaHH 412-3, 6908	*Sammlung notariell beglaubigter Verkaufs- und Cessionsverträge, Fasc. 2, Nr. 76-150*	*1857-1869*
StaHH 412-3, 6909	*Sammlung notariell beglaubigter Verkaufs- und Cessionsverträge, Fasc. 3, Nr. 151-250*	*1852-1870*
StaHH 412-3, 6910	*Sammlung notariell beglaubigter Verkaufs- und Cessionsverträge, Fasc. 4, Nr. 251-336*	*1863-1871*
StaHH 412-3, 6911	*Sammlung notariell beglaubigter Verkaufs- und Cessionsverträge, Fasc. 5, Nr. 337-400*	*1866-1873*
StaHH 412-3, 6912	*Sammlung notariell beglaubigter Verkaufs- und Cessionsverträge, Fasc. 6, Nr. 401-480*	*1862-1874*
StaHH 412-3, 6913	*Sammlung notariell beglaubigter Verkaufs- und Cessionsverträge, Fasc. 7, Nr. 481-560*	*1864-1875*
StaHH 412-3, 6914	*Sammlung notariell beglaubigter Verkaufs- und Cessionsverträge, Fasc. 8, Nr. 561-596*	*1875-1876*

StaHH 412-3, 14374	*Akte, betr. Einschreibung der Vollhufen von Hans Hinrich Bohlen, Hans Hinrich Steinbuck, Hein Diedrich Martin Paape, Klaus Wiese, Klaus Friedrich Sannmann und Hans Hinrich Martin Offen, der Brinksitzerstellen von Johann Heinrich Wittrock und Hans Hinrich Kröger, der Anbauerstellen von Matthias Witten, Hans Jochim Paape Witwe, Hans Friedrich Bohlen, Johann Nikolaus Witten, Hans Joachim Friedrich Sannmann, Klaus Hermann Knaack und Hinrich Hermann Witten in das Hypothekenbuch*	*1846-1857*

Einzelne Vormundschaftsakten siehe Findbuch StaHH 412-3, S. 269-342.

StaHH 412-3, 7648	*Auszüge aus den Vormünderprotokollen*	*1830-1872*
StaHH 412-3, 7641	*Vormünderprotokolle, Band 1*	*1830-1845*
StaHH 412-3, 7642	*Vormünderprotokolle, Band 2*	*1845-1863*
StaHH 412-3, 7643	*Vormünderprotokolle, Band 3*	*1863-1871*
StaHH 412-3, 7644	*Vormünderprotokolle, Band 4*	*1871-1874*
StaHH 412-3, 7645	*Vormünderinnenprotokolle, Band 1*	*1829-1867*
StaHH 412-3, 7646	*Vormünderinnenprotokolle, Band 2*	*1867-1872*
StaHH 412-3, 7647	*Vormünderinnenprotokolle, Band 3*	*1872-1874*

Einzelne Nachlassakten siehe Findbuch StaHH 412-3, S. 365-419.

Großhansdorf

- Mühlendamm

LAS 131, 1	Feldregister der verkoppelten Dorfschaft	1843
LAS 131, 7	Einwohner-Melde-Register	1873

StaHH 412-3, 11906	*Akte, betr. Umschreibung des in Hans Hinrich Krögers Vollhufe auf Paul Hinrich Friedrich Steinbocks Namen stehenden Postens an Hans Hinrich Möller in Schmalenbeck bzw. J. Klindt in Ahrensburg*	*1830-1839*
StaHH 412-3, 11907	*Akte, betr. den Verkauf der Vollhufe von Hans Hinrich Kröger an Klaus Wiese*	*1831*
StaHH 412-3, 11908	*Kontrakt zwischen Hans Hinrich Offen und Hinrich Pulls und seinem Sohn Hinrich Christian Pulls wegen Verpachtung einer Koppel*	*1831*

StaHH 412-3, 11909	*Akte, betr. Konsens zum Verkauf der Kätnerstelle Christian Friedrich Grubes an Matthias Witten*	*1834*
StaHH 412-3, 14966	*Veränderungen der Besitzverhältnisse*	*1835*
StaHH 412-3, 11913a	*Akte, betr. Umschreibung und Tilgung der zu Hans Hinrich Paapes Nachlass gehörenden Hypothekpöste*	*1862*
StaHH 412-3, 7863	*Akte, betr. Umschreibung der Vollhufe von Hein Diedrich Martin Paape auf Hans Hinrich Friedrich Martin Paape*	*1864*
StaHH 412-3, 11914	*Kontrakt zwischen Hans Hinrich Steenbock und Jochim Martin Steenbock, seinem ältesten Sohn, betr. die Überlassung seiner Vollhufe; Hypothekenbuch pag. 165*	*1867*
StaHH 412-3, 11915	*Akte, betr. den öffentlichen Verkauf der Vollhufe von Franz Anton Rädler, Hypothekenbuch pag. 181*	*1871*
StaHH 412-3, 5742	*Akte, betr. das Grundstück von Klaus Meyn*	*1872-1873*
StaHH 412-3, 11916	*Akte, betr. Eintragung der beiden Plätze August Eduard Wölkens in das Hypothekenbuch*	*1873-1874*
StaHH 412-3, 11917	*Akte, betr. die Eintragung einer Koppel von Hans Napoleon Wittrock ins Hypothekenbuch*	*1880*
StaHH 412-2, 581	*Akte, betr. die Beschwerung der Höfe und Grundstücke von Hans Sannmann, Hans Hinrich Kröger, Hans Hinrich Offen, H. H. Bohlen, Kasper Meyer, Johann Hinrich Wittrock, Klaus Meyer, Johann Hinrich Möller, Hans Jochen Kröger, Hein Paap*	*1766-1823*
StaHH 412-2, 511	*Vergleich zwischen Martin Witten und Hans Hinrich Offen betr. des ersteren Altenteil*	*1800*
StaHH 412-2, 582a	*Protokollkontrakt, betr. die Einschreibung eines Postens in Hans Sannmanns Vollhufe auf den Namen von Margareta Elisabeth Meyer*	*1815*
StaHH 412-2, 486	*Nachlass von Jakob Soltau in Grimoor*	*1818*
StaHH 412-2, 351	*Verkauf des Hirtenkatens an Hermann Witten*	*um 1820*
StaHH 412-2, 490	*Verzeichnis der zu Martin Meyers Nachlass gehörenden Kapitalien*	*um 1820*

StaHH 412-2, 584	*Kontrakt der Witwe des Vogts Hein Sannmann, Anna Katharina und ihrer Kinder mit ihrem ältesten Sohn Klaus Friedrich Sannmann, betr. die Überlassung ihrer Vollhufe*	*um 1820*
StaHH 412-2, 488	*Auseinandersetzung zwischen den Erben von Hans Sanmann und Hans Sanmann jun. als Übernehmer der väterlichen Vollhufe*	*1820-1825*
StaHH 412-2, 352	*Verpachtung der sogenannten Bollenkoppel an Jochim Christopher Stamer*	*1821*
StaHH 412-2, 513	*Vergleich zwischen Martin Steinbock und seinem Altenteilsmann Jochim Hinrich Hinsch*	*1821*
StaHH 412-2, 585	*Auszahlung des in Hans Hinrich Krögers Stelle auf den Namen der Witwe von Johann Nikolaus Reuter geb. Eysenpletter eingeschriebenen Postens*	*1821*
StaHH 412-2, 586	*Akte, betr. Verkauf einer Fläche Land in den Auekämpen durch den Vollhufner Hans Hinrich Kröger an Johann Heinrich Wittrock zu Ahrensburg*	*1821*
StaHH 412-2, 495	*Nachlass von Hans Hinrich Steenbock*	*1822*
StaHH 412-2, 587	*Kontrakt, betr. die Überlassung der Vollhufe von Hans Hinrich Offen an seinen Sohn Hans Hinrich Martin Offen*	*1822*
StaHH 412-2, 588	*Protokollkontrakt, betr. die Einschreibung eines Postens in die Vollhufe von Hans Sannmann auf den Namen von Hans Hinrich Möller in Schmalenbeck*	*1823*
StaHH 412-2, 589	*Akte, betr. die Beschwerung der Grundstücke von Hans Sannmann, Hans Hinrich Kröger, Hans Hinrich Offen, Hans Eggert Stahl, H. H. Bohlen, Johann Hinrich Wittrock*	*1823*
StaHH 412-2, 590	*Akte, betr. die hypothekarische Belastung der Vollhufe Hans Hinrich Krögers*	*1827*
StaHH 412-2, 591	*Kontrakt über den Verkauf der Vollhufe von Hans Hinrich Kröger an J. H. Wittrock*	*1829*
StaHH 412-2, 592	*Akte, betr. Tilgung des in Klaus Friedrich Sannmanns Vollhufe auf den Namen von Anna Katharina Stahmer eingeschriebenen Postens*	*1830*
StaHH 412-3, 3521	*Feldregister*	*1846*
StaHH 412-3, 3522	*Flurbuch und Flurbuchregister*	*1869*
StaHH 412-3, 3523	*Flurbuch und Flurbuchregister*	*1869*

StaHH 412-3, 5741	*Akte, betr. Absteckung der dem Hufner H. H. M. Offen 1843 ausgewiesenen und seinem Sohn H. H. D. Offen 1854 zugeschriebenen beiden Teile der Gemeinweide*	*1858*

Schmalenbeck

LAS 131, 1	Feldregister der verkoppelten Dorfschaft	1843
LAS 131, 7	Einwohner-Melde-Register	1873
StaHH 412-3, 11906	*Akte, betr. Umschreibung des in Hans Hinrich Krögers Vollhufe auf Paul Hinrich Friedrich Steinbocks Namen stehenden Postens an Hans Hinrich Möller in Schmalenbeck bzw. J. Klindt in Ahrensburg*	*1830-1839*
StaHH 412-3, 14966	*Akte, betr. Veränderungen der Besitzverhältnisse mit der Revidierung der Feldregister bis zum 1. August 1835*	
StaHH 412-3, 14371	*Akte, betr. vormundschaftlichen Konsens zur Tilgung des in Johann Eggert Dabelsteins Stelle dem verstorbenen Klaus Friederich Dabelstein versichert stehenden Kapitals*	*1834*
StaHH 412-3, 14372	*Akte, betr. Aufkündigung des in Eggert Dabelsteins Halbhufe auf den Namen von Johann Hinrich Bockris eingeschriebenen Postens*	*1835*
StaHH 412-3, 14373	*Akte, betr. Einschreibung eines Postens in Johann Hinrich Detlef Sengelmanns Halbhufe auf den Namen von Jochim Hinrich Sengelmann*	*1840*
StaHH 412-3, 14374	*Akte, betr. Eintragung der Vollhufe von Martin Meyer, der Halbhufen von Johann Hinrich Detlef Sengelmann bzw. Klaus Friedrich Stamer und Jochim Hinrich Dabelstein, der Brinksitzerstellen von Klaus Hinrich Witten sen. und jun. und der Anbauerstellen von Johann Jochim Benthin, Klaus Hinrich Hinsch und Hans Nikolaus Dabelstein sowie der Besitzungen von Eigentümern in Großhansdorf in das Hypothekenbuch*	*1846-1857*

StaHH 412-3, 14375	*Akte, betr. Zuschreibung eines von der Dorfschaft an Johann Friedrich Christian Sellmann verkauften, bisher zur Dorfgemeinschaft gehörenden Platzes Nr. 295 beim großen Teich*	*1857*
StaHH 412-3, 7737	*Akte, betr. Übertragung der Vollhufe des Vogtes Martin Meyer auf seinen Sohn Martin*	*1861*
StaHH 412-3, 14376	*Vergleich Johann Hinrich Detlef Sengelmanns mit seinem Schwiegersohn Klaus Friedrich Stahmer betr. die ihm als Altenteiler zukommenden Leistungen*	*1866*
StaHH 412-3, 14377	*Akte, betr. den öffentlichen Verkauf einer Rudolph Bilderbeck zugeschriebenen Fläche Land*	*1879*
StaHH 412-3, 8058	*Akte, betr. Verkauf des Grundstücks von Johann Friedrich Christian Sellmann an die Witwe von Johann Jakob Friedrich Westphalen geb. Elvers*	*1880*
StaHH 412-2, 481	*Regulierung des Nachlasses von Katharina Margareta Singelmann geb. Dassau*	*1796*
StaHH 412-2, 636	*Akte, betr. die Beschwerung der Grundstücke von Kaspar Meyer, Eggert Dabelstein, Klaus Hinrich Witten, Martin Witten*	*1804-1821*
StaHH 412-2, 512	*Altenteilsvergleich zwischen Martin Meyer und der Witwe Krogmann*	*um 1820*
StaHH 412-2, 588	*Protokollkontrakt, betr. die Einschreibung eines Postens in die Vollhufe von Hans Sannmann auf den Namen von Hans Hinrich Möller in Schmalenbeck*	*1823*
StaHH 412-2, 589	*Akte, betr. die Beschwerung der Grundstücke von Eggert Dabelstein*	*1823*
StaHH 412-2, 514	*Altenteilskontrakt Maria Elsabe Krogmanns mit ihrem Sohn Klaus Hinrich Krogmann*	*1826*
StaHH 412-3, 1416	*Besitzverhältnisse und Grundstücksgrenzen*	*1837*
StaHH 412-3, 5952	*Akte, betr. Ausweisung eines Hausplatzes aus der Gemeinweide an A. Witten*	*1845*
StaHH 412-3, 3521	*Feldregister*	*1846*
StaHH 412-3, 3521	*Feldregister*	*1846*
StaHH 412-3, 14375	*Akte, betr. Verkauf eines zur Dorfgemeinheit gehörenden Platzes an Johann Friedrich Christian Sellmann*	*1857*
StaHH 412-3, 3569	*Flurbuch und Flurbuchregister*	*1869*
StaHH 412-3, 3570	*Flurbuch und Flurbuchregister*	*1869*

Adelige Güterdistrikte

LAS 129.10, 10	Einführung von SchuPfPr in sämtliche Güter	1813
LAS 50b, 422	Obergerichtliches SchuPfPr, Band 1 mit Register	1801-1886
LAS 50b, 423	Obergerichtliches SchuPfPr, Band 2 mit Register	1837-1886
LAS 50b, 424	Obergerichtliches SchuPfPr (Nebenbuch) Band 1	1801-1886
LAS 50b, 425	Obergerichtliches SchuPfPr (Nebenbuch) Band 2	1829-1886
LAS 50b, 426	Obergerichtliches SchuPfPr (Nebenbuch) Band 3	1856-1886
LAS 400.5, 434	Alphabetisches Verzeichnis der adeligen Güter mit Angaben über Größe, Zubehör, Besitzer, Preise etc.	um 1825
LAS 309, 19390	Auflösung der Gutsbezirke	1928
LAS 309, 19464	Auflösung der Gutsbezirke	1928
LAS 309, 19476	Auflösung der Gutsbezirke	1928
LAS 66, 6031	Güter und privilegierte Grundstücke	1765-1774
LAS 66, 2328	Fuhrregister	1801-1805
LAS 66, 2326	Fuhrregister	1801-1802
LAS 66, 679.3	Landumsätze	1809-1817
LAS 309, 7288	Besitzwechsel der adeligen Güter	1868
LAS 309, 17377	Zerteilung von Grundstücken und Gründung neuer Ansiedelungen, sowie Eingehen solcher Stellen. Erbbaurecht	1868-1907
LAS 309, 16264	Landumsätze	1869-1877
LAS 309, 17411	Regelung der Besitzverhältnisse der in Zeitpacht befindlichen bäuerlichen Grundstücke auf den adeligen Gütern	1873
LAS 309, 17376	Regelung der Besitzverhältnisse der in Zeitpacht befindlichen bäuerlichen Grundstücke auf den holsteinischen adeligen Gütern	1873-1921
LAS 199, 6	Pflugzahlregister (Güter, Klöster)	1739
LAS 66, 5239-5240	Pflugzahl der adeligen Güter und Meierhöfe	1784-1822
LAS 66, 1999	Landsteuer-Register	1802-1808
LAS 66, 5324	Haussteuer	1803-1844

LAS 199, 9	Ansetzung der unter die Zahl der adeligen Güter aufgenommenen vormaligen Meierhöfe zu einer verhältnismäßigen Pflugzahl	1808-1817
LAS 66, 8446	Einstweilige Ansetzung einiger abgetrennter Meierhöfe zur Pflugzahl	1813
LAS 66, 942.1-942.3	Halbprozent-Steuerlisten	1838-1840
LAS 66, 942.4-942.5	Halbprozent-Steuerlisten	1841-1842
LAS 66, 948.1	Halbprozent-Steuerlisten	1843
LAS 66, 948.2	Halbprozent-Steuerlisten	1843
LAS 66, 6135	Verzeichnisse der Halbprozent-Steuerfälle	1844
LAS 66, 7343	Halbprozent-Steuerlisten	1846-1847
LAS 127.29, 577	Die Preetzer Adelige Brandgilde	1687-1751
LAS 127.29, 578	Versicherung bei der Adeligen Brandgilde in Kiel (Kataster, Ab- und Zugangslisten, Prämien, etc.)	1733-1884
LAS 127.29, 579	Die Neritzer Mobilien-Brandgilde und ihre Aufhebung	1776-1803

Combiniertes Adeliges Gutsgericht zu Oldesloe

LAS 127.32, 1	Gerichtsprotokoll, Tom. I	1806-1814
LAS 127.32, 2	Gerichtsprotokoll, Tom. II	1814-1821
LAS 127.32, 3	Gerichtsprotokoll, Tom. III	1821-1826
LAS 127.32, 4	Gerichtsprotokoll, Tom. IV	1826-1829
LAS 127.32, 5	Gerichtsprotokoll, Tom. V	1829-1833
LAS 127.32, 6	Gerichtsprotokoll, Tom. VI	1833-1837
LAS 127.32, 7	Gerichtsprotokoll, Tom. VII	1837-1842
LAS 127.32, 8	Gerichtsprotokoll, Tom. VIII	1842-1846
LAS 127.32, 9	Gerichtsprotokoll, Tom. IX	1846-1850
LAS 127.32, 10	Gerichtsprotokoll, Tom. X	1850-1854
LAS 127.32, 11	Gerichtsprotokoll, Tom. XI	1854-1859
LAS 127.32, 12	Gerichtsprotokoll, Tom. XII	1859-1866
LAS 127.32, 13	Gerichtsprotokoll, Tom. XIII	1866-1867

Itzehoer Güterdistrikt

LAS 50b, 382	SchuPfPr mit Register	1796-1820
LAS 50b, 384	SchuPfPr, Band I, Teil 2 mit Register	1820-1886
LAS 50b, 399	SchuPfPr, IV. Distrikt, 2. Band mit Register	1809-1886
LAS 50b, 400	SchuPfPr, IV. Distrikt, 3. Band mit Register	1814-1886
LAS 50b, 401	SchuPfPr, IV. Distrikt, 4. Band	1814-1886

LAS 50b, 402	SchuPfPr des Landgerichts, Nebenbuch Bd. 1, pag. 1-1567	1796-1807
LAS 50b, 403	SchuPfPr des Landgerichts, Nebenbuch Bd. 2, pag. 1568-2520	1807-1811
LAS 50b, 404	SchuPfPr des Landgerichts, Nebenbuch Bd. 3, pag. 2521-3378	1811-1812
LAS 50b, 405	SchuPfPr des Landgerichts, Nebenbuch Bd. 4, pag. 3379-4513	1812-1814
LAS 50b, 406	SchuPfPr des Landgerichts, Nebenbuch Bd. 5, pag. 4514-5664	1814-1817
LAS 50b, 407	SchuPfPr des Landgerichts, Nebenbuch Bd. 6, pag. 5665-6664	1817-1821
LAS 50b, 408	SchuPfPr des Landgerichts, Nebenbuch Bd. 7, pag. 6665-8088	1821-1827
LAS 50b, 409	SchuPfPr des Landgerichts, Nebenbuch Bd. 8, pag. 8089-9030	1827-1830
LAS 50b, 410	SchuPfPr des Landgerichts, Nebenbuch Bd. 9, pag. 9031-10130	1830-1833
LAS 50b, 411	SchuPfPr des Landgerichts, Nebenbuch Bd. 10, pag. 10131-11181	1833-1839
LAS 50b, 412	SchuPfPr des Landgerichts, Nebenbuch Bd. 11, pag. 11182-12230	1839-1844
LAS 50b, 413	SchuPfPr des Landgerichts, Nebenbuch Bd. 12, pag. 12231-13096	1844-1851
LAS 50b, 414	SchuPfPr des Landgerichts, Nebenbuch Bd. 13, pag. 13097-14021	1851-1857
LAS 50b, 415	SchuPfPr des Landgerichts, Nebenbuch Bd. 14, pag. 14022-14947	1857-1861
LAS 50b, 416	SchuPfPr des Landgerichts, Nebenbuch Bd. 15, pag. 14948-15907	1861-1867
LAS 50b, 417	SchuPfPr des Landgerichts, Nebenbuch Bd. 16, pag. 15908-16886	1867-1871
LAS 50b, 418	SchuPfPr des Landgerichts, Nebenbuch Bd. 17, pag. 16887-17900	1871-1875
LAS 50b, 419	SchuPfPr des Landgerichts, Nebenbuch Bd. 18, pag. 17901-18625	1875-1879
LAS 50b, 420	SchuPfPr des Landgerichts, Nebenbuch Bd. 19, pag. 18626-19390	1879-1885
LAS 50b, 421	SchuPfPr des Landgerichts, Nebenbuch Bd. 20, pag. 19391-19492	1885-1886
LAS 66, 5932	Landsteuerregister	1803
LAS 66, 5324	Haussteuer	1803-1844
LAS 152, 17-19	Steuerregulierung	1803-1804
LAS 152, 20	Steuerregister	1804

LAS 66, 7160	Mannzahl- und Schatzprotokolle	1810
LAS 66, 7161	Mannzahl- und Schatzprotokolle	1811
LAS 152, 50	Mannzahl- und Schatzprotokoll	1811-1813
LAS 66, 7162	Mannzahl- und Schatzprotokolle	1812-1813
LAS 66, 5930	Landsteuerregister	1813
LAS 66, 7163	Mannzahl- und Schatzprotokolle	1814
LAS 152, 51	Mannzahl- und Schatzprotokoll	1814
LAS 415, 5415	Volkszähllisten	1835
LAS 415, 5440	Volkszähllisten	1840
LAS 415, 5472	Volkszähllisten	1845
LAS 415, 5539	Volkszähllisten	1855

Gut Ahrensburg

LAS 127.3 Protokolle (staatlicher Bestand), Nr.

2	SchuPfPr A	1766 ff.
3	SchuPfPr B	1812 ff.
4	SchuPfPr C	1859 ff.
5	SchuPfPr D	1877 ff.
6	Repertorium und Register zum SchuPfPr	18.-19. Jh.
7	Hofprotokolle (Kontrakten- bzw. Nebenbücher) B	1789-1804
8	Hofprotokolle (Kontrakten- bzw. Nebenbücher) G	1838-1844
9	Hofprotokolle (Kontrakten- bzw. Nebenbücher) H	1844-1847
10	Hofprotokolle (Kontrakten- bzw. Nebenbücher) I	1847-1852
11	Hofprotokolle (Nebenbuch) K	1852-1854
12	Hofprotokolle (Nebenbuch) L	1854-1856
13	Hofprotokolle (Nebenbuch) M	1856-1858
14	Hofprotokolle (Nebenbuch) N	1858-1860
15	Hofprotokolle (Nebenbuch) O	1860-1865
16	Hofprotokolle (Nebenbuch) P	1865-1871
17	Hofprotokolle (Nebenbuch) Q	1871-1876
18	Hofprotokolle (Nebenbuch) R	1876-1878
19	Hofprotokolle (Nebenbuch) S	1878-1881
20	Hofprotokolle (Nebenbuch) T	1881-1884
21	Hofprotokolle (Nebenbuch) U	1884-1890

LAS 127.3 Ahrensburg, 60	Extrakte aus SchuPfPr	1832-1862
LAS 127.3 Ahrensburg, 61	Gelöschte Schuld- und Pfandverschreibungen	1857-1864
LAS 127.3 Ahrensburg, 386	Schuldsachen	1748-1752
LAS 127.3 Ahrensburg, 387	Schuldsache Samuel Heinicke	1774
LAS 127.3 Ahrensburg, 54	Gerichtsprotokolle mit Register „A“	1763-1774
LAS 127.3 Ahrensburg, 54	Gerichtsprotokolle mit Register „B“	1774-1784
LAS 127.3 Ahrensburg, 54	Gerichtsprotokolle mit Register „C“	1785-1794
LAS 127.3 Ahrensburg, 54	Gerichtsprotokolle mit Register „D“	1794-1805
LAS 127.3 Ahrensburg, 54	Gerichtsprotokolle mit Register „E“	1805-1812
LAS 127.3 Ahrensburg, 55	Gerichtsprotokolle mit Register „F“	1812-1819
LAS 127.3 Ahrensburg, 55	Gerichtsprotokolle mit Register „G“	1819-1824
LAS 127.3 Ahrensburg, 55	Gerichtsprotokolle mit Register „H“	1824-1830
LAS 127.3 Ahrensburg, 55	Gerichtsprotokolle mit Register „I“	1830-1837
LAS 127.3 Ahrensburg, 55	Gerichtsprotokolle mit Register „K“	1837-1843
LAS 127.3 Ahrensburg, 55	Gerichtsprotokolle mit Register „L“	1843-1847
LAS 127.3 Prot. (staatl. Bestand), 22	Gerichtsprotokoll	1848-1853
LAS 127.3 Prot. (staatl. Bestand), 23	Gerichtsprotokoll	1853-1857
LAS 127.3 Prot. (staatl. Bestand), 24	Gerichtsprotokoll	1857-1862
LAS 127.3 Prot. (staatl. Bestand), 25	Gerichtsprotokoll	1862-1867
LAS 127.3 Ahrensburg, 57	Hofprotokolle, Abteilungsprotokoll	1786-1815
LAS 127.3 Ahrensburg, 58	Akten zum Abteilungsprotokoll	1786-1815
LAS 127.3 Ahrensburg, 57	Hofprotokolle mit Register, Lit. C	1805
LAS 127.3 Ahrensburg, 57	Hofprotokolle mit Register, Lit. D	1811-1815
LAS 127.3 Ahrensburg, 57	Hofprotokolle mit Register, Lit. E	1817-1832
LAS 127.3 Ahrensburg, 59	Kontraktenbücher	1810-1866
LAS 127.3 Ahrensburg, 59	Kontraktenbücher	1866-1869
LAS 127.3 Ahrensburg, 59	Kontraktenbücher	1870-1884
LAS 127.3 Ahrensburg, 59	Kontraktenbücher	1884-1902
LAS 127.3 Ahrensburg, 528	Kassenbücher	1772-1824
LAS 127.3 Ahrensburg, 529	Kassenbücher	1824-1847
LAS 127.3 Ahrensburg, 530	Kassenbücher	1848-1853
LAS 127.3 Ahrensburg, 531	Kassenbücher	1860-1875
LAS 127.3 Ahrensburg, 532	Kassenbücher	1880-1884
LAS 127.3 Ahrensburg, 533	Kassenbücher	1884-1901
LAS 127.3 Ahrensburg, 534	Kassenbücher	1900-1911
LAS 127.3 Ahrensburg, 535	Kassenbücher	1912-1915
LAS 127.3 Ahrensburg, 536	Hauptbücher	1854-1928

LAS 127.3 Ahrensburg, 538	Geldregister	1826-1827
LAS 127.3 Ahrensburg, 538	Geldregister	1850-1851
LAS 127.3 Ahrensburg, 538	Geldregister	1851-1852
LAS 127.3 Ahrensburg, 538	Geldregister	1854-1860
LAS 127.3 Ahrensburg, 540	Geldjournal	1889-1900
LAS 127.3 Ahrensburg, 541	Geldjournal	1870-1873
LAS 127.3 Ahrensburg, 541	Geldjournal	1907-1916
LAS 127.3 Ahrensburg, 577	Geld- und Gutsregister	1778-1847
LAS 127.3 Ahrensburg, 579	Gutsregister	1810-1848
LAS 127.3 Ahrensburg, 581	Rechnungen	1818-1883
LAS 127.3 Ahrensburg, 580	Gutsregister	1844-1860
LAS 127.3 Ahrensburg, 578	Gutsregister, Geldrechnungen	1848-1877
LAS 127.3 Ahrensburg, 542	Gutsrechnung	1764-1787
LAS 127.3 Ahrensburg, 543	Jahresrechnung des Gutes	1781-1804
LAS 127.3 Ahrensburg, 544	Gutsrechnungen	1762-1775
LAS 127.3 Ahrensburg, 545	Gutsrechnungen	1775-1782
LAS 127.3 Ahrensburg, 546	Gutsrechnungen	1782-1785
LAS 127.3 Ahrensburg, 547	Gutsrechnungen	1785-1790
LAS 127.3 Ahrensburg, 548	Gutsrechnungen	1790-1795
LAS 127.3 Ahrensburg, 549	Gutsrechnungen	1795-1800
LAS 127.3 Ahrensburg, 550	Gutsrechnungen	1800-1805
LAS 127.3 Ahrensburg, 551	Gutsrechnungen	1806-1810
LAS 127.3 Ahrensburg, 552	Gutsrechnungen	1810-1815
LAS 127.3 Ahrensburg, 553	Gutsrechnungen	1815-1820
LAS 127.3 Ahrensburg, 554	Gutsrechnungen	1820-1823
LAS 127.3 Ahrensburg, 555	Gutsrechnungen	1823-1827
LAS 127.3 Ahrensburg, 556	Gutsrechnungen	1827-1830
LAS 127.3 Ahrensburg, 557	Gutsrechnungen	1830-1833
LAS 127.3 Ahrensburg, 558	Gutsrechnungen	1833-1836
LAS 127.3 Ahrensburg, 559	Gutsrechnungen	1837-1838
LAS 127.3 Ahrensburg, 560	Gutsrechnungen	1838-1839
LAS 127.3 Ahrensburg, 561	Gutsrechnungen	1839-1840
LAS 127.3 Ahrensburg, 562	Gutsrechnungen	1840-1841
LAS 127.3 Ahrensburg, 563	Gutsrechnungen	1841-1845
LAS 127.3 Ahrensburg, 564	Gutsrechnungen	1845-1850
LAS 127.3 Ahrensburg, 566	Gutsrechnungen, Jahresrechnungen	1850-1872
LAS 127.3 Ahrensburg, 565	Gutsrechnungen	1854-1866
LAS 127.3 Ahrensburg, 567	Gutsrechnungen	1870
LAS 127.3 Ahrensburg, 568	Gutsrechnungen	1872
LAS 127.3 Ahrensburg, 569	Gutsrechnungen	1873-1876
LAS 127.3 Ahrensburg, 570	Gutsrechnungen	1875-1877
LAS 127.3 Ahrensburg, 571	Gutsrechnungen	1876-1878

LAS 127.3 Ahrensburg, 573	Belege zu den Gutsrechnungen	1845-1847
LAS 127.3 Ahrensburg, 574	Belege zu den Gutsrechnungen	1852-1871
LAS 127.3 Ahrensburg, 576	Gutsrechnungen, verschiedene Belege	1867-1868
LAS 127.3 Ahrensburg, 500	Rechnungsbuch	1816-1821
LAS 127.3 Ahrensburg, 504	Monatliche Einnahmen und Ausgaben	1854-1870
LAS 127.3 Ahrensburg, 501	Einnahmen und Ausgaben	1862-1869
LAS 127.3 Ahrensburg, 502	Einnahme- und Ausgabebuch der Gutskasse	1895-1913
LAS 127.3 Ahrensburg, 503	Gemeine Anlage Rechnung	1850-1856
LAS 127.3 Ahrensburg, 505	Hebelisten der Gutskasse	1899-1915
LAS 127.3 Ahrensburg, 506	Gutskasse	1906-1928
LAS 127.3 Ahrensburg, 507	Gutskasse	1919
LAS 127.3 Ahrensburg, 508	Gutskassenbelege	1920-1923
LAS 127.3 Ahrensburg, 510	Rechnungen und Belege	o. J.
LAS 127.3 Ahrensburg, 511	Hofkasse	1881-1920
LAS 127.3 Ahrensburg, 391	Gutswirtschaft	1715-1758
LAS 7, 6194	Ahrensburg	1579-1705
LAS 127.3 Ahrensburg, 6	Ankauf Ahrensburgs	1759
LAS 127.3 Ahrensburg, 2	Beschreibung des Gutes	1760
LAS 127.3 Ahrensburg, 17	Gutsinventar	1805
LAS 127.3 Ahrensburg, 3	Beschreibung des Gutes in ökonomischer Hinsicht	1808
LAS 127.3 Ahrensburg, 18	Inventarverzeichnis Ahrensburger Höfe	1909
LAS 127.3 Ahrensburg, 19	Grundbuchsachen	1869-1914
LAS 127.3 Ahrensburg, 20	Grundbuchsachen	1906-1911
LAS 127.3 Ahrensburg, 21	Grundbuchbestand Ahrensburg	1926-1930
LAS 127.3 Ahrensburg, 24	Entweichung von Leibeigenen	1749-1752
LAS 127.3 Ahrensburg, 25	Leibeigenschaft	1761-1795
LAS 127.3 Ahrensburg, 458	Vermessungs- und Feldregister von dem ganzen Hoffelde	1766
LAS 127.3 Ahrensburg, 401	Ackerbau	1766-1915
LAS 127.3 Ahrensburg, 434	Kuhbuch	o. J.
LAS 127.3 Ahrensburg, 438	Bedingungen über Viehverkauf	1776
LAS 127.3 Ahrensburg, 439	Viehwirtschaft der Milchtiere	1776-1906
LAS 127.3 Ahrensburg, 28	Parzellierung der Hoffelder, Vererbpachtung von Wulfsdorf	1784
LAS 127.3 Ahrensburg, 459	Landvermessung	1785-1855
LAS 127.3 Ahrensburg, 460	Vermessungs- und Feldregister	1788
LAS 127.3 Ahrensburg, 29	Beschreibung der auf den Hoffeldern abgelegten Parzellen	1788
LAS 127.3 Ahrensburg, 30	Errichtung freier Erbpachtstellen	1788

LAS 127.3 Ahrensburg, 462	Erdbücher und Vermessungen der Gutsdörfer	1794-1860
LAS 127.3 Ahrensburg, 375	Pachtverträge	1801-1860
LAS 127.3 Ahrensburg, 371	Grundheuer der Gutsuntergehörigen	1802 ff.
LAS 127.3 Ahrensburg, 414	Tagebuch über vorgenommene Arbeiten	1836
LAS 127.3 Ahrensburg, 374	Pachtverträge	1839-1934
LAS 127.3 Ahrensburg, 415	Wirtschaftsbuch	1846-1847
LAS 127.3 Ahrensburg, 441	Tierschau	1857
LAS 127.3 Ahrensburg, 403	Getreideregister	1860-1880
LAS 127.3 Ahrensburg, 376	Pachtungen und Mieten	1878-1889
LAS 127.3 Ahrensburg, 377	Pachtkontrakte	1885-1925
LAS 127.3 Ahrensburg, 539	Pachthebungsregister	1886-1905
LAS 127.3 Ahrensburg, 385	Kontraktentwürfe	1889 ff.
LAS 127.3 Ahrensburg, 539	Pachthebungsregister	1905-1923
LAS 127.3 Ahrensburg, 440	Viehwirtschaft Rindvieh	1910-1917
LAS 127.3 Ahrensburg, 442	Viehwirtschaft Schweine	1910-1911
LAS 127.3 Ahrensburg, 378	Pachtungen und Mieten	1910-1911
LAS 127.3 Ahrensburg, 379	Pacht- und Mietverzeichnisse	1911-1922

LAS 127.3 Ahrensburg, 770	Taxationsprotokoll zur Kriegssteuer	1715
LAS 127.3 Ahrensburg, 454	Erdbuch	1747
LAS 127.3 Ahrensburg, 475	¼-Prozent, 2 Prozent, 1 ⅓-Prozent von Kapitalien und Ländereien	1781-1812
LAS 127.3 Ahrensburg, 472	Rangsteuer	1785-1865
LAS 127.3 Ahrensburg, 466	Steuersachen	1792-1868
LAS 127.3 Ahrensburg, 477	Kollateralabgabe (Erbschaftssteuer)	1794-1867
LAS 127.3 Ahrensburg, 473	Pflugsteuer und Kontribution	1796-1861
LAS 127.3 Ahrensburg, 474	Landsteuer	1799-1865
LAS 127.3 Ahrensburg, 482	Grund- und Benutzungssteuer	1802-1879
LAS 127.3 Ahrensburg, 468	Steuern	1803-1845
LAS 127.3 Ahrensburg, 470	Reichsbankhaft	1813-1867
LAS 127.3 Ahrensburg, 478	Haussteuer	1804-1870
LAS 127.3 Ahrensburg, 813	Mannzahlregister	1809
LAS 127.3 Ahrensburg, 814	Mannzahlregister und Schatzprotokoll	1810 ff.
LAS 127.3 Ahrensburg, 484	Einkommensteuer	1810-1867
LAS 127.3 Prot. (staatl. Bestand), 28	Protokoll über die Erbmassen (für die Halbprozent-Steuer)	1844-1867
LAS 127.3 Ahrensburg, 480	Klassensteuer	1857-1889
LAS 127.3 Ahrensburg, 479	Haussteuer-Register	1858
LAS 127.3 Ahrensburg, 467	Steuersachen	1867-1845
LAS 127.3 Ahrensburg, 481	Kuratelsteuer	1868-1887
LAS 127.3 Ahrensburg, 483	Grund- und Gebäudesteuer	1869-1924
LAS 127.3 Ahrensburg, 485	Einkommensteuer	1875-1922
LAS 127.3 Ahrensburg, 826	Gemeindesteuerlisten	1892-1919
LAS 127.3 Ahrensburg, 496	Staatssteuerrolle	1896-1919

LAS 127.3 Ahrensburg, 22	Feste Einnahmen	19. Jh.
LAS 127.3 Ahrensburg, 22a	Artikelverzeichnisse der Mutterrolle und Flurbücher	1876-1883
LAS 309 Geb. St., 481	Gebäudesteuer	1867
LAS 309 Flur (18), 1	Flurbuch	1877
LAS 127.3 Prot. (staatl. Bestand), 27	Erb- und Abteilungsprotokoll	1883-1867
LAS 127.3 Ahrensburg, 72	Testamente und Nachlässe	1772-1876
LAS 127.3 Ahrensburg, 70	Testamente und Nachlass des Justus Heinrich Degenhardt	1814-1854
LAS 127.3 Ahrensburg, 79	Vormundschaftssachen	1763-1851
LAS 127.3 Ahrensburg, 80	Vormünderprotokolle	1814-1832
LAS 127.3 Prot. (staatl. Bestand), 26	Vormünder-Hauptbuch	1845-1867
LAS 127.3 Ahrensburg, 81	Vormundschaften	1869-1889
LAS 127.3 Ahrensburg, 584	Brandgilden	1760-1849
LAS 127.3 Ahrensburg, 586	Brandkataster	1843-1856
LAS 127.3 Ahrensburg, 582	Brandversicherung	1852-1938
LAS 127.3 Ahrensburg, 585	Adelige Brandgilde	1853
LAS 127.3 Ahrensburg, 583	Brandsachen	1873-1904
LAS 127.3 Ahrensburg, 590	Feuerversicherung	1883-1886
LAS 127.3 Ahrensburg, 816	Namensregister der zum Gut gehörigen Untertanen	1735
LAS 127.3 Ahrensburg, 815	Register sämtlicher Gutsuntertanen	1753-1781
LAS 127.3 Ahrensburg, 817	Einwohnerlisten	1770-1845
LAS 127.3 Ahrensburg, 461	Verzeichnis der Dörfer, Parzellen, Hufen, Katen, Insten- und Familienstellen	1787-1849
LAS 127.3 Ahrensburg, 818	Volkszahllisten	1789-1790
LAS 127.3 Ahrensburg, 820	Volkszahlregister	1803
LAS 412, 406	Volkszähllisten	1803
LAS 127.3 Ahrensburg, 819	Volkszahlregister	1835-1864
LAS 127.3 Ahrensburg, 821	Volks- und Viehzählung	1867-1889
LAS 127.3 Ahrensburg, 822	Volkszählung	1918
LAS 127.3 Ahrensburg, 823	Volkszählung (Zu- und Abgänge)	1919-1920
LAS 127.3 Ahrensburg, 592	Versicherung von Vieh, Mobiliar und landwirtschaftlichen Geräten	1889
LAS 402 A 23, 27	Karte des Gesamtgutes	1797
LAS 402 A 46, 15	Karte und Vermessungsprotokoll von den Ländereien, die an das Vorwerk verpachtet sind	1809

LAS „Fremde Archive" 177, 113	*Liste der Einkommensteuerpflichtigen sowie Einkommen-, Grund- und Gebäude-Steuerbeträge*	*1905*
LAS „Fremde Archive" 177, 115	*Einkommensteuerveranlagung*	*1891-1920*
LAS „Fremde Archive" 177, 116	*Auszüge aus der Zugangsliste zur Einkommensteuer*	*1905-1909*

Ahrensfelde

- Brauner Hirsch

LAS 127.3 Ahrensburg, 457	Feld- und Einteilungsregister	1766
LAS 127.3 Ahrensburg, 350	Grundstücks- und Schuldsachen	1783-1902
LAS 127.3 Ahrensburg, 351	Die Bauernvogtstelle	1783-1796
LAS 66, 391	Besitzungen von Eingesessenen zu Ahrensfelde und Meilsdorf auf der Feldmark der Dorfschaft Braak	1804-1838
LAS 127.3 Ahrensburg, 463	Erdbuch	1859
LAS 309 Geb. St., 483	Gebäudesteuer	1867
LAS 309 Flur (18), 2	Flurbuch	1877
LAS 355.47, 350	Flurbuch	1876-1958
LAS 355.47, 368	Gebäudesteuerrolle	1910-1924
LAS 127.3 Ahrensburg, 69	Testamente und Nachlässe	1759-1858
LAS 127.3 Ahrensburg, 76	Nachlässe	1816-1856
LAS 402 A 23, 30	Karte von Ahrensfelde und dem Meierhoffeld Hagen	1766-1767
LAS 402 A 23, 25	Karte	1797
LAS 402 A 46, 19	Karte von der Feldmark	1859
LAS 402 A 46, 101-110	Katasterkarten M 1:2000	o. J.

Näheres zu den Katasterkarten entnehmen Sie bitte dem gedruckten Findbuch LAS 402 A, Band 3, S. 696 f.

Ammersbek (seit 1978) siehe Bünningstedt, Hoisbüttel

Bagatelle (Meierhof)

- Reeshoop

LAS 127.3 Ahrensburg, 363	Grundstückssachen	1826-1878
LAS 127.3 Ahrensburg, 451	Meierhof Bagatelle	1844-1846

Beimoor (Meierhof)

LAS 127.3 Ahrensburg, 417	Die Höfe	1908-1910
LAS 402 A 23, 33	Karte vom Hoffeld	1745
LAS 402 A 46, 17	Karte und Vermessungsprotokoll von den Ländereien des Meierhofs	1809
LAS 402 A 46, 23	Karte	1862

Beimoor (Erbpachtdistrikt)
- Hansdorferkamp **- Mittelkoppel** **- Neukoppel**

LAS 127.3 Ahrensburg, 520	Rechnungssachen	1926
LAS 127.3 Ahrensburg, 348	Extrakt aus den Kämmereiverträgen betr. Distrikt Land bei Beimoor an Hamburg	1730 ff.
LAS 127.3 Ahrensburg, 349	Grundstückssache Hamburgisch-Beimooor	1759-1914
LAS 127.3 Ahrensburg, 343.1	Grundstücks- und Schuldsachen	1765-1815
LAS 127.3 Ahrensburg, 343.2	Grundstücks- und Schuldsachen	1816-1835
LAS 127.3 Ahrensburg, 344	Grundstückssachen	1808-1842
LAS 127.3 Ahrensburg, 345	Grundstückssachen	1832-1840
LAS 127.3 Ahrensburg, 346	Grundstückssachen	1840-1916
LAS 127.3 Ahrensburg, 347	Rückerwerb zweier Erbpachtstellen	1847-1850
LAS 309 Geb. St., 482	Gebäudesteuer	1867
LAS 309 Flur (18), 12	Flurbuch	1877
LAS 309, 15618	Reallastenablösung	1875
LAS 127.3 Ahrensburg, 75	Nachlässe	1817-1865
LAS 127.3 Ahrensburg, 75	Nachlässe [Mittelkoppel]	1818
LAS 127.3 Ahrensburg, 75	Nachlässe [Neukoppel]	1820-1828
LAS 127.3 Ahrensburg, 63	Konkurse	1772-1834

Bünningstedt
- Bramkamp **- Daheim** **- Heimgarten**
- Rehagen **- Schäferdresch** **- Steenhoop**
- Zu Meilsdorf

LAS 127.3 Ahrensburg, 337	Grundstücks- und Schuldsachen	1790-1909
LAS 127.3 Ahrensburg, 338	Grundstücksakten	1801-1866
LAS 127.3 Ahrensburg, 363	Grundstückssachen	1826-1878
LAS 127.3 Ahrensburg, 465	Erdbuch	1863
LAS 309 Geb. St., 872	Gebäudesteuer	1867
LAS 309 Flur (18), 20	Flurbuch	1877

LAS 127.3 Ahrensburg, 64	Konkurse	1810-1844
LAS 127.3 Ahrensburg, 69	Testamente und Nachlässe	1759-1858
LAS 415, 1208	Karte	1765-1766
LAS 402 A 23, 32	Karte vom Dorffeld mit Timmerhorn	1765-1766
LAS 402 A 46, 12	Karte vom Dorffeld mit Timmerhorn	1792
LAS 402 A 46, 24	Karte von den Feldmarken Bünningstedt und Timmerhorn	1863
LAS 402 A 46, 111-124	Katasterkarten M 1:2000	o. J.

Näheres zu den Katasterkarten entnehmen Sie bitte dem gedruckten Findbuch LAS 402 A, Band 3, S. 697.

Fannyhof (Meierhof)

LAS 127.3 Ahrensburg, 515	Rechnungen	1886-1918
LAS 127.3 Ahrensburg, 339	Grundstücks- und Schuldsachen	1819-1849
LAS 127.3 Ahrensburg, 421	Landwirtschaft	o. J.
LAS 127.3 Ahrensburg, 423	Vorratsbuch	1901-1923
LAS 127.3 Ahrensburg, 420	Milchregister, Verteilungsliste, Inventarbuch, Getreideliste	1909-1931
LAS 127.3 Ahrensburg, 422	Wirtschaftsbücher	1919-1923
LAS 127.3 Ahrensburg, 419	Wochenberichte	1923-1925
LAS 309 Geb. St., 872	Gebäudesteuer	1867
LAS 127.3 Ahrensburg, 76	Nachlässe	1816-1856
LAS 127.3 Ahrensburg, 424	Viehregister	1926-1930

Hagen (Hof)

LAS 127.3 Ahrensburg, 519	Rechnungen	1922-1926
LAS 127.3 Ahrensburg, 335	Grundstücks- und Schuldsachen	1792-1881
LAS 127.3 Ahrensburg, 336	Erbpachtstelle	1788-1882
LAS 127.3 Ahrensburg, 463	Erdbuch	1859
LAS 127.3 Ahrensburg, 426	Vorratsbuch	1901-1922
LAS 127.3 Ahrensburg, 417	Die Höfe	1908-1910
LAS 127.3 Ahrensburg, 418	Wochenberichte	1919-1932
LAS 127.3 Ahrensburg, 432	Wirtschaftsbücher	1920-1922
LAS 309 Geb. St., 483	Gebäudesteuer	1867
LAS 127.3 Ahrensburg, 76	Nachlässe	1816-1856

LAS 127.3 Ahrensburg, 433	Viehregister	1904-1911
LAS 402 A 23, 30	Karte von Ahrensfelde und dem Meierhoffeld Hagen	1766-1767

Kremerberg (Erbpachtdistrikt)

- Langenacker **- Mollrade** **- Reimershorst**

LAS 127.3 Ahrensburg, 362	Grundstückssachen	1800-1910
LAS 127.3 Ahrensburg, 363	Grundstückssachen	1826-1878
LAS 309 Geb. St., 894	Gebäudesteuer	1867
LAS 309 Flur (18), 63	Flurbuch	1877
LAS 127.3 Ahrensburg, 76	Nachlässe	1816-1856
LAS 402 A 46, 125-126	Katasterkarten M 1:2000	o. J.

Näheres zu den Katasterkarten entnehmen Sie bitte dem gedruckten Findbuch LAS 402 A, Band 3, S. 697.

Meilsdorf

- Fleischgaffel **- Neue Fleischgaffel**

LAS 127.3 Ahrensburg, 355	Erbpachtstelle Fleischgaffel	1760-1876
LAS 127.3 Ahrensburg, 353	Grundstückssachen [Fleischgaffel]	1764-1886
LAS 127.3 Ahrensburg, 359	Grundstückssachen	1792-1903
LAS 66, 391	Besitzungen von Eingesessenen zu Ahrensfelde und Meilsdorf auf der Feldmark der Dorfschaft Braak	1804-1838
LAS 309 Geb. St., 902	Gebäudesteuer	1867
LAS 309 Flur (18), 76	Flurbuch	1877
LAS 127.3 Ahrensburg, 69	Testamente und Nachlässe	1759-1858
LAS 402 A 46, 20	Karte mit Fleischgaffel	1859
LAS 402 A 46, 127-134	Katasterkarten M 1:2000	o. J.

Näheres zu den Katasterkarten entnehmen Sie bitte dem gedruckten Findbuch LAS 402 A, Band 3, S. 697.

Meilsdorf (Meierhof 1650–1788)

LAS 127.3 Ahrensburg, 358	Meierhof Meilsdorf	1747-1888
LAS 127.3 Ahrensburg, 356	Hof Meilsdorf	1759
LAS 127.3 Ahrensburg, 357	Grundstücks- und Schuldsachen	1769-1887
LAS 127.3 Ahrensburg, 426	Vorratsbuch	1901-1922

LAS 127.3 Ahrensburg, 417	Die Höfe	1908-1910
LAS 127.3 Ahrensburg, 428	Landwirtschaftliche Wochenberichte	1919-1923
LAS 127.3 Ahrensburg, 425	Wirtschaftsbücher	1920-1923
LAS 127.3 Ahrensburg, 464	Erdbuch	1859
LAS 127.3 Ahrensburg, 427	Viehregister	1920-1923
LAS 402 A 46, 16	Karte und Vermessungsprotokoll von den Ländereien des Meierhofs	1809

Steinkamp (Hof)

LAS 127.3 Ahrensburg, 423	Vorratsbuch	1901-1923
LAS 127.3 Ahrensburg, 417	Die Höfe	1908-1910
LAS 127.3 Ahrensburg, 435	Verteilungsliste	1914-1917
LAS 127.3 Ahrensburg, 436	Landwirtschaftliche Wochenberichte	1918-1923
LAS 127.3 Ahrensburg, 437	Wirtschaftsbücher	1921-1923
LAS 309 Geb. St., 481	Gebäudesteuer	1867

Stellmoor (Hof)
- Eulenkrug

LAS 127.3 Ahrensburg, 360	Grundstückssachen	1784-1874
LAS 127.3 Ahrensburg, 361	Grundstückssachen	1786-1857
LAS 309 Geb. St., 540	Gebäudesteuer	1867
LAS 127.3 Ahrensburg, 76	Nachlässe	1816-1856
LAS 402 A 46, 22	Karte von der Feldmark	1860

Timmerhorn (Erbpachtdistrikt)

LAS 355.3, 797	Grundakte Blatt Nr. 8	o. J.
LAS 355.3, 798	Grundakte Blatt Nr. 10	o. J.
LAS 355.3, 799	Grundakte Blatt Nr. 14	o. J.
LAS 355.3, 800	Grundakte Blatt Nr. 25	o. J.
LAS 355.3, 801	Grundakte Blatt Nr. 26	o. J.
LAS 355.3, 802	Grundakte Blatt Nr. 27	o. J.
LAS 355.3, 803	Grundakte Blatt Nr. 56	o. J.
LAS 127.3 Ahrensburg, 354.1	Grundstücks- und Schuldsachen	1776-1912
LAS 127.3 Ahrensburg, 354.2	Grundstücks- und Schuldsachen	1761-1842

LAS 355.3, 427	Anlegung der Erbhöferolle (Sammelakten)	o. J.
LAS 355.3, 445	Erbhöferollen	o. J.
LAS 127.3 Ahrensburg, 465	Erdbuch	1863
LAS 309 Geb. St., 538	Gebäudesteuer	1867
LAS 355.3, 71	Flurbuch	o. J.
LAS 355.3, 72	Flurbuchanhänge	o. J.
LAS 127.3 Ahrensburg, 63	Konkurse	1772-1834
LAS 127.3 Ahrensburg, 75	Nachlässe	1772-1850
LAS 415, 1208	Karte	1765-1766
LAS 402 A 23, 32	Karte vom Dorffeld mit Timmerhorn	1765-1766
LAS 402 A 46, 12	Karte vom Dorffeld mit Timmerhorn	1792
LAS 402 A 46, 24	Karte von den Feldmarken Bünningstedt und Timmerhorn	1863
LAS 402 A 46, 135-136	Katasterkarten M 1:2000	o. J.

Näheres zu den Katasterkarten entnehmen Sie bitte dem gedruckten Findbuch LAS 402 A, Band 3, S. 697.

Vorwerk

- Altes Posthaus **- Dänenteich** **- Schelenhorst**

LAS 127.3 Ahrensburg, 515	Rechnungen	1904-1905
LAS 127.3 Ahrensburg, 522	Haupt- und Verteilerbuch	1912-1918
LAS 127.3 Ahrensburg, 362	Grundstückssachen	1800-1910
LAS 127.3 Ahrensburg, 364	Grundstückssache Prozess Hinzpeter [Schelenhorst]	1794-1813
LAS 127.3 Ahrensburg, 365	Grundstückssache Joachim Chr. Hinzpeter [Schelenhorst]	1808
LAS 127.3 Ahrensburg, 431	Tagebuch	1896-1916
LAS 127.3 Ahrensburg, 517	Kassen- und Wirtschaftsbücher	1889-1922
LAS 127.3 Ahrensburg, 429	Wochenberichte	1918-1923
LAS 127.3 Ahrensburg, 430	Wirtschaftsbücher	1919-1922
LAS 127.3 Ahrensburg, 76	Nachlässe	1816-1856

Woldenhorn

- Reeshoop **- Resenbüttel**

LAS 127.3 Ahrensburg, 329	Grundstücks- und Schuldsachen	1753-1844
LAS 127.3 Ahrensburg, 330	Grundstücks- und Schuldsachen	1850-1897
LAS 127.3 Ahrensburg, 331	Grundstückssachen	1760-1912
LAS 127.3 Ahrensburg, 456	Feldregister	1764

LAS 127.3 Ahrensburg, 812	Mannzahlregister	1774
LAS 309 Geb. St., 943	Gebäudesteuer	1867
LAS 127.3 Ahrensburg, 62	Konkurse I	1756-1818
LAS 127.3 Ahrensburg, 62	Konkurse II	1820-1854
LAS 127.3 Ahrensburg, 66	Testamente I	1759-1798
LAS 127.3 Ahrensburg, 66	Testamente II	1840-1875
LAS 127.3 Ahrensburg, 67	Testamente	1800-1819
LAS 127.3 Ahrensburg, 68	Testamente und Nachlässe	1820-1838
LAS 402 A 23, 35	Karte	1766-1767
LAS 402 A 23, 36	Karte	1749
StaHH 412-2, 586	*Akte, betr. Verkauf einer Fläche Land in den Auekämpen durch den Vollhufner Hans Hinrich Kröger in Großhansdorf an Johann Heinrich Wittrock zu Ahrensburg*	*1821*
StaHH 412-3, 11906	*Akte, betr. Umschreibung des in Hans Hinrich Krögers Vollhufe auf Paul Hinrich Friedrich Steinbocks Namen stehenden Postens an Hans Hinrich Möller in Schmalenbeck bzw. J. Klindt in Ahrensburg*	*1830-1839*

Wulfsdorf (Meierhof bis 1784)

- Dreililien **- Heidschlag** **- Stadt Kiel**

- Wulfsdorferhof

LAS 127.3 Ahrensburg, 340	Hof Wulfsdorf	1635-1834
LAS 127.3 Ahrensburg, 28	Parzellierung der Hoffelder, Vererbpachtung von Wulfsdorf	1784
LAS 127.3 Ahrensburg, 342	Berechnung über den Zergliederungsplan des Meierhofes	1788
LAS 127.3 Ahrensburg, 341.1	Grundstücks- und Schuldsachen	1792-1829
LAS 127.3 Ahrensburg, 341.2	Grundstücks- und Schuldsachen	1830-1875
LAS 127.3 Ahrensburg, 465	Erdbuch	1863
LAS 309 Geb. St., 540	Gebäudesteuer	1867
LAS 309 Flur (18), 150	Flurbuch	1877
LAS 127.3 Ahrensburg, 64	Konkurse	1810-1844
LAS 127.3 Ahrensburg, 69	Testamente und Nachlässe	1759-1858
LAS 402 A 23, 28	Karte von der Feldmark	1860
LAS 402 A 46, 137-146	Katasterkarten M 1:2000	o. J.

Näheres zu den Katasterkarten entnehmen Sie bitte dem gedruckten Findbuch LAS 402 A, Band 3, S. 698.

Gut Blumendorf

LAS 127.22, 4	SchuPfPr	1846-1884
LAS 127.22, 1	Gerichtsprotokoll, Bd. I	1806-1833
LAS 127.22, 2	Gerichtsprotokoll, Bd. II, mit Register	1834-1852
LAS 127.22, 3	Gerichtsprotokoll, Bd. III, mit Register	1849-1867
LAS 127.22, 5	Kontraktenbuch	1808-1884
LAS 412, 410	Volkszähllisten	1803
LAS 412, 723	Volkszähllisten	1860
LAS 412, 1123	Volkszähllisten	1864

Blumendorf (Hof)

LAS 309 Geb. St., 489	Gebäudesteuer	1867
LAS 309 Flur (18), 15	Flurbuch	1877

Glinde (Meierhof bis 1928)

LAS 111, 143	Der neue Hof zu Glinde	1539-1649
LAS 309 Geb. St., 489	Gebäudesteuer	1867

Wolkenwehe

LAS 309 Geb. St., 539	Gebäudesteuer	1867
LAS 309 Flur (18), 149	Flurbuch	1877

Gut Grabau

LAS 127.25, 3	SchuPfPr	1834-1884
LAS 127.25, 4	SchuPfPr (Nebenbuch)	1828-1882
LAS 127.25, 1	Gerichtsprotokoll, Bd. I	1807-1839
LAS 127.25, 2	Gerichtsprotokoll, Bd. II, mit Register	1840-1866
LAS 412, 729	Volkszähllisten	1860
LAS 412, 1129	Volkszähllisten	1864

Grabau

LAS 309 Geb. St., 499	Gebäudesteuer	1867
LAS 309 Flur (18), 31	Flurbuch	1877

Gut Hohenholz

(Meierhof des Gutes Schulenburg bis 1803, siehe auch S. 209)

LAS 127.28, 1	SchuPfPr (Nebenbuch)	1881-1885
LAS 309 Flur (18), 50	Flurbuch	1877
LAS 412, 734	Volkszähllisten	1860
LAS 412, 1134	Volkszähllisten	1864

Hohenholz

LAS 309 Geb. St., 509	Gebäudesteuer	1867

Gut Hoisbüttel

LAS 127.4, 3	SchuPfPr	1809-1884
LAS 127.4, 4	SchuPfPr (Nebenbuch I)	1809-1877
LAS 127.4, 5	SchuPfPr (Nebenbuch II)	1877-1884
LAS 127.29, 692	Korn- und Geldrechnung mit Belegen	1768-1769
LAS 7, 6263	Hoisbüttel	1600-1697
LAS 8.1, 1191	Hoisbüttel	1754-1768
LAS 412, 420	Volkszähllisten	1803
LAS 412, 735	Volkszähllisten	1860
LAS 412, 1135	Volkszähllisten	1864

Hoisbüttel

- Hunnau **- Laberg** **- Lottbek**

- Schüberg

LAS 309 Geb. St., 507	Gebäudesteuer	1867
LAS 309 Flur (18), 51	Flurbuch	1877

Gut Höltenklinken

LAS 127.26, 1	Gerichtsprotokoll, Bd. I	1806-1834
LAS 127.26, 2	Gerichtsprotokoll, Bd. II, mit Register	1834-1865
LAS 127.26, 3	Kontraktenbuch mit Register	1798-1883
LAS 7, 6261	Höltenklinken	1578-1699

LAS 412, 419	Volkszähllisten	1803
LAS 412, 733	Volkszähllisten	1860
LAS 412, 1133	Volkszähllisten	1864

Höltenklinken
- Sensenmühle

LAS 309 Geb. St., 890	Gebäudesteuer	1867
LAS 309 Flur (18), 48	Flurbuch	1877

Gut Jersbek

vgl. auch Gut Stegen (S. 209)

LAS 127.29, 448	Errichtung des SchuPfPr	1784-1799
LAS 127.29, 450	Beilagen zum SchuPfPr	1787-1809

LAS 127.29, 339	Gutsrechnungen, Hauptbuch	1854-1856
LAS 127.29, 340	Hauptbuch	1856-1858
LAS 127.29, 341	Hauptbuch	1858-1860
LAS 127.29, 342	Hauptbuch	1860-1862
LAS 127.29, 343	Hauptbuch	1862-1864
LAS 127.29, 344	Hauptbuch	1864-1866
LAS 127.29, 345	Hauptbuch	1866-1868
LAS 127.29, 346	Hauptbuch	1868-1870
LAS 127.29, 347	Hauptbuch	1870-1872
LAS 127.29, 348	Hauptbuch	1872-1874
LAS 127.29, 349	Hauptbuch	1874-1876
LAS 127.29, 350	Hauptbuch	1876-1878
LAS 127.29, 351	Hauptbuch	1878-1880
LAS 127.29, 352	Hauptbuch	1880-1882
LAS 127.29, 353	Hauptbuch	1882-1884
LAS 127.29, 354	Hauptbuch	1884-1886
LAS 127.29, 355	Hauptbuch	1886-1888
LAS 127.29, 356	Hauptbuch	1888-1890
LAS 127.29, 357	Hauptbuch	1890-1892
LAS 127.29, 358	Hauptbuch	1892-1894
LAS 127.29, 359	Hauptbuch	1894-1896
LAS 127.29, 360	Hauptbuch	1896-1898
LAS 127.29, 361	Hauptbuch	1898-1900
LAS 127.29, 362	Hauptbuch	1900-1902
LAS 127.29, 363	Hauptbuch	1902-1905
LAS 127.29, 364	Hauptbuch	1905-1907
LAS 127.29, 365	Hauptbuch	1907-1909
LAS 127.29, 366	Hauptbuch	1909-1911

LAS 127.29, 367	Hauptbuch	1911-1913
LAS 127.29, 368	Hauptbuch	1913-1915
LAS 127.29, 369	Hauptbuch	1915-1917
LAS 127.29, 370	Hauptbuch	1917-1919
LAS 127.29, 371	Hauptbuch	1919-1921
LAS 127.29, 372	Hauptbuch	1921-1923
LAS 127.29, 373	Hauptbuch	1923-1925
LAS 127.29, 374	Hauptbuch	1925-1929
LAS 127.29, 375	Hauptbuch	1929-1932
LAS 127.29, 376	Hauptbuch	1932-1938
LAS 127.29, 377	Hauptbuch	1938-1942
LAS 127.29, 378	Hauptbuch	1942-1947
LAS 127.29, 380	Journal der Gutskasse (Einnahmen und Ausgaben)	1888-1895
LAS 127.29, 381	Journal der Gutskasse	1909-1918
LAS 127.29, 382	Journal der Gutskasse	1918-1925
LAS 127.29, 383	Journal der Gutskasse	1925-1934
LAS 127.29, 384	Journal der Gutskasse	1934-1944
LAS 355.3, 538	Grundakte Blatt Nr. 1	o. J.
LAS 355.3, 539	Grundakte Blatt Nr. 2	o. J.
LAS 355.3, 540	Grundakte Blatt Nr. 3	o. J.
LAS 355.3, 541	Grundakte Blatt Nr. 6	o. J.
LAS 355.3, 542	Grundakte Blatt Nr. 20	o. J.
LAS 355.3, 543	Grundakte Blatt Nr. 35	o. J.
LAS 355.3, 544	Grundakte Blatt Nr. 48	o. J.
LAS 355.3, 545	Grundakte Blatt Nr. 66	o. J.
LAS 355.3, 546	Grundakte Blatt Nr. 77	o. J.
LAS 355.3, 547	Grundakte Blatt Nr. 79	o. J.
LAS 355.3, 548	Grundakte Blatt Nr. 62	o. J.
LAS 355.3, 549	Grundakte Blatt Nr. 92	o. J.
LAS 355.3, 550	Grundakte Blatt Nr. 95	o. J.
LAS 355.3, 551	Grundakte Blatt Nr. 85	o. J.
LAS 355.3, 552	Grundakte Blatt Nr. 100	o. J.
LAS 355.3, 553	Grundakte Blatt Nr. 97	o. J.
LAS 355.3, 554	Grundakte Blatt Nr. 98	o. J.
LAS 355.3, 555	Grundakte Blatt Nr. 101	o. J.
LAS 355.3, 556	Grundakte Blatt Nr. 102	o. J.
LAS 355.3, 557	Grundakte Blatt Nr. 103	o. J.
LAS 355.3, 558	Grundakte Blatt Nr. 104	o. J.
LAS 355.3, 559	Grundakte Blatt Nr. 105	o. J.
LAS 355.3, 560	Grundakte Blatt Nr. 116	o. J.
LAS 355.3, 561	Grundakte Blatt Nr. 117	o. J.
LAS 355.3, 562	Grundakte Blatt Nr. 119	o. J.
LAS 355.3, 563	Grundakte Blatt Nr. 123	o. J.

LAS 355.3, 564	Grundakte Blatt Nr. 124	o. J.
LAS 355.3, 565	Grundakte Blatt Nr. 125	o. J.
LAS 355.3, 566	Grundakte Blatt Nr. 128	o. J.
LAS 355.3, 567	Grundakte Blatt Nr. 136	o. J.
LAS 355.3, 568	Grundakte Blatt Nr. 142	o. J.
LAS 355.3, 569	Grundakte Blatt Nr. 143	o. J.
LAS 355.3, 570	Grundakte Blatt Nr. 144	o. J.
LAS 355.3, 571	Grundakte Blatt Nr. 146	o. J.
LAS 355.3, 572	Grundakte Blatt Nr. 152	o. J.
LAS 355.3, 573	Grundakte Blatt Nr. 154	o. J.
LAS 355.3, 574	Grundakte Blatt Nr. 160	o. J.
LAS 355.3, 575	Grundakte Blatt Nr. 170	o. J.
LAS 355.3, 576	Grundakte Blatt Nr. 171	o. J.
LAS 355.3, 577	Grundakte Blatt Nr. 174	o. J.
LAS 355.3, 578	Grundakte Blatt Nr. 178	o. J.
LAS 355.3, 579	Grundakte Blatt Nr. 179	o. J.
LAS 355.3, 580	Grundakte Blatt Nr. 180	o. J.
LAS 355.3, 581	Grundakte Blatt Nr. 181	o. J.
LAS 355.3, 582	Grundakte Blatt Nr. 182	o. J.
LAS 355.3, 583	Grundakte Blatt Nr. 183	o. J.
LAS 355.3, 584	Grundakte Blatt Nr. 186	o. J.
LAS 355.3, 585	Grundakte Blatt Nr. 189	o. J.
LAS 355.3, 586	Grundakte Blatt Nr. 194	o. J.
LAS 355.3, 587	Grundakte Blatt Nr. 200	o. J.
LAS 355.3, 588	Grundakte Blatt Nr. 205	o. J.
LAS 355.3, 589	Grundakte Blatt Nr. 210	o. J.
LAS 355.3, 590	Grundakte Blatt Nr. 240	o. J.

LAS 7, 6266	Jersbek	1525-1699
LAS 127.29, 273	Untertanen, Verschiedenes	1669-1703
LAS 127.29, 245	Holländerverträge mit Angehörigen der Familie Davids	1687-1701
LAS 127.29, 247	Schweinemast in den Jersbeker Wäldern	1715
LAS 8.1, 1192	Jersbek	1724-1767
LAS 127.29, 249	Vermessungs- und Feldregister	1751-1760
LAS 127.29, 274	Proclam über sämtliche Schenkungs-, Freiheits- und Erbpachtsbriefe	1770
LAS 127.29, 250	Vermessungs- und Feldregister	1776
LAS 127.29, 254	Baurisse und Kostenanschläge	1778-1846
LAS 127.29, 289	Quittungen von und Liquidationen mit Untergehörigen	1778-1821
LAS 127.29, 451	Kontrakte über neu errichtete Anbauerstellen, Konsense zu Veräußerungen	1804-1874
LAS 127.29, 276	Dienstkontrakt mit sämtlichen, namentlich unterzeichneten Insten	1805

LAS 66, 694	Landwesenssachen	1808-1845
LAS 127.29, 277	Kanonregister	1818-1819
LAS 127.29, 278	Kanonregister	1820
LAS 127.29, 279	Kanonregister und Kontraktenbuch	1822
LAS 127.29, 285	Ernte- und Fuhrdienste	1819-1826
LAS 127.29, 203	Verkauf der Instenkaten und Aufnahme derselben in das Jersbeker Schuld- und Pfandprotokoll	1820-1823
LAS 127.29, 281	Kontraktenbuch (Pacht, Miete, Dienste)	1822-1828
LAS 127.29, 224	Verpachtung des Hofes Jersbek und der zugekauften Stellen	1822-1843
LAS 127.29, 282	Zusammenstellung sämtlicher Pflichten der Untergehörigen	1824
LAS 127.29, 292	Weideberechtigungen von Untergehörigen	1825
LAS 127.29, 283	Pflugtags- und Fuhrregister	1827-1877
LAS 127.29, 286	Hof- und andere Dienste bis zur Reallastenablösung	1830-1879
LAS 127.29, 225	Verpachtung des Hofes Jersbek	1841-1918
LAS 127.29, 305	Torfnutzung der Bauern auf ihren Torfplätzen	1843-1927
LAS 127.29, 287	Lage der Insten und Tagelöhner; darin Verzeichnis der Insten 1853	1848
LAS 127.29, 306	Torftalerlisten	1854-1919
LAS 127.29, 204	Ankauf der Stelle Rotenmoor bei Stegen	1856
LAS 127.29, 231	Verpachtungen	1869-1945
LAS 127.29, 599	Erhebungen über Bodenbenutzung und Ernteerträge	1870-1935
LAS 127.29, 207	Ankauf der Dose'schen Stelle, Verkauf einer Wiese davon und Verpachtung des Restes	1874-1875
LAS 127.29, 308	Ablösung des Torfstichrechts der Untergehörigen	1874-1951
LAS 127.29, 310	Verzichterklärung von Erbpächtern und Anbauern auf kontraktliches Torfstichrecht gegen Fortfall des Torftalers	1881-1912
LAS 127.29, 230	Verpachtungen	1890-1914
LAS 127.29, 226	Verpachtung des Hofes Jersbek an B. Karstens	1918-1928
LAS 127.29, 227	Verpachtung des Hofes Jersbek an Franz Hage	1928-1931
LAS 127.29, 619	Quittungen über gezahlte Kontribution, Magazinkorn, Nahrungs- und Kriegssteuer; darin einige Hausmarken	1712-1782
LAS 127.29, 620	Rangsteuer	1780-1788

LAS 127.29, 623	Decimationssachen	1781-1797
LAS 127.29, 622	Zweiprozent- und 1 1/3 Prozent-Steuer	1809-1812
LAS 127.29, 624	Vier Register über die Grund- und Benutzungssteuer	1813-1850
LAS 127.29, 625	Pflugzahl, Steuerwert und Kontribution	1816-1843
LAS 127.29, 283a	Halbjährliche Hebungsregister über Staatssteuern, Reichsbankzinsen, Kanon, Weidegeld, Torftaler, Lösetorfabgabe	1821-1854
LAS 127.29, 284	Hebungsregister	1829-1843
LAS 127.29, 627	Gebäudesteuer	1867-1920
LAS 127.29, 634	Klassen- und Einkommensteuerveranlagung	1867-1892
LAS 127.29, 635	Klassensteuer: Zu- und Abgangslisten	1867-1883
LAS 127.29, 628	Grundsteuer	1868-1922
LAS 127.29, 636	Klassensteuerrollen	1869-1891
LAS 127.29, 296	Ausführung des Gesetzes betr. Ablösung der Reallasten (Verzeichnis der Reallasten der Untergehörigen)	1873
LAS 309 Flur (18), 56	Flurbuch	1877
LAS 355.3, 35	Flurbuchanhänge	o. J.
LAS 355.3, 38	Gebäudesteuerrolle	o. J.
LAS 355.3, 39	Gebäudesteuerrolle	o. J.
LAS 127.29, 630	Gebäudesteuerrollen	1879
LAS 127.29, 631	Grundsteuerentschädigung	1881-1889
LAS 127.29, 632	Wiederholung der Mutterrolle	1882
LAS 127.29, 637	Klassensteuer	1883-1891
LAS 127.29, 638	Veranlagung zur Einkommensteuer	1886-1892
LAS 127.29, 639	Ab- und Zugänge bei der Einkommens- und Ergänzungssteuer	1892-1920
LAS 127.29, 640	Einkommenssteuerveranlagung	1892-1894
LAS 127.29, 633	Grund- und Gebäudesteuer	1895-1923
LAS 127.29, 469	Testamente, Nachlässe, Auseinandersetzungen, Konkurse, Auktionen, Lit. A-K	1728-1835
LAS 127.29, 470	Testamente, Nachlässe, Auseinandersetzungen, Konkurse, Auktionen, Lit. L-Z	1747-1856
LAS 127.29, 471	Deponierung von Testamenten und Geldern	1828-1868
LAS 355.3, 1115	Testamente und Nachlassregulierungen	1775-1901
LAS 355.3, 1155	Erbscheinsachen Jahrgänge 1880-1907	1887
LAS 355.3, 1154	Verzeichnis der älteren Testamente	1887
LAS 355.3, 1121	Testamente	1866
LAS 355.3, 1122	Testamente	1868
LAS 355.3, 1123	Testamente	1869
LAS 355.3, 1124	Testamente	1870
LAS 355.3, 1125	Testamente	1871
LAS 355.3, 1126	Testamente	1872

LAS 355.3, 1127	Testamente	1873
LAS 355.3, 1128	Testamente	1874
LAS 355.3, 1129	Testamente	1875
LAS 355.3, 1130	Testamente	1876
LAS 355.3, 1131	Testamente	1877
LAS 355.3, 1132	Testamente	1878
LAS 355.3, 1133	Testamente	1879
LAS 355.3, 1134	Testamente	1880
LAS 355.3, 1135	Testamente	1881
LAS 355.3, 1136	Testamente	1882
LAS 355.3, 1137	Testamente	1883
LAS 355.3, 1138	Testamente	1884
LAS 355.3, 1139	Testamente	1885
LAS 355.3, 1140	Testamente	1886
LAS 355.3, 1141	Testamente	1887
LAS 355.3, 1142	Testamente	1888
LAS 355.3, 1143	Testamente	1889
LAS 355.3, 1144	Testamente	1890
LAS 355.3, 1145	Testamente	1891
LAS 355.3, 1146	Testamente	1892
LAS 355.3, 1147	Testamente	1893
LAS 355.3, 1148	Testamente	1894
LAS 355.3, 1149	Testamente	1895
LAS 355.3, 1150	Testamente	1896
LAS 355.3, 1151	Testamente	1897
LAS 355.3, 1152	Testamente	1898
LAS 355.3, 1153	Testamente	1899
LAS 355.3, 1164	Nachlasssachen	1905-1936
LAS 127.29, 468	Vormundschaftssachen	1779-1821
LAS 127.29, 595	Drei Verzeichnisse der leibeigenen Untertanen mit Kindern, Dienstleuten, Altersangaben	1736-1779
LAS 412, 421	Volkszähllisten	1803
LAS 127.29, 596	Volkszählungen	1835-1864
LAS 412, 736	Volkszähllisten	1860
LAS 412, 1136	Volkszähllisten	1864
LAS 127.29, 597	Volks- und Viehzählung	1867
LAS 127.29, 598	Volkszählungen	1871-1925
LAS 415, 1828	Gesamtkarte des Gutes	1741
LAS 415, 1830	Plan vom ganzen Hoffeld	1764-1766
LAS 402 A 39, 9	Drainkarten von den Koppeln des Gutes	19. Jh.

Bargfeld

- Bargfelder Rögen **- Binnenhorst** **- Broklande**
- Gräberkate **- Hohlenrien** **- Lombardei**
- Tonnenteich **- Viertbruch**

LAS 127.29, 454	Stellenakten (Besitzveränderungskontrakte)	1770-1889
LAS 127.29, 462	Besitzwechsel, Konkurse, Proklame	1769-1809
LAS 127.29, 463	Besitzwechsel, Konkurse, Proklame [Broklande]	1733-1800
LAS 127.29, 464	Besitzwechsel, Konkurse, Proklame [Gräberkate]	1775-1806
LAS 127.29, 279	Kanonregister und Kontraktenbuch	1822
LAS 127.29, 291	Vereinbarung der Gutsherrschaft mit den Kätnern und Insten über die Gemeinweide	1824
LAS 127.29, 294	Aufhebung der Gemeinweide im Vierthbruch und Abfindung der Beteiligten	1830
LAS 127.29, 232	Verpachtungen	1847-1934
LAS 127.29, 299	Ablösung der Freiweide; darin Pläne und ältere Vorakten	1876-1895
LAS 127.29, 212	Ankauf der Lüth'schen Wiese in Bargfelder Rögen	1910-1911
LAS 127.29, 218	Verkäufe in Bargfeld	1906-1950
LAS 127.29, 222	Austausch einer Wiese mit Halbhufner C. F. Drews in Viertbruch	1914
LAS 355.3, 414	Anlegung der Erbhöferolle (Sammelakten)	o. J.
LAS 355.3, 432	Erbhöferollen	o. J.
LAS 309 Geb. St., 864	Gebäudesteuer	1867
LAS 355.3, 15	Gebäudesteuerrolle	o. J.
LAS 309 Flur (18), 8	Flurbuch	1877
LAS 355.3, 11	Flurbuchanhänge	o. J.
LAS 355.3, 12	Flurbuch	o. J.
LAS 355.3, 13	Flurbuch	o. J.
LAS 355.3, 14	Flurbuch	o. J.
LAS 127.29, 581	Die Aufnahme des Dorfes in die Allgemeine königliche Brandcasse	1803
LAS 415, 1815	Plan der Feldmark	1753
LAS 402 A 18, 2	Auszug aus der Gemarkungskarte	1882

Bäkmissen (Stellen)

LAS 127.29, 458	Stellenakten (Besitzveränderungskontrakte)	1758-1884
LAS 127.29, 466	Besitzwechsel, Konkurse, Proklame	1775-1813
LAS 127.29, 280	Kanonregister und Kontraktenbuch	1822

Elmenhorst

- Fahrenhorst	**- Hohenbergen**	**- Ilk**
- Lehmkuhl	**- Manhagen**	**- Neuenteich**
- Querblöcken	**- Regelstelle**	**- Scheidekate**
- Siebenbergen		

LAS 355.3, 600	Grundakte Blatt Nr. 7	o. J.
LAS 355.3, 601	Grundakte Blatt Nr. 13	o. J.
LAS 355.3, 602	Grundakte Blatt Nr. 16	o. J.
LAS 355.3, 603	Grundakte Blatt Nr. 20	o. J.
LAS 355.3, 604	Grundakte Blatt Nr. 25	o. J.
LAS 355.3, 605	Grundakte Blatt Nr. 28	o. J.
LAS 355.3, 606	Grundakte Blatt Nr. 31	o. J.
LAS 355.3, 607	Grundakte Blatt Nr. 33	o. J.
LAS 355.3, 608	Grundakte Blatt Nr. 43	o. J.
LAS 355.3, 609	Grundakte Blatt Nr. 44	o. J.
LAS 355.3, 610	Grundakte Blatt Nr. 45	o. J.
LAS 355.3, 611	Grundakte Blatt Nr. 46	o. J.
LAS 355.3, 612	Grundakte Blatt Nr. 47	o. J.
LAS 355.3, 613	Grundakte Blatt Nr. 48	o. J.
LAS 355.3, 614	Grundakte Blatt Nr. 52	o. J.
LAS 355.3, 615	Grundakte Blatt Nr. 63	o. J.
LAS 355.3, 616	Grundakte Blatt Nr. 73	o. J.
LAS 355.3, 617	Grundakte Blatt Nr. 67	o. J.
LAS 355.3, 618	Grundakte Blatt Nr. 72	o. J.
LAS 355.3, 619	Grundakte Blatt Nr. 74	o. J.
LAS 355.3, 620	Grundakte Blatt Nr. 76	o. J.
LAS 355.3, 621	Grundakte Blatt Nr. 78	o. J.
LAS 355.3, 622	Grundakte Blatt Nr. 83	o. J.
LAS 355.3, 623	Grundakte Blatt Nr. 84	o. J.
LAS 355.3, 624	Grundakte Blatt Nr. 85	o. J.
LAS 355.3, 625	Grundakte Blatt Nr. 90	o. J.
LAS 355.3, 626	Grundakte Blatt Nr. 190	o. J.
LAS 355.3, 627	Grundakte Blatt Nr. 221	o. J.
LAS 355.3, 628	Grundakte Blatt Nr. 97	o. J.
LAS 355.3, 629	Grundakte Blatt Nr. 115	o. J.
LAS 355.3, 630	Grundakte Blatt Nr. 130	o. J.
LAS 355.3, 631	Grundakte Blatt Nr. 160	o. J.
LAS 355.3, 632	Grundakte Blatt Nr. 187	o. J.
LAS 355.3, 633	Grundakte Blatt Nr. 302	o. J.
LAS 355.3, 634	Grundakte Blatt Nr. 204	o. J.
LAS 355.3, 635	Grundakte Blatt Nr. 317	o. J.

LAS 127.29, 456	Stellenakten (Besitzveränderungskontrakte)	1773-1889
LAS 127.29, 466	Besitzwechsel, Konkurse, Proklame	1775-1813

LAS 127.29, 395	Verkauf von Mönkenbrook an den Landesherrn, geplante Erwerbung der Elmenhorster Parzellen durch Jersbek; weitere Parzellierung	1786-1792
LAS 127.29, 290	Vergleich zwischen der Gutsherrschaft und den Elmenhorster Insten über die freie Weide	1820-1821
LAS 127.29, 280	Kanonregister und Kontraktenbuch	1822
LAS 127.29, 236	Verpachtung des Mühlenlandes	1822-1935
LAS 127.29, 208	Ankauf von Ländereien beim Neuenteich, Fahrenhorst	1875-1876
LAS 127.29, 237	Verpachtung des Holst'schen Landes beim Neuenteich	1876-1924
LAS 127.29, 213	Kaufangebot für die Bachmann'sche Stelle in Siebenbergen	1904
LAS 127.29, 217	Verkäufe in Elmenhorst	1910-1938
LAS 355.3, 416	Anlegung der Erbhöferolle (Sammelakten)	o. J.
LAS 355.3, 434	Erbhöferollen	o. J.
LAS 309 Geb. St., 876	Gebäudesteuer	1867
LAS 309 Flur (18), 26	Flurbuch	1877
LAS 355.3, 22	Gebäudesteuerrolle	o. J.
LAS 355.3, 19	Flurbuchanhänge	o. J.
LAS 355.3, 20	Flurbuchanhänge	o. J.
LAS 355.3, 21	Flurbuchanhänge	o. J.

LAS 415, 1827	Spezialkarte vom Dorffelde	1751
LAS 415, 1828	Plan der Feldmark	1753

Jersbek

- Allee	**- Barkholzkoppel**	**- Barkholzstücken**
- Brasilien	**- Brunshorst**	**- Fasanenhof**
- Hambergen	**- Hartwigsahl**	**- Hohenhorst**
- Langereihe	**- Oberteich**	**- Pfingsthorst**
- Rugenrade	**- Schlutup**	**- Wiemerskamp**

LAS 355.3, 1064	Grundakte Blatt Nr. 4	o. J.
LAS 355.3, 1065	Grundakte Blatt Nr. 7	o. J.
LAS 355.3, 1066	Grundakte Blatt Nr. 7	o. J.
LAS 355.3, 1067	Grundakte Blatt Nr. 18	o. J.
LAS 355.3, 1068	Grundakte Blatt Nr. 19	o. J.
LAS 355.3, 1069	Grundakte Blatt Nr. 13	o. J.
LAS 355.3, 1070	Grundakte Blatt Nr. 17	o. J.
LAS 355.3, 1071	Grundakte Blatt Nr. 34	o. J.
LAS 355.3, 1072	Grundakte Blatt Nr. 41	o. J.
LAS 355.3, 1073	Grundakte Blatt Nr. 47	o. J.
LAS 355.3, 1074	Grundakte Blatt Nr. 59	o. J.

LAS 355.3, 1075	Grundakte Blatt Nr. 63	o. J.
LAS 355.3, 1076	Grundakte Blatt Nr. 64	o. J.
LAS 355.3, 1077	Grundakte Blatt Nr. 66	o. J.
LAS 355.3, 1078	Grundakte Blatt Nr. 72	o. J.
LAS 355.3, 1079	Grundakte Blatt Nr. 75	o. J.
LAS 355.3, 1080	Grundakte Blatt Nr. 106	o. J.

LAS 127.29, 461	Besitzwechsel, Konkurse, Proklame [Fasanenhof]	1755-1806
LAS 127.29, 459	Besitzwechsel, Konkurse, Proklame	1783-1815
LAS 127.29, 452	Stellenakten (Besitzveränderungskontrakte)	1780-1890
LAS 127.29, 293	Aufgabe von Weideberechtigungen im Wiemerskamper Moor	1829
LAS 127.29, 235	Verpachtungen Wiemerskamp	1846-1948
LAS 127.29, 205	Ankauf und Verpachtung der Stellmacherei in Allee	1857-1935
LAS 127.29, 206	Ankauf und Verpachtung des Fasanenhofs	1862-1876
LAS 127.29, 238	Verpachtung des Fasanenhofes	1873-1938
LAS 127.29, 210	Ankauf der Grimm'schen Schmiedestelle in Allee	1889
LAS 127.29, 211	Ankauf der Schacht'schen Stelle im Oberteich	1909-1910
LAS 127.29, 241	Verpachtung der Halbhufe im Oberteich	1913-1939
LAS 127.29, 215	Landtausch mit Albert Weidenhöfer in Langenreihe	1944-1948
LAS 355.3, 420	Anlegung der Erbhöferolle (Sammelakten)	o. J.
LAS 355.3, 438	Erbhöferollen	o. J.

LAS 309 Geb. St., 511	Gebäudesteuer	1867
LAS 309 Flur (18), 55	Flurbuch	1877
LAS 355.3, 36	Flurbuchanhänge	o. J.
LAS 355.3, 37	Flurbuchanhänge	o. J.
LAS 355.3, 40	Gebäudesteuerrolle	o. J.

Nienwohld

- Nienwohlder Rögen

LAS 355.3, 670	Grundakte Blatt Nr. 21	o. J.
LAS 355.3, 671	Grundakte Blatt Nr. 22	o. J.
LAS 355.3, 672	Grundakte Blatt Nr. 27	o. J.
LAS 355.3, 673	Grundakte Blatt Nr. 30	o. J.
LAS 355.3, 674	Grundakte Blatt Nr. 39	o. J.
LAS 355.3, 675	Grundakte Blatt Nr. 40	o. J.
LAS 355.3, 676	Grundakte Blatt Nr. 46	o. J.
LAS 355.3, 677	Grundakte Blatt Nr. 49	o. J.

LAS 355.3, 678	Grundakte Blatt Nr. 50	o. J.
LAS 355.3, 679	Grundakte Blatt Nr. 53	o. J.
LAS 355.3, 680	Grundakte Blatt Nr. 56	o. J.
LAS 355.3, 681	Grundakte Blatt Nr. 57	o. J.
LAS 355.3, 682	Grundakte Blatt Nr. 59	o. J.
LAS 355.3, 683	Grundakte Blatt Nr. 63	o. J.
LAS 355.3, 684	Grundakte Blatt Nr. 64	o. J.
LAS 355.3, 685	Grundakte Blatt Nr. 69	o. J.
LAS 355.3, 686	Grundakte Blatt Nr. 76	o. J.
LAS 355.3, 687	Grundakte Blatt Nr. 74	o. J.
LAS 355.3, 688	Grundakte Blatt Nr. 78	o. J.
LAS 355.3, 689	Grundakte Blatt Nr. 80	o. J.
LAS 355.3, 690	Grundakte Blatt Nr. 85	o. J.
LAS 355.3, 691	Grundakte Blatt Nr. 88	o. J.
LAS 355.3, 692	Grundakte Blatt Nr. 90	o. J.
LAS 355.3, 693	Grundakte Blatt Nr. 98	o. J.
LAS 355.3, 694	Grundakte Blatt Nr. 102	o. J.
LAS 355.3, 695	Grundakte Blatt Nr. 138	o. J.
LAS 355.3, 1081	Grundakte Blatt Nr. 15	o. J.
LAS 355.3, 1082	Grundakte Blatt Nr. 75	o. J.
LAS 355.3, 1083	Grundakte Blatt Nr. 77	o. J.

LAS 127.29, 246	Verpachtung eines Wohnhauses an den Leinweber Peter Frahm	1696
LAS 127.29, 465	Besitzwechsel, Konkurse, Proklame	1758-1795
LAS 127.29, 455	Stellenakten (Besitzveränderungskontrakte)	1785-1888
LAS 127.29, 457	Stellenakten (Besitzveränderungskontrakte) [Nienwohlder Rögen]	1792-1888
LAS 127.29, 280	Kanonregister und Kontraktenbuch	1822
LAS 127.29, 233	Verpachtungen	1857-1950
LAS 127.29, 302	Ablösung von Weiderechten	1877-1888
LAS 127.29, 219	Verkäufe in Nienwohld	1884-1950
LAS 127.29, 220	Verkauf von 3 ha Moorwiese an den Konditor Carl Appellis	1934
LAS 355.3, 426	Anlegung der Erbhöferolle (Sammelakten)	o. J.
LAS 355.3, 444	Erbhöferollen	o. J.

LAS 309 Geb. St., 522	Gebäudesteuer	1867
LAS 309 Flur (18), 86	Flurbuch	1877
LAS 355.3, 54	Flurbuchanhänge	o. J.
LAS 355.3, 55	Flurbuchanhänge	o. J.
LAS 355.3, 56	Gebäudesteuerrolle	o. J.
LAS 355.3, 57	Gebäudesteuerrolle	o. J.

LAS 127.29, 581	Die Aufnahme des Dorfes in die Allgemeine königliche Brandcasse	1803
LAS 402 A 18, 3	Auszug aus der Gemarkungskarte	1882

Gut Krummbek

(Meierhof des Gutes Schulenburg bis 1803, siehe auch S. 209)

LAS 127.27, 1	Gerichtsprotokoll	1806-1830
LAS 412, 741	Volkszähllisten	1860
LAS 412, 1141	Volkszähllisten	1864

Krummbek

LAS 309 Geb. St., 516	Gebäudesteuer	1867
LAS 309 Flur (18), 65	Flurbuch	1877

Gut Mönkenbrook

(1754–1772 Meierhof des Gutes Jersbek, siehe auch S. 194)

LAS 127.29, 402	Papiere zum SchuPfPr; darin Nebenbuch	1801-1828
LAS 127.29, 420	Landwesenssachen	1759-1867
LAS 127.29, 388	Tausch, Kauf, Vergleiche über Ländereien zwischen Jersbekischen und Mönkenbrooker Untergehörigen	1779-1798
LAS 127.29, 390	Freilassungsbrief für Jacob Krohn und Familie	1781
LAS 127.29, 391	Erbpacht- und Kaufkontrakt	1781-1784
LAS 127.6, 1	Erbpacht- und Häuerkontrakt zwischen der Besitzerin von Mönkenbrook der Frau von Zülow und Franz Sietz über die 16. Mönkenbrooker Parzelle, groß 12 Tonnen, 16 Reichstaler 216 Fuß	1781
LAS 127.6, 2	Erbpachtkontrakt zwischen der Besitzerin von Mönkenbrook der Frau von Zülow und Johann Ricks über ein Stück Land an der Goldkoppel	1782

LAS 127.6, 3	Erbpachtkontrakt zwischen der Frau von Zülow und Joachim Linau über eine Kate mit Kohlhof	1785
LAS 127.6, 4	Erbhäuerkontrakt zwischen der Frau von Zülow und Jacob Offen über eine Kate mit Kohlhof	1785
LAS 127.6, 5	Erbhäuerkontrakt zwischen der Frau von Zülow und Johann Stührwoldt über eine Kate mit Kohlhof	1785
LAS 127.6, 6	Erbhäuerkontrakt zwischen der Frau von Zülow und Johann Martensen über eine Kate mit Kohlhof auf dem Ecksaal	1785
LAS 127.6, 7	Erbhäuerkontrakt zwischen der Frau von Zülow und Jacob Bartelsen über die sogenannte Rellingsche Kate mit Kohlhof	1785
LAS 127.6, 8	Ankauf des Gutes seitens der Landesherrschaft	1785-1790
LAS 66, 3835	Geplanter Ankauf des Gutes vonseiten der Rentekammer	1785-1787
LAS 127.29, 395	Verkauf von Mönkenbrook an den Landesherrn, geplante Erwerbung der Elmenhorster Parzellen durch Jersbek; weitere Parzellierung	1786-1792
LAS 66, 3969	Gut Mönkenbrook	1786-1826
LAS 66, 3970	Gut Mönkenbrook	1786-1826
LAS 66, 3971	Gut Mönkenbrook	1786-1826
LAS 66, 628	Niederlegung des Gutes; Verkauf der Parzellen	1787-1807
LAS 127.6, 9	Verkauf der von der Landesherrschaft erstandenen Erbpachtstelle des wegen rückständiger königlicher Abgaben zum Konkurs gekommenen Erbpächters Kraft an Detlef Krohn	1790-1791
LAS 66, 4508	Gut Mönkenbrook; u. a. Konfirmation von Erbpachtverträgen	1794-1847
LAS 127.6, 15	Betr. die Einsendung eines Verzeichnisses der vorhandenen Familienstellen samt deren Größe und Abgaben	1805

LAS 111, 1672	Verzeichnis der Insten	1702
LAS 111, 1670	Verzeichnis der Insten	1750
LAS 111, 1665	Verzeichnis der Insten	1773-1775
LAS 111, 1666	Verzeichnis der Insten	1775-1780
LAS 111, 1667	Verzeichnis der Insten	1780-1785

LAS 111, 1668	Verzeichnis der Insten	1789-1795
LAS 111, 1669	Verzeichnis der Insten	1796-1800
LAS 111, 1639	Verzeichnis der Insten	1800-1805
LAS 111, 1640	Verzeichnis der Insten	1805-1810
LAS 111, 1641	Verzeichnis der Insten	1810-1816
LAS 111, 1642	Verzeichnis der Insten	1821-1825
LAS 111, 1643	Verzeichnis der Insten	1826-1830
LAS 111, 1644	Verzeichnis der Insten	1831-1836
LAS 111, 1645	Verzeichnis der Insten	1838-1840
LAS 111, 1646	Verzeichnis der Insten	1840-1845
LAS 111, 1647	Verzeichnis der Insten	1845-1847

LAS 127.29, 425	Finanz- und Steuersachen	1776-1860
LAS 127.6, 10	Betr. das Gesuch der Erbpächter N. Niemeyer, J. Linau, P. A. Feldscher, F. S. Sietz, P. Wollgast, C. H. Bestmann und C. Kraft um Verringerung ihres Canons	1789
LAS 127.6, 12	Betr. die von dem Besitzer des Stammhofes Noltingk verlangte Erlegung des Zehnten für ein Kapital von 3218 Reichstaler 33 ¾ Schilling	1789-1792
LAS 127.6, 13	Betr. die von einigen Erbpächtern seither geleisteten Dienste am Hofe Mönkenbrook und Ansetzung derselben zu einer jährlichen Geldabgabe	1790-1793
LAS 127.6, 11	Betr. das Gesuch des Erbpächters G. B. Reiche um eine Anleihe aus Königlicher Kasse von 5000 Mark gegen Entrichtung eines jährlichen Canons von 5 Mark für jede Tonne seiner Ländereien	1792
LAS 127.6, 14	Betr. das Gesuch des Erbpächters Hinr. Gercken um Heruntersetzung des Canons für seine Erbpachtstelle	1795
LAS 127.6, 16	Betr. die ¼-Prozent-Steuer	1801-1809
LAS 127.6, 17	Betr. die Erhebung der Haussteuer	1809
LAS 127.6, 18	Betr. das Gesuch der sämtlichen Erbpächter um Ermäßigung ihrer Abgaben und Steuern	1809
LAS 127.29, 426	Bankhaft (Akten, Register, Quittungen)	1813-1844
LAS 127.29, 625	Pflugzahl, Steuerwert und Kontribution	1816-1843
LAS 309, 3432	Leistungen für das Gut Mönkenbrook	1868-1872
LAS 309, 2639	verschiedene Abgaben wie Grundheuer, Erbpacht etc.	1869-1875
LAS 127.29, 428	Ablösungssachen	1874-1877

Elmenhorst (siehe auch Gut Jersbek)

LAS 127.29, 395	Verkauf von Mönkenbrook an den Landesherrn, geplante Erwerbung der Elmenhorster Parzellen durch Jersbek; weitere Parzellierung	1786-1792
LAS 127.29, 398	Ansagung von Fuhren für die Hufner	1805
LAS 309 Geb. St., 876	Gebäudesteuer	1867

Mönkenbrook

- Bäkmissen **- Bargerhorst** **- Hüls**
- Papenborn **- Rauchshorst** **- Siebenbergen**
- Steinklinken

LAS 355.3, 656	Grundakte Blatt Nr. 7	o. J.
LAS 355.3, 657	Grundakte Blatt Nr. 17	o. J.
LAS 355.3, 658	Grundakte Blatt Nr. 23	o. J.
LAS 355.3, 659	Grundakte Blatt Nr. 24	o. J.
LAS 355.3, 660	Grundakte Blatt Nr. 25	o. J.
LAS 355.3, 661	Grundakte Blatt Nr. 26	o. J.
LAS 355.3, 662	Grundakte Blatt Nr. 30	o. J.
LAS 355.3, 663	Grundakte Blatt Nr. 31	o. J.
LAS 355.3, 664	Grundakte Blatt Nr. 35	o. J.
LAS 355.3, 665	Grundakte Blatt Nr. 37	o. J.
LAS 355.3, 666	Grundakte Blatt Nr. 37	o. J.
LAS 355.3, 667	Grundakte Blatt Nr. 41	o. J.
LAS 355.3, 668	Grundakte Blatt Nr. 57	o. J.
LAS 355.3, 669	Grundakte Blatt Nr. 44	o. J.
LAS 309, 3915	Die Erbpachtsstelle des Erbpächters Johann Friedrich Bendix Krogmann	1867-1870
LAS 309, 3919	Die Erbpachtsstelle des H. H. Lienau	1870
LAS 309, 3921	Die Erbpachtsstelle des Johann Friedrich Schröder	1870
LAS 309 Geb. St., 904	Gebäudesteuer	1867
LAS 309, 15634	Reallastenablösung	1875-1899
LAS 309 Flur (18), 77	Flurbuch	1877
LAS 355.3, 48	Flurbuchanhänge	o. J.
LAS 355.3, 49	Flurbuch	o. J.
LAS 355.3, 51	Flurbuch	o. J.
LAS 355.3, 50	Gebäudesteuerrolle	o. J.

Gut Schulenburg

LAS 127.24, 2	SchuPfPr	1801-1853
LAS 127.24, 3	SchuPfPr	1854-1884
LAS 127.24, 4	SchuPfPr (Nebenbuch Bd. I)	1801
LAS 127.24, 5	SchuPfPr (Nebenbuch Bd. II)	1801-1842
LAS 127.24, 6	SchuPfPr (Nebenbuch Bd. III)	1842-1872
LAS 127.24, 7	SchuPfPr (Nebenbuch Bd. IV)	1872-1882
LAS 127.24, 8	SchuPfPr (Nebenbuch Bd. V)	1882-1885
LAS 127.24, 9	Akten zum SchuPfPr	1833-1858
LAS 127.24, 1	Gerichtsprotokoll	1806-1831
LAS 7, 6356	Schulenburg	1698
LAS 8.1, 1204	Schulenburg	1742-1743
LAS 412, 430	Volkszähllisten	1803
LAS 412, 748	Volkszähllisten	1860
LAS 412, 1148	Volkszähllisten	1864

Schmachthagen
- Hohenholz

LAS 309 Flur (18), 112	Flurbuch	1877

Schulenburg

LAS 309 Flur (18), 114	Flurbuch	1877

Schwienköben
- Kretholz **- Schönbrunn** **- Schulenburgerfeld**

Gut Stegen

vgl. auch Gut Jersbek (S. 194)

Gutsrechnungen: siehe Gut Jersbek

LAS 127.29, 250	Vermessungs- und Feldregister	1776
LAS 127.29, 277	Kanonregister	1818-1819
LAS 127.29, 278	Kanonregister	1820
LAS 127.29, 280	Kanonregister und Kontraktenbuch	1822
LAS 127.29, 228	Verpachtung des Hofes Stegen	1835-1900
LAS 127.29, 204	Ankauf der Stelle Rotenmoor bei Stegen	1856

LAS 127.29, 599	Erhebungen über Bodenbenutzung und Ernteerträge	1870-1935
LAS 127.29, 209	Ankauf der Stelle Schierenhorst	1878
LAS 127.29, 229	Verpachtung des Hofes Stegen	1900-1924
LAS 127.29, 234	Verpachtungen in Schierenhorst	1900-1940
LAS 127.29, 216	Verkäufe	1925-1946
LAS 127.29, 619	Quittungen über gezahlte Kontribution, Magazinkorn, Nahrungs- und Kriegssteuer; darin einige Hausmarken	1712-1782
LAS 127.29, 620	Rangsteuer	1780-1788
LAS 127.29, 623	Decimationssachen	1781-1797
LAS 127.29, 622	Zweiprozent- und 1 1/3 Prozent-Steuer	1809-1812
LAS 127.29, 624	Vier Register über die Grund- und Benutzungssteuer	1813-1850
LAS 127.29, 625	Pflugzahl, Steuerwert und Kontribution	1816-1843
LAS 127.29, 283a	Halbjährliche Hebungsregister über Staatssteuern, Reichsbankzinsen, Kanon, Weidegeld, Torftaler, Lösetorfabgabe	1821-1854
LAS 127.29, 284	Hebungsregister	1829-1843
LAS 127.29, 627	Gebäudesteuer	1867-1920
LAS 127.29, 634	Klassen- und Einkommensteuerveranlagung	1867-1892
LAS 127.29, 635	Klassensteuer: Zu- und Abgangslisten	1867-1883
LAS 127.29, 628	Grundsteuer	1868-1922
LAS 127.29, 636	Klassensteuerrollen	1869-1891
LAS 127.29, 296	Ausführung des Gesetzes betr. Ablösung der Reallasten (Verzeichnis der Reallasten der Untergehörigen)	1873
LAS 127.29, 630	Gebäudesteuerrollen	1879
LAS 127.29, 631	Grundsteuerentschädigung	1881-1889
LAS 127.29, 632	Wiederholung der Mutterrolle	1882
LAS 127.29, 637	Klassensteuer	1883-1891
LAS 127.29, 638	Veranlagung zur Einkommensteuer	1886-1892
LAS 127.29, 639	Ab- und Zugänge bei der Einkommens- und Ergänzungssteuer	1892-1920
LAS 127.29, 640	Einkommenssteuerveranlagung	1892-1894
LAS 127.29, 633	Grund- und Gebäudesteuer	1895-1923
LAS 309 Geb. St., 535	Gebäudesteuer	1867
LAS 309 Flur (18), 121	Flurbuch	1877
LAS 355.3, 62	Flurbuch	o. J.
LAS 355.3, 66	Flurbuch	o. J.
LAS 355.3, 65	Gebäudesteuerrolle	o. J.
LAS 127.29, 595	Drei Verzeichnisse der leibeigenen Untertanen mit Kindern, Dienstleuten, Altersangaben	1736-1779

LAS 412, 421	Volkszähllisten	1803
LAS 127.29, 596	Volkszählungen	1835-1864
LAS 412, 736	Volkszähllisten	1860
LAS 412, 1136	Volkszähllisten	1864
LAS 127.29, 597	Volks- und Viehzählung	1867
LAS 127.29, 598	Volkszählungen	1871-1925
LAS 415, 1828	Gesamtkarte des Gutes Jersbek-Stegen	1741
LAS 415, 1825	Brouillon von der Feldmark	1776
LAS 415, 1807	Karte von dem Hoffelde	1809
LAS 415, 1828	Gesamtkarte des Gutes	1741
LAS 415, 1830	Plan vom ganzen Hoffeld	1764-1766

Stegen

- Bornhorst **- Hude** **- Rotenmoor**
- Schierenhorst

LAS 355.3, 794	Grundakte Blatt Nr. 4	o. J.
LAS 355.3, 795	Grundakte Blatt Nr. 6	o. J.
LAS 355.3, 796	Grundakte Blatt Nr. 6	o. J.
LAS 127.29, 453	Stellenakten (Besitzveränderungskontrakte)	1779-1888
LAS 127.29, 459	Besitzwechsel, Konkurse, Proklame	1783-1815
LAS 355.3, 414	Anlegung der Erbhöferolle (Sammelakten)	o. J.
LAS 355.3, 432	Erbhöferollen	o. J.
LAS 309 Geb. St., 535	Gebäudesteuer	1867
LAS 309 Flur (18), 121	Flurbuch	1877
LAS 355.3, 61	Flurbuchanhänge	o. J.
LAS 355.3, 63	Gebäudesteuerrolle	o. J.
LAS 355.3, 64	Gebäudesteuerrolle	o. J.

Gut Wulksfelde

(1650–1771 Meierhof des Gutes Jersbek, siehe auch S. 194)

LAS 127.29, 429	Verpachtung an Simbertus Conau	1680
LAS 127.29, 430	Verpachtung des Meierhofes Wulksfelde	1757-1770
LAS 127.29, 432	Auseinandersetzungsvertrag anlässlich des Verkaufs	1772
LAS 309, 19384	Auflösung des Gutsbezirks	1928-1935
LAS 127.29, 441	Beitragspflicht zu Landausschuss und extraordinärer Kontribution	1775-1797

LAS 127.29, 625	Pflugzahl, Steuerwert und Kontribution	1816-1843
LAS 355.3, 78	Gebäudesteuerrolle	o. J.

LAS 412, 433	Volkszähllisten	1803
LAS 412, 752	Volkszähllisten	1860
LAS 412, 1152	Volkszähllisten	1864

Ehlersberg

Rade
- Sandfeld

Rethfurth (Meierhof)

Wiemerskamp
- Bültenkrug

Wulksfelde

LAS 355.3, 804	Grundakte Blatt Nr. 2	o. J.
LAS 355.3, 805	Grundakte Blatt Nr. 3	o. J.
LAS 355.3, 806	Grundakte Blatt Nr. 5	o. J.
LAS 355.3, 807	Grundakte Blatt Nr. 11	o. J.
LAS 355.3, 808	Grundakte Blatt Nr. 15	o. J.
LAS 355.3, 809	Grundakte Blatt Nr. 16	o. J.
LAS 355.3, 810	Grundakte Blatt Nr. 18	o. J.
LAS 355.3, 811	Grundakte Blatt Nr. 23	o. J.
LAS 355.3, 812	Grundakte Blatt Nr. 20	o. J.
LAS 355.3, 813	Grundakte Blatt Nr. 29	o. J.
LAS 355.3, 814	Grundakte Blatt Nr. 32	o. J.
LAS 355.3, 815	Grundakte Blatt Nr. 33	o. J.
LAS 355.3, 816	Grundakte Blatt Nr. 36	o. J.
LAS 355.3, 817	Grundakte Blatt Nr. 38	o. J.
LAS 355.3, 818	Grundakte Blatt Nr. 44	o. J.
LAS 355.3, 819	Grundakte Blatt Nr. 49	o. J.
LAS 355.3, 820	Grundakte Blatt Nr. 50	o. J.
LAS 355.3, 821	Grundakte Blatt Nr. 52	o. J.
LAS 355.3, 822	Grundakte Blatt Nr. 55	o. J.
LAS 355.3, 823	Grundakte Blatt Nr. 58	o. J.
LAS 355.3, 824	Grundakte Blatt Nr. 59	o. J.
LAS 355.3, 825	Grundakte Blatt Nr. 61	o. J.
LAS 355.3, 826	Grundakte Blatt Nr. 63	o. J.
LAS 355.3, 827	Grundakte Blatt Nr. 64	o. J.
LAS 355.3, 828	Grundakte Blatt Nr. 78	o. J.
LAS 355.3, 829	Grundakte Blatt Nr. 81	o. J.
LAS 355.3, 830	Grundakte Blatt Nr. 82	o. J.

LAS 355.3, 831	Grundakte Blatt Nr. 86	o. J.
LAS 355.3, 832	Grundakte Blatt Nr. 116	o. J.
LAS 355.3, 833	Grundakte Blatt Nr. 125	o. J.
LAS 355.3, 834	Grundakte Blatt Nr. 126	o. J.
LAS 355.3, 835	Grundakte Blatt Nr. 153	o. J.
LAS 355.3, 429	Anlegung der Erbhöferolle (Sammelakten)	o. J.
LAS 355.3, 447	Erbhöferollen	o. J.
LAS 309 Flur (18), 151	Flurbuch	1877
LAS 355.3, 80	Flurbuch	o. J.
LAS 355.3, 77	Gebäudesteuerrolle	o. J.
LAS 355.3, 79	Gebäudesteuerrolle	o. J.
LAS 355.3, 1089	Flurbuchanhänge	o. J.

Preetzer Güterdistrikt

LAS 50b, 382	SchuPfPr mit Register	1796-1820
LAS 50b, 383	SchuPfPr, Band I, Teil 1 mit Register	1820-1886
LAS 50b, 390	SchuPfPr, II. Distrikt, 2. Band mit Register	1806-1886
LAS 50b, 391	SchuPfPr, II. Distrikt, 3. Band mit Register	1814-1886
LAS 50b, 392	SchuPfPr, II. Distrikt, 4. Band mit Register	1820-1886
LAS 50b, 393	SchuPfPr, II. Distrikt, 5. Band mit Register	1816-1886
LAS 50b, 402	SchuPfPr des Landgerichts, Nebenbuch Bd. 1, pag. 1-1567	1796-1807
LAS 50b, 403	SchuPfPr des Landgerichts, Nebenbuch Bd. 2, pag. 1568-2520	1807-1811
LAS 50b, 404	SchuPfPr des Landgerichts, Nebenbuch Bd. 3, pag. 2521-3378	1811-1812
LAS 50b, 405	SchuPfPr des Landgerichts, Nebenbuch Bd. 4, pag. 3379-4513	1812-1814
LAS 50b, 406	SchuPfPr des Landgerichts, Nebenbuch Bd. 5, pag. 4514-5664	1814-1817
LAS 50b, 407	SchuPfPr des Landgerichts, Nebenbuch Bd. 6, pag. 5665-6664	1817-1821
LAS 50b, 408	SchuPfPr des Landgerichts, Nebenbuch Bd. 7, pag. 6665-8088	1821-1827
LAS 50b, 409	SchuPfPr des Landgerichts, Nebenbuch Bd. 8, pag. 8089-9030	1827-1830
LAS 50b, 410	SchuPfPr des Landgerichts, Nebenbuch Bd. 9, pag. 9031-10130	1830-1833

LAS 50b, 411	SchuPfPr des Landgerichts, Nebenbuch Bd. 10, pag. 10131-11181	1833-1839
LAS 50b, 412	SchuPfPr des Landgerichts, Nebenbuch Bd. 11, pag. 11182-12230	1839-1844
LAS 50b, 413	SchuPfPr des Landgerichts, Nebenbuch Bd. 12, pag. 12231-13096	1844-1851
LAS 50b, 414	SchuPfPr des Landgerichts, Nebenbuch Bd. 13, pag. 13097-14021	1851-1857
LAS 50b, 415	SchuPfPr des Landgerichts, Nebenbuch Bd. 14, pag. 14022-14947	1857-1861
LAS 50b, 416	SchuPfPr des Landgerichts, Nebenbuch Bd. 15, pag. 14948-15907	1861-1867
LAS 50b, 417	SchuPfPr des Landgerichts, Nebenbuch Bd. 16, pag. 15908-16886	1867-1871
LAS 50b, 418	SchuPfPr des Landgerichts, Nebenbuch Bd. 17, pag. 16887-17900	1871-1875
LAS 50b, 419	SchuPfPr des Landgerichts, Nebenbuch Bd. 18, pag. 17901-18625	1875-1879
LAS 50b, 420	SchuPfPr des Landgerichts, Nebenbuch Bd. 19, pag. 18626-19390	1879-1885
LAS 50b, 421	SchuPfPr des Landgerichts, Nebenbuch Bd. 20, pag. 19391-19492	1885-1886

LAS 66, 5932	Landsteuer-Register	1803
LAS 66, 5324	Haussteuer	1803-1844
LAS 66, 7166	Mannzahl- und Schatzprotokolle zur Einkommensteuer	1810
LAS 66, 7167	Mannzahl- und Schatzprotokolle zur Einkommensteuer	1811
LAS 152, 41	Mannzahl- und Schatzprotokoll	1811
LAS 152, 42	Mannzahl- und Schatzprotokoll	1811
LAS 66, 2000	Hebungsregister der 1 ⅓-Prozent-Steuer vom Wert urbarer Ländereien	1811-1812
LAS 66, 5989	Berechnung der 1 ⅓-Prozent-Abgabe vom Wert urbarer Ländereien	1811
LAS 152, 43	Mannzahl- und Schatzprotokoll	1812
LAS 66, 7168	Mannzahl- und Schatzprotokolle zur Einkommensteuer	1812
LAS 66, 5930	Landsteuer-Register	1813
LAS 152, 44	Mannzahl- und Schatzprotokoll	1813
LAS 66, 7169	Mannzahl- und Schatzprotokolle zur Einkommensteuer	1813-1814
LAS 152, 45	Mannzahl- und Schatzprotokoll	1814
LAS 66, 948.2	Halbprozent-Steuerlisten	1843
LAS 66, 6135	Verzeichnisse der Halbprozent-Steuerfälle	1844

LAS 355 Preetz, 48	Ablösung von Reallasten	1875
LAS 355 Preetz, 49	Ablösung von Reallasten	1876-1877
LAS 355 Preetz, 50	Ablösung von Reallasten	1877-1879
LAS 355 Preetz, 51	Ablösung von Reallasten	1878-1886
LAS 355 Preetz, 52	Ablösung von Reallasten	1887-1902
LAS 355 Preetz, 27	Testamente, Buchstabe A-W	1867-1890
LAS 355 Preetz, 29	Verfahren auf Erteilung einer Erbbescheinigung	1870-1878
LAS 355 Preetz, 30	Verfahren auf Erteilung einer Erbbescheinigung	1888-1898
LAS 355 Preetz, 31	Verfahren auf Erteilung einer Erbbescheinigung	1892-1895
LAS 355 Preetz, 32	Nachlass-Sammelakten, Buchstabe A	1879-1892
LAS 355 Preetz, 33	Nachlass-Sammelakten, Buchstabe D	1876-1896
LAS 355 Preetz, 34	Nachlass-Sammelakten, Buchstabe E	1876-1889
LAS 355 Preetz, 35	Nachlass-Sammelakten, Buchstabe F	1878-1890
LAS 355 Preetz, 36	Nachlass-Sammelakten, Buchstabe G	1876-1888
LAS 355 Preetz, 37	Nachlass-Sammelakten, Buchstabe H	1876-1893
LAS 355 Preetz, 38	Nachlass-Sammelakten, Buchstabe J	1876-1888
LAS 355 Preetz, 39	Nachlass-Sammelakten, Buchstabe K	1876-1893
LAS 355 Preetz, 40	Nachlass-Sammelakten, Buchstabe L	1875-1895
LAS 355 Preetz, 41	Nachlass-Sammelakten, Buchstabe M	1876-1890
LAS 355 Preetz, 42	Nachlass-Sammelakten, Buchstabe N	1876-1881
LAS 355 Preetz, 43	Nachlass-Sammelakten, Buchstabe P	1876-1888
LAS 355 Preetz, 44	Nachlass-Sammelakten, Buchstabe R	1876-1896
LAS 355 Preetz, 45	Nachlass-Sammelakten, Buchstabe T	1877-1894
LAS 355 Preetz, 46	Nachlass-Sammelakten, Buchstabe V	1878-1891
LAS 355 Preetz, 47	Nachlass-Sammelakten, Buchstabe W	1876-1896
LAS 355 Preetz, 107	Nachlass-Sachen	1869
LAS 355 Preetz, 108	Nachlass-Sachen	1873-1875
LAS 415, 5417	Volkszähllisten	1835
LAS 415, 5440	Volkszähllisten	1840
LAS 415, 5441	Volkszähllisten	1840
LAS 415, 5474	Volkszähllisten	1845
LAS 415, 5540	Volkszähllisten	1855
LAS 320 Segeberg, 82	Volkszählungen	1880-1890

Gut Fresenburg

LAS 125.25, 1	SchuPfPr	1829-1884
LAS 125.25, 2	SchuPfPr (Nebenbuch)	1808-1885
LAS 125.25, 4	Akten über die Eigentumsverhältnisse und zum SchuPfPr für die Dörfer des Gutes	19. Jh.
LAS 125.25, 3	Gerichtsprotokoll	1793-1804
LAS 7, 6313	Fresenburg	1640-1711
LAS 65.1, 591	Fresenburg	1700
LAS 412, 355	Volkszähllisten	1803
LAS 412, 660	Volkszähllisten	1860
LAS 412, 1060	Volkszähllisten	1864

Fresenburg

LAS 309 Geb. St., 784	Gebäudesteuer	1867
LAS 309 Flur (18), 5	Flurbuch	1877

Neu-Fresenburg (Meierhof bis 1928)

LAS 309 Geb. St., 785	Gebäudesteuer	1867
LAS 309 Flur (18), 81	Flurbuch	1877

Poggensee
- Butterberg **- Neuerkrug** **- Renzel**
- Vogelsang

LAS 309 Geb. St., 807	Gebäudesteuer	1867
LAS 309 Flur (18), 97	Flurbuch	1877

Schadehorn (Meierhof bis 1928)

LAS 309 Geb. St., 817	Gebäudesteuer	1867

Seefeld
- Lurup

LAS 309 Geb. St., 821	Gebäudesteuer	1867
LAS 309 Flur (18), 115	Flurbuch	1877

Gut Nütschau

LAS 125.6, 10	SchuPfPr für die Erbpächter auf dem Hoffeld	1790-1884
LAS 125.6, 11	SchuPfPr für die Erbpächter auf dem Hoffeld, Kopiebuch	1786-1853
LAS 125.6, 12	SchuPfPr für die Erbpächter auf dem Hoffeld, Kopiebuch	1854-1883
LAS 355.40, 1	Abschrift des Grundbuchs	nach 1916
LAS 125.6, 3	Gerichtsprotokoll	1777-1791
LAS 125.6, 4	Gerichtsprotokoll	1795-1800
LAS 125.6, 4a	Gerichtsprotokoll	1795-1797
LAS 125.6, 5	Gerichtsprotokoll	1797-1805
LAS 65.1, 635	Nütschau	1598
LAS 7, 6313	Nütschau	1640-1711
LAS 65.1, 636	Nütschau	1645-1648
LAS 8.1, 1196	Nütschau; u. a. Pflugzahl des Gutes	1741-1757
LAS 125.6, 6	Erbpachtverträge und Register der zum Gut gehörenden Erbpachtstellen	1754-1789
LAS 125.6, 7	Beschreibung, Anschlag und Verkaufsbedingungen des Gutes mit Archivinventar	1791
LAS 125.6, 8	Vermessungsprotokoll über die Hofländereien	1806
LAS 125.6, 21	Hebungsbuch über den Kanon der Erbpächter	1855-1876
LAS 125.6, 22	Hebungsbuch über die landesherrlichen und Kommunalabgaben	1859-1877
LAS 412, 364	Volkszähllisten	1803
LAS 412, 669	Volkszähllisten	1860
LAS 412, 1070	Volkszähllisten	1864

Nütschau
- Nütschauerfeld

LAS 309 Geb. St., 805	Gebäudesteuer	1867
LAS 309 Flur (18), 87	Flurbuch	1877

Sühlen

LAS 125.6, 17	SchuPfPr	1800-1884
LAS 125.6, 18	SchuPfPr, Kopiebuch	1791-1831

LAS 125.6, 15	SchuPfPr, Kopiebuch	1831-1865
LAS 125.6, 16	SchuPfPr, Kopiebuch	1865-1883
LAS 309 Geb. St., 824	Gebäudesteuer	1867

Vinzier

LAS 125.6, 13	SchuPfPr	1792-1884
LAS 125.6, 14	SchuPfPr, Kopiebuch	1778-1837
LAS 125.6, 15	SchuPfPr, Kopiebuch	1837-1875
LAS 125.6, 16	SchuPfPr, Kopiebuch	1875-1883
LAS 309 Geb. St., 829	Gebäudesteuer	1867
LAS 309 Flur (18), 140	Flurbuch	1877

Gut Tralau

LAS 125.23, 2	SchuPfPr	1854-1884
LAS 125.23, 3	SchuPfPr, Nebenbuch	1784-1885
LAS 125.23, 4	Akten zum SchuPfPr	1854 ff.
LAS 125.23, 1	Gerichtsprotokoll	1801-1806
LAS 7, 6373	Tralau	1664-1680
LAS 309 Flur (18), 134	Flurbuch	1877
LAS 412, 373	Volkszähllisten	1803
LAS 412, 680	Volkszähllisten	1860
LAS 412, 1080	Volkszähllisten	1864

Neverstaven
- Heist **- Triangel**

LAS 309 Geb. St., 804	Gebäudesteuer	1867
LAS 309 Flur (18), 84	Flurbuch	1877

Neverstaven (Meierhof bis 1896)
- Heideteich **- Klingberg** **- Ziegelkate**

Tralau

LAS 309 Geb. St., 825	Gebäudesteuer	1867
LAS 309 Flur (18), 134	Flurbuch	1877

Travenbrück (seit 1978) siehe Neverstaven, Nütschau, Schlamersdorf, Sühlen, Tralau, Vinzier

Kanzleigüter

LAS 400.5, 436	Alphabetisches Verzeichnis der Kanzleigüter mit Angaben über Größe, Zubehör, Besitzer, Preise etc.	um 1825
LAS 66, 5932	Landsteuerregister	1803
LAS 66, 1999	Landsteuer-Register	1802-1808
LAS 66, 5931	Landsteuerregister	1813
LAS 66, 948.1	Halbprozent-Steuerlisten	1843
LAS 66, 948.2	Halbprozent-Steuerlisten	1843
LAS 66, 6135	Verzeichnisse der Halbprozent-Steuerfälle	1844
LAS 415, 5419	Volkszähllisten	1835
LAS 415, 5444	Volkszähllisten	1840
LAS 415, 5525	Volkszähllisten	1845
LAS 415, 5543	Volkszähllisten	1855

Gut Silk

LAS 8.2, 1004	Das Gut im Besitz des Hinrich Lutterloh, bzw. des Johann Ludwig Dorrien	1722-1752
LAS 8.2, 1005	Das Gut im Besitz des Justizrats Paschen Edler von Kossel, und der Verkauf des Guts an Hinrich Matthias Wegener und von diesem an die Generalin Eleonore Artemisia de Cheusses, sowie die von den Kaufsummen geforderte Decimation	1756-1769
LAS 8.2, 1006	Das Gut im Besitz der Generalin des Cheusses, geb. de Monroy	1765-1778
LAS 50b, 251	Betr. Konfirmation des dem Gute verliehenen privilegil jurisdictionis u. exemtionis von der Amtsgerichtsbarkeit; die verschiedenen Besitzwechsel von de Cheusses bis auf v. Alten	1783-1867
LAS 309, 2658	verschiedene Abgaben wie Grundheuer, Erbpacht etc.	1870-1873
LAS 309, 2659	verschiedene Abgaben wie Grundheuer, Erbpacht etc.	1870-1873
LAS 309, 15669	Reallastenablösung	1879
LAS 412, 442a	Volkszähllisten	1803
LAS 412, 767	Volkszähllisten	1860

Schönningstedt

LAS 111, 207	Beschreibungen der Amtsdörfer Barsbüttel, Stapelfeld, Braak, Siek, Langelohe, Stellau, Willinghusen, Stemwarde, Schönningstedt	1765
LAS 309 Geb. St., 922	Gebäudesteuer	1867
LAS 309, 15617	Reallastenablösung	1875-1884
LAS 309 Flur (18), 113	Flurbuch	1877
LAS 402 A 3, 181a	Feldriss einer Heidekoppel	1815
LAS 415, 114	Karte	1777-1786
LAS 402 A 18, 1	Grundsteuergemarkungskarte	1884

Silk

LAS 7, 6367	Silk	1608-1712
LAS 111, 128	Entstehung des Gutes und seine Besitzer; Band 1	1608-1695
LAS 8.1, 1206	Der Hof Silk im Besitze des Heinrich Lutterloh zu Hamburg	1691-1743
LAS 111, 129	Das Gut Silk im Besitz von Heinrich Lutterloh	1725-1738
LAS 8.1, 1207	Der Hof Silk im Besitz des Kaufmanns Johann Ludwig zu Hamburg	1747-1752
LAS 111, 130	Das Gut Silk im Besitz des Justizrats Paschen von Cossel und des Hinrich Matthias Wegener	1756-1759
LAS 8.1, 1209	Der Hof Silk im Besitz des Justizrates v. Cossel	1757-1758
LAS 8.1, 1210	Der Hof Silk im Besitz des Hinrich Mathias Wegener bzw. der Generalin Eleonore Artemisia de Cheusses, geb. de Monroy	1765-1771
LAS 111, 131	Das Gut Silk im Besitz der Generalin Eleonore Artemisia de Cheusses, geborene de Monroy	1765-1786
LAS 66, 4635	Kanzleigut Silk	1773-1824
LAS 66, 602	Setzungen und Landüberlassungen	1774-1799
LAS 66, 5510	Abfindung des Kanzleiguts Silk aus der Schönningstedter Gemeinheit	1782-1820
LAS 111, 132	Entstehung des Gutes und seine Besitzer; Band 2	1787-1831

LAS 66, 525	Landaustausch zwischen dem Besitzer des Kanzleigutes Silk, Johann Mescher Hesse, und dem Großkätner Nicolaus Jennfeldt zu Schönningstedt	1826-1834
LAS 66, 5991	Berechnung der 1 ⅓-Prozent-Abgabe vom Wert urbarer Ländereien	1811
LAS 309 Geb. St., 534	Gebäudesteuer	1867
LAS 309 Geb. St., 922	Gebäudesteuer	1867

Gut Tangstedt

LAS 127.3 Ahrensburg, 809	Verwaltung des Kanzleiguts Tangstedt durch Ahrensburg	1860-1881
LAS 129.5, 1	SchuPfPr I	1800-1884
LAS 129.5, 2	SchuPfPr II	1866-1884
LAS 129.5, 3	Kontraktenprotokoll (= Nebenbuch) IX	1808-1819
LAS 129.5, 4	Kontraktenprotokoll (= Nebenbuch) X	1819-1828
LAS 129.5, 5	Kontraktenprotokoll (= Nebenbuch) XI	1829-1835
LAS 129.5, 6	Kontraktenprotokoll (= Nebenbuch) XII	1835-1841
LAS 129.5, 7	Kontraktenprotokoll (= Nebenbuch) XIII	1841-1847
LAS 129.5, 8	Kontraktenprotokoll (= Nebenbuch) XIV	1847-1855
LAS 129.5, 9	Kontraktenprotokoll (= Nebenbuch) XV	1855-1857
LAS 129.5, 10	Kontraktenprotokoll (= Nebenbuch) XVI	1857-1861
LAS 129.5, 11	Kontraktenprotokoll (Obligationen) XVII	1861-1864
LAS 129.5, 12	Kontraktenprotokoll (= Nebenbuch) XVIII	1861-1864
LAS 129.5, 13	Kontraktenprotokoll (= Nebenbuch) XIX	1864-1868
LAS 129.5, 14	Kontraktenprotokoll (Obligationen) XX	1864-1867
LAS 129.5, 15	Kontraktenprotokoll (= Nebenbuch) XXI	1867
LAS 129.5, 16	Kontraktenprotokoll (= Nebenbuch) XXII	1868-1872
LAS 129.5, 17	Kontraktenprotokoll (= Nebenbuch) XXIII	1872-1874
LAS 129.5, 18	Kontraktenprotokoll (= Nebenbuch) XXIV	1875-1877
LAS 129.5, 19	Kontraktenprotokoll (= Nebenbuch) XXV	1877-1880
LAS 129.5, 20	Kontraktenprotokoll (= Nebenbuch) XXVI	1880-1883
LAS 129.5, 21	Kontraktenprotokoll (= Nebenbuch) XXVII	1880-1883
LAS 129.5, 22	Kontraktenprotokoll (= Nebenbuch) XXVII (Forts.)	1884-1887
LAS 129.5, 34	Gerichtsprotokoll	1776-1785
LAS 129.5, 23	Gerichtsprotokoll	1851-1863
LAS 129.5, 24	Gerichtsprotokoll	1863-1867
LAS 7, 5253	Vorwerk zu Tangstedt	1571-1708

LAS 25, 285	Landwesenssachen	18. Jh.
LAS 25, 339	Landwesenssachen	18. Jh.
LAS 66, 6196	Landveräußerungen	1841-1847
LAS 309, 3972	Das Kanzleigut Tangstedt	1872-1907
LAS 25, 363	Erdbuch	o. J.
LAS 152, 21	Steuerregulierung und Steuerregister	1803-1804
LAS 129.5, 28	Protokoll über die Erbmassen (Halbprozent-Steuer)	1841-1867
LAS 309 Geb. St., 1076	Gebäudesteuer	1867
LAS 309 Flur (18), 129	Flurbuch	1877
LAS 129.5, 25	Vormünder-Hauptbuch	1835-1862
LAS 129.5, 26	Vormünder-Hauptbuch	1862-1867
LAS 129.5, 27	Vormünder-Hauptbuch (Nebenbuch)	1835-1867
LAS 129.5, 29	Verzeichnis aller Familienstellen (Größe, Abgaben, Dienste u. a.)	1805
LAS 412, 442	Volkszähllisten	1803
LAS 415, 5419	Volkszähllisten	1835
LAS 415, 5444	Volkszähllisten	1840
LAS 415, 5525	Volkszähllisten	1845
LAS 415, 5543	Volkszähllisten	1855
LAS 412, 768	Volkszähllisten	1860
LAS 412, 1168	Volkszähllisten	1864
LAS 320 Segeberg, 82	Volkszählungen	1880-1890

Tangstedt

- Fahrenhorst **- Kringel**

LAS 309 Geb. St., 1077	Gebäudesteuer	1867
LAS 309 Flur (18), 129	Flurbuch	1877

Wilstedt

LAS 129.5, 1	SchuPfPr I	1800-1884
LAS 129.5, 2	SchuPfPr II	1866-1884
LAS 129.5, 3	Kontraktenprotokoll (= Nebenbuch) IX	1808-1819
LAS 129.5, 4	Kontraktenprotokoll (= Nebenbuch) X	1819-1828
LAS 129.5, 5	Kontraktenprotokoll (= Nebenbuch) XI	1829-1835
LAS 129.5, 6	Kontraktenprotokoll (= Nebenbuch) XII	1835-1841
LAS 129.5, 7	Kontraktenprotokoll (= Nebenbuch) XIII	1841-1847
LAS 129.5, 8	Kontraktenprotokoll (= Nebenbuch) XIV	1847-1855
LAS 129.5, 9	Kontraktenprotokoll (= Nebenbuch) XV	1855-1857
LAS 129.5, 10	Kontraktenprotokoll (= Nebenbuch) XVI	1857-1861

LAS 129.5, 11	Kontraktenprotokoll (Obligationen) XVII	1861-1864
LAS 129.5, 12	Kontraktenprotokoll (= Nebenbuch) XVIII	1861-1864
LAS 129.5, 13	Kontraktenprotokoll (= Nebenbuch) XIX	1864-1868
LAS 129.5, 14	Kontraktenprotokoll (Obligationen) XX	1864-1867
LAS 129.5, 15	Kontraktenprotokoll (= Nebenbuch) XXI	1867
LAS 129.5, 16	Kontraktenprotokoll (= Nebenbuch) XXII	1868-1872
LAS 129.5, 17	Kontraktenprotokoll (= Nebenbuch) XXIII	1872-1874
LAS 129.5, 18	Kontraktenprotokoll (= Nebenbuch) XXIV	1875-1877
LAS 129.5, 19	Kontraktenprotokoll (= Nebenbuch) XXV	1877-1880
LAS 129.5, 20	Kontraktenprotokoll (= Nebenbuch) XXVI	1880-1883
LAS 129.5, 21	Kontraktenprotokoll (= Nebenbuch) XXVII	1880-1883
LAS 129.5, 22	Kontraktenprotokoll (= Nebenbuch) XXVII (Forts.)	1884-1887
LAS 7, 5253	Vorwerk zu Tangstedt	1571-1708
LAS 8.1, 1213	Tangstedt	1699-1756
LAS 25, 285	Landwesenssachen	18. Jh.
LAS 25, 339	Landwesenssachen	18. Jh.
LAS 66, 6196	Landveräußerungen	1841-1847
LAS 25, 363	Erdbuch	o. J.
LAS 152, 21	Steuerregulierung und Steuerregister	1803-1804
LAS 66, 2000	Hebungsregister der 1 ⅓-Prozent-Steuer vom Wert urbarer Ländereien	1811-1812
LAS 129.5, 28	Protokoll über die Erbmassen (Halbprozent-Steuer)	1841-1867
LAS 309 Geb. St., 1085	Gebäudesteuer	1867
LAS 309 Flur (18), 147	Flurbuch	1877
LAS 129.5, 25	Vormünder-Hauptbuch	1835-1862
LAS 129.5, 26	Vormünder-Hauptbuch	1862-1867
LAS 129.5, 27	Vormünder-Hauptbuch (Nebenbuch)	1835-1867
LAS 129.5, 29	Verzeichnis aller Familienstellen (Größe, Abgaben, Dienste u. a.)	1805
LAS 412, 442	Volkszähllisten	1803
LAS 415, 5419	Volkszähllisten	1835
LAS 415, 5444	Volkszähllisten	1840
LAS 415, 5525	Volkszähllisten	1845
LAS 415, 5543	Volkszähllisten	1855
LAS 412, 768	Volkszähllisten	1860
LAS 412, 1168	Volkszähllisten	1864
LAS 320 Segeberg, 82	Volkszählungen	1880-1890
LAS 402 A 23, 24	Karte von der aufgeteilten Schafweide	1861

Lübsche Güter

LAS 129.10, 10	Einführung von SchuPfPr in sämtliche Güter	1813
LAS 50b, 422	SchuPfPr, Band 1 mit Register	1801-1886
LAS 50b, 423	SchuPfPr, Band 2 mit Register	1837-1886
LAS 50b, 424	SchuPfPr (Nebenbuch) Band 1	1801-1886
LAS 50b, 425	SchuPfPr (Nebenbuch) Band 2	1829-1886
LAS 50b, 426	SchuPfPr (Nebenbuch) Band 3	1856-1886
LAS 309, 17974	Verwaltungsangelegenheiten in den selbstständigen Gutsbezirken	1870-1917
LAS 309, 17398	Regulierung der Besitzverhältnisse der in Zeitpacht befindlichen bäuerlichen Grundstücke auf adligen Gütern	1873
LAS 66, 1999	Landsteuer-Register	1802-1808
LAS 66, 5990	Berechnung der 1 ⅓-Prozent-Abgabe vom Wert urbarer Ländereien	1812
LAS 66, 5931	Landsteuerregister	1813
LAS 260, 15506	Rückständig gebliebene Halbprozent-Erbschaftssteuer	1867
LAS 415, 5419	Volkszähllisten	1835
LAS 415, 5444	Volkszähllisten	1840
LAS 415, 5525	Volkszähllisten	1845
LAS 415, 5543	Volkszähllisten	1855

Archiv der Hansestadt Lübeck
AHL, ASA, Interna, Landgüter im Allgemeinen,

Konv. 1 (14 Akten)	*Rechtsverhältnisse des Staates und der Eingesessenen*	*1650-1852*
Konv. 4 (10 Akten)	*Türkensteuer*	*1541-1695*
Konv. 8 (4 Akten)	*Domänenpachtsachen*	*1839-1888*
Konv. 9 (8 Akten)	*Bodenverhältnisse, Landwirtschaft und Viehzucht*	*1826-1876*

Gut Trenthorst

LAS 129.4, 1	SchuPfPr	1801 ff.
LAS 129.4, 2	SchuPfPr (Nebenbuch)	1801-1868
LAS 129.4, 3	SchuPfPr (Nebenbuch)	1869-1886
LAS 65.1, 686	Streitige Landeshoheit und Jurisdiktion	1557-1708
LAS 65.1, 682	Privilegien	1614-1715
LAS 129.4, 5	Verzeichnis der Akten über „Immobilia", „Vormundschaften, Erbteilungen, Testamente" und „Konkurse"	1784-1866
LAS 412, 448	Volkszähllisten	1803
LAS 412, 770	Volkszähllisten	1860
LAS 412, 1170	Volkszähllisten	1864
LAS 402 A 23, 3	Karte der Hoffelder	1805-1806

Trenthorst
- Fiefhusen

LAS 309 Geb. St., 1180	Gebäudesteuer	1867
LAS 309 Flur (18), 137	Flurbuch	1877
LAS 355.47, 366	Flurbuch	1876-1929
LAS 355.47, 383	Gebäudesteuerrolle	1911-1922

Gut Wulmenau

LAS 129.4, 1	SchuPfPr	1801 ff.
LAS 129.4, 2	SchuPfPr (Nebenbuch)	1801-1868
LAS 129.4, 3	SchuPfPr (Nebenbuch)	1869-1886
LAS 65.1, 686	Streitige Landeshoheit und Jurisdiktion	1557-1708
LAS 65.1, 682	Privilegien	1614-1715
LAS 129.4, 5	Verzeichnis der Akten über „Immobilia", „Vormundschaften, Erbteilungen, Testamente" und „Konkurse"	1784-1866
LAS 412, 449	Volkszähllisten	1803
LAS 412, 770	Volkszähllisten	1860
LAS 412, 1170	Volkszähllisten	1864
LAS 402 A 23, 4	Karte der Hoffelder	1805-1806

Ahrensfelde

LAS 309 Geb. St., 1190	Gebäudesteuer	1867
LAS 309 Flur (18), 3	Flurbuch	1877
LAS 355.47, 385	Gebäudesteuerrolle	1911-1923

Wulmenau

LAS 309 Geb. St., 1190	Gebäudesteuer	1867
LAS 309 Flur (18), 152	Flurbuch	1877
LAS 355.47, 385	Gebäudesteuerrolle	1911-1923

Lübecker Stadtstiftsdörfer

LAS 130.2, 37	Justitiariat	1826-1863
LAS 400.4, 84	Eschen'sche Kollektaneen; Blatt 669-670: Extrakte aus den Erdbüchern von 1709 betr. erblich eingetane Stellen	1709
LAS 66, 5961	Landsteuerregister	1807
LAS 260, 15506	Rückständig gebliebene Halbprozent-Erbschaftssteuer	1867
LAS 130.2, 38	Vormünderbuch	1854-1867
LAS 130.2, 36	Vormundschafts-, Nachlass-, Konkurs- und Polizeisachen	1864-1867
LAS 412, 450	Volkszähllisten	1806
LAS 415, 5419	Volkszähllisten	1835
LAS 415, 5444	Volkszähllisten	1840
LAS 415, 5525	Volkszähllisten	1845
LAS 415, 5543	Volkszähllisten	1855

Archiv der Hansestadt Lübeck
AHL, ASA, Externa, Deutsche Territorien, 4122

	Hebungsregister der in Holstein gelegenen lübeckischen geistlichen Dörfer	*1780*

Heiligengeist-Hospital

(1804 z. T. Gutsherrschaft an Fürst von Lübeck/Herzog von Oldenburg; dieser Teil 1843 an Fürstentum Lübeck, siehe Seite 229)

LAS 130.2, 35	Gerichtsakten	1791-1864

Archiv der Hansestadt Lübeck
Der Aktenbestand des Heiligengeist-Hospitals ist noch nicht verzeichnet und steht daher nicht zur Verfügung.

Barkhorst

LAS 130.3, 4	SchuPfPr	1807-1884
LAS 130.3, 5	SchuPfPr (Nebenbuch)	1809-1865
LAS 130.3, 6	SchuPfPr (Nebenbuch)	1865-1883
LAS 130.3, 7	Akten betr. die Eigentumsverhältnisse und SchuPfPr	19. Jh.
LAS 309 Geb. St., 1131	Gebäudesteuer	1867
LAS 309 Flur (18), 10	Flurbuch	1877
LAS 412, 778	Volkszähllisten	1860
LAS 412, 1176	Volkszähllisten	1864

Pölitz

LAS 130.3, 4	SchuPfPr	1807-1884
LAS 130.3, 5	SchuPfPr (Nebenbuch)	1809-1865
LAS 130.3, 6	SchuPfPr (Nebenbuch)	1865-1883
LAS 130.3, 7	Akten betr. die Eigentumsverhältnisse und SchuPfPr	19. Jh.
LAS 130.3, 39	Feld- und Einteilungsregister	1759
LAS 65.1, 686	Streitige Landeshoheit und Jurisdiktion	1557-1708
LAS 309 Geb. St., 516	Gebäudesteuer	1867
LAS 309 Geb. St., 1158	Gebäudesteuer	1867
LAS 309 Flur (18), 96	Flurbuch	1877
LAS 412, 778	Volkszähllisten	1860
LAS 412, 1178	Volkszähllisten	1864

Marienkirche

Frauenholz (Hof)

LAS 309 Geb. St., 1141	Gebäudesteuer	1867
LAS 309 Flur (18), 29	Flurbuch	1877
LAS 412, 778	Volkszähllisten	1860
LAS 412, 1177	Volkszähllisten	1864

Westerauer Stiftung

Westerau
- Stückendamm

LAS 130.5, 1	SchuPfPr	1771-1841
LAS 130.5, 2	SchuPfPr	1830-1885
LAS 130.5, 3	Extrajudicialprotokoll (Nebenbuch)	1771-1834
LAS 130.5, 4	Nebenbuch	1834-1869
LAS 130.5, 5	Nebenbuch	1869-1886
LAS 65.1, 686	Streitige Landeshoheit und Jurisdiktion	1557-1708
LAS 65.1, 694	Huldigungseid und zu erlegende Rekognition	1729
LAS 355.47, 303	Erbhofakten	1934-1945
LAS 355.47, 304-323	Einzelne Erbhofakten **siehe Findbuch LAS 355.47, S. 61-63**	1934-1945
LAS 309 Geb. St., 1187	Gebäudesteuer	1867
LAS 309 Flur (18), 144	Flurbuch	1877
LAS 355.47, 367	Flurbuch	1876-1948
LAS 355.47, 384	Gebäudesteuerrolle	1911-1933
LAS 412, 779	Volkszähllisten	1860
LAS 412, 1179	Volkszähllisten	1864

Fürstbistum Lübeck/ab 1804 Fürstentum Lübeck

LAS 260, 17057	Vermessung der Dorfschaften, Vorwerke usw.	1775-1839
LAS 402 A 36, 183	Karte vom Fürstentum und den Oldenburgischen Fideikommißgütern	1839
LAS 402 A 36, 192	Karte zur Übersicht der Grenzen zur Stadt Lübeck	1828
LAS 402 A 36, 348	Einzelkarten zu Nr. 192	1839
LAS 275, 9	Vermessung des Fürstentums Lübeck, topographische Landesvermessung	1858-1879
LAS 415, 1240	Karte vom Fürstentum	1881-1882
LAS 260, 11636	Ablegung von Landparzellen für die Insten und landlosen Eigenkätner im Fürstentume	1849-1853
LAS 260, 11638	Bestimmung der Pachtpreise für die Instenparzellen	1858-1864
LAS 260, 15542	Restanten	1880-1908
LAS 260, 15543	Restanten	1883-1908
LAS 260, 15544	Restanten	1875-1908
LAS 260, 15536	Erbschaftsabgabefälle	1899
LAS 260, 15537	Erbschaftsabgabefälle	1900
LAS 260, 15538	Erbschaftsabgabefälle	1901
LAS 260, 15539	Erbschaftsabgabefälle	1902
LAS 260, 15540	Erbschaftsabgabefälle	1904
LAS 260, 15541	Erbschaftsabgabefälle	1906
LAS 289, 57	Die Einwohner nach den Amtsrechnungen	1622-1870

Staatsarchiv Oldenburg i. O.

SAO Best. 30-14-42, Nr. 9	*Verbesserung der Lage der Einlieger im Amt Eutin und im Fürstentum überhaupt durch Landüberlassung etc.*	*1848-1857*
SAO Best. 30-16-17, Nr. 3	*Gesuche um Genehmigung des Verkaufs, der Vertauschung und Teilung von Grundstücken (alphabetisch)*	*1858-1868*
SAO Best. 30-16-17, Nr. 4	*Verbesserung der Lage der Einlieger, Insten etc., auch Landüberlassung*	*1858-1868*
SAO Best. 30-16-17, Nr. 5	*Gesuche um Landüberlassung zum Katenbau etc.*	*1859-1865*
SAO Best. 30-16-17, Nr. 6	*Weidesachen (Weideaufteilungen etc.)*	*1859-1868*

SAO Best. 30-16-39, Nr. 4	*Flur- und Übersichtskarten für den Kataster des Fürstentum Lübecks*	*1860-1866*
SAO Best. 30-16-17, Nr. 3a	*Zusammenlegung von Hufenstellen*	*1862*

Archiv der Hansestadt Lübeck
AHL, ASA, Externa, Deutsche Territorien, 281

	Gebietsaustausch zwischen dem Fürstentum Lübeck und dem Herzogtum Holstein	*1842*

Lübecker Domkapitel / Amt Großvogtei

(bis 1804 Lübecker Domkapitel;
nach Säkularisierung 1804 Amt Großvogtei im Fürstentum Lübeck;
ab 1843 zum Herzogtum Holstein)

LAS 268, 667	Kontrakte, besonders Erbpachtkontrakte	1687-1798
LAS 268, 668	SchuPfPr für die Erbpächter	1782-1801
LAS 268, 669	SchuPfPr für die Erbpächter	1782
LAS 278, 753	Auszüge aus dem SchuPfPr	1794-1870
LAS 268, 670	SchuPfPr	1798-1799
LAS 278, 649	SchuPfPr, Band I	1799-1891
LAS 278, 650	SchuPfPr, Band II	1799-1891
LAS 278, 651	SchuPfPr, Band III	1799-1891
LAS 278, 652	Register zum SchuPfPr, Band I-III	o. J.
LAS 268, 671	Veräußerung von Hufen und Grundstücken	1800
LAS 278, 653	SchuPfPr (Nebenbuch, Band I)	1800-1815
LAS 278, 654	SchuPfPr (Nebenbuch, Band II)	1815-1817
LAS 278, 655	SchuPfPr (Nebenbuch, Band III)	1817-1819
LAS 278, 656	SchuPfPr (Nebenbuch, Band IV)	1819-1822
LAS 278, 657	SchuPfPr (Nebenbuch, Band V)	1822-1829
LAS 278, 658	SchuPfPr (Nebenbuch, Band VI)	1829-1838
LAS 278, 659	SchuPfPr (Nebenbuch, Band VII)	1838-1845
LAS 278, 660	SchuPfPr (Nebenbuch, Band VIII)	1845-1854
LAS 278, 661	SchuPfPr (Nebenbuch, Band IX)	1854-1860
LAS 278, 662	SchuPfPr (Nebenbuch, Band X)	1860-1868
LAS 278, 663	SchuPfPr (Nebenbuch, Band XI)	1868-1872
LAS 278, 664	SchuPfPr (Nebenbuch, Band XII)	1872-1881
LAS 278, 665	SchuPfPr (Nebenbuch, Band XIII)	1881-1889
LAS 278, 666	SchuPfPr (Nebenbuch, Band XIV)	1889-1891
LAS 285, 1	Protocollum Praefecturae	1560-1568
LAS 285, 2	Protocollum Praefecturae	1566-1579
LAS 285, 3	Protocollum Praefecturae	1573-1578
LAS 285, 4	Protocollum Praefecturae	1579-1580

LAS 285, 5	Protocollum Praefecturae	1580
LAS 285, 6	Protocollum Praefecturae	1581-1584
LAS 285, 7	Protocollum Praefecturae	1584-1585
LAS 285, 8	Protocollum Praefecturae	1585-1587
LAS 285, 9	Protocollum Praefecturae	1587-1594
LAS 285, 10	Protocollum Praefecturae	1594-1603
LAS 285, 11	Protocollum Praefecturae	1598-1599
LAS 285, 12	Protocollum Praefecturae	1604-1607
LAS 285, 13	Protocollum Praefecturae	1604-1607
LAS 285, 14	Protocollum Praefecturae	1607-1617
LAS 285, 15	Protocollum Praefecturae	1626-1642
LAS 285, 16	Protocollum Praefecturae	1652-1657
LAS 285, 17	Klein Protokollbuch	1652-1707
LAS 285, 18	Protocollum Praefecturae	1657-1662
LAS 285, 19	Protocollum Praefecturae	1663-1667
LAS 285, 20	Protocollum Praefecturae	1668-1671
LAS 285, 21	Protocollum Praefecturae	1674-1683
LAS 285, 22	Hausbriefe, Obligationen und dergleichen Verpfändungen	1700-1713
LAS 285, 23	Protokoll des Großvogteigerichts	1700-1705
LAS 285, 24	Gerichts-Protocollum	1701-1712
LAS 285, 25	Gerichts-Protocollum	1711-1713
LAS 285, 26	Protokoll des Großvogteigerichts	1711-1713
LAS 285, 27	Hausbrief-Protokoll	1714-1721
LAS 285, 28	Großvogtei-Gerichts-Protokolle	1720-1736
LAS 285, 29	Contracten Buch des Großvogtei-Gerichts	1723-1783
LAS 285, 30	Hausbriefe	1735-1745
LAS 285, 31	Protokoll des Großvogteigerichts	1736-1768
LAS 285, 32	Protokoll des Großvogteigerichts	1739-1763
LAS 285, 33	Hausbrief Protokoll	1757-1771
LAS 285, 34	Protokoll des Großvogtei-Gerichts	1768-1782
LAS 285, 35	Großvogtei-Hausbriefs-Protokoll	1771-1787
LAS 285, 36	Hofherren-Departement	1778-1783
LAS 285, 37	Protokoll des Großvogtei-Gerichts	1782-1789
LAS 285, 38	Manual-Protokolle des Großvogtei-Gerichts	1786-1788
LAS 285, 39	Original-Beilagen zu den Großvogtei-Gerichts-Protokollen	1786-1788
LAS 285, 40	Gerichts-Protokoll des Großvogtei-Gerichts	1789-1791
LAS 285, 41	Manual-Protokolle des Großvogtei-Gerichts	1789-1791
LAS 285, 42	Original-Beilagen zu den Großvogtei-Gerichts-Protokollen	1789-1791
LAS 285, 43	Protokolle des Großvogtei-Gerichts	1791-1793
LAS 285, 44	Manual-Protokolle des Großvogtei-Gerichts	1791-1794
LAS 285, 45	Original-Beilagen zu den Großvogtei-Gerichts-Protokollen	1792-1794

LAS 285, 46	Protokolle des Großvogtei-Gerichts	1793-1799
LAS 285, 47	Manual-Protokolle samt Beilagen des Großvogtei-Gerichts	1795
LAS 285, 48	Manual-Protokolle samt Beilagen des Großvogtei-Gerichts	1796
LAS 285, 49	Manual-Protokolle samt Beilagen des Großvogtei-Gerichts	1797
LAS 285, 50	Manual-Protokolle samt Beilagen des Großvogtei-Gerichts	1798
LAS 285, 51	Manual-Protokolle samt Beilagen des Großvogtei-Gerichts	1799
LAS 285, 52	Manual-Protokolle samt Beilagen des Großvogtei-Gerichts	1800
LAS 285, 53	Manual-Protokolle samt Beilagen des Großvogtei-Gerichts	1801
LAS 285, 54	Manual-Protokolle samt Beilagen des Großvogtei-Gerichts	1802
LAS 285, 55	Manual-Protokolle samt Beilagen des Großvogtei-Gerichts	1803
LAS 285, 181	Manual-Protokoll samt Beilagen	1804
LAS 285, 182	Manual-Protokoll samt Beilagen	1805
LAS 285, 183	Manual-Protokoll samt Beilagen	1806
LAS 285, 184	Manual-Protokoll samt Beilagen	1807
LAS 285, 185	Manual-Protokoll samt Beilagen	1808
LAS 285, 186	Manual-Protokoll samt Beilagen	1809
LAS 285, 187	Manual-Protokoll samt Beilagen	1810
LAS 285, 188	Manual-Protokoll samt Beilagen	1811
LAS 285, 189	Manual-Protokoll samt Beilagen	1812
LAS 285, 190	Manual-Protokoll samt Beilagen	1813
LAS 285, 191	Manual-Protokoll samt Beilagen, Nachträge	1810-1812
LAS 285, 192	Repertorium der Manualprotokolle	1800-1814
LAS 285, 104	Hauptrechnung	1587-1627
LAS 285, 105	Hauptrechnung	1611
LAS 285, 106	Hauptrechnung	1651-1653
LAS 285, 107	Hauptrechnung	1661-1675
LAS 285, 108	Hauptrechnung	1714-1735
LAS 285, 109	Hauptrechnung	1736-1793
LAS 285, 110	Hauptrechnung	1794-1804
LAS 285, 111	Mensenbuch (Einnahmen)	1559-1589
LAS 285, 112	Mensenbuch (Einnahmen)	1587-1588
LAS 285, 113	Mensenbuch (Einnahmen)	1613-1614

LAS 285, 114	Mensenbuch (Einnahmen)	1615-1617
LAS 285, 115	Mensenbuch (Einnahmen)	1618-1627
LAS 285, 116	Mensenbuch (Einnahmen)	1622-1627
LAS 285, 117	Mensenbuch (Einnahmen)	1622-1633
LAS 285, 118	Mensenbuch (Einnahmen)	1648-1658
LAS 285, 119	Mensenbuch (Einnahmen)	1673-1681
LAS 285, 120	Mensenbuch (Einnahmen)	1676-1681

LAS 400.4, 59	Volumen novum Rabani Heisterman; Nr. 310, 311 Kapitels- und Vikariendörfer, mit Zahl der Hufner, Kätner, Bödner	o. J.
LAS 400.4, 83	Eschen'sche Kollektaneen; Blatt 41r-v: Dörfer, Vikarien und Kollegiatstift mit der Zahl der Hufner, Kätner, Bödner	o. J.
LAS 400.4, 84	Eschen'sche Kollektaneen; Blatt 711: Erbrecht	1704
LAS 400.4, 84	Eschen'sche Kollektaneen; Blatt 735-741: Hufenverfassung	o. J.
LAS 268, 2415	Neues Verbesserungsbuch (Heuern, Erbpacht etc.)	1735-1785
LAS 268, 2416	Das Verbesserungsbuch (Heuern, Erbpacht etc.)	1786-1803
LAS 285, 179	Hausbrief-Protokoll-Buch	1802-1810
LAS 285, 1428	Inventar der herrschaftlichen Gebäude	1805
LAS 260, 869	Verkauf von einzelnen Stellen, Erbauung einer Kate; Grenzsachen	1805-1817
LAS 285, 180	Protokollbuch über die ausgefertigten Haus- und Katenbriefe	1810-1814
LAS 285, 211	Verzeichnis und Nachrichten über die Grundstücke in der Großvogtei	1810-1822
LAS 285, 217	Einteilung der Grundstücke nach Hufenzahl	1832

LAS 268, 2277	Pflugschatz und Bede	1539-1565
LAS 268, 2278	Türkenschatz	1549-1595
LAS 268, 2282	Fräuleinschatz	1589
LAS 268, 2283	Türkenschatz	1603-1606
LAS 268, 2284	Türkenschatz	1596-1603
LAS 268, 2285	Türkenschatz	1604-1611
LAS 268, 2286	Tripelhilfe und Fräuleinschatz	1615-1621
LAS 268, 2287	Schatz	1628-1635
LAS 268, 2288	Schatz	1630-1631
LAS 268, 2289	Schatz	1631-1642

LAS 268, 2290	Kontribution	1634-1645
LAS 268, 2291	Kontribution	1634-1638
LAS 268, 2292	Kontribution	1637-1643
LAS 268, 2293	Kontribution	1637-1649
LAS 268, 2294	Kontribution	1637-1649
LAS 268, 2295	Kontribution	1640-1647
LAS 268, 2296	Kontribution	1643-1651
LAS 268, 2297	Kontributionsrestanten	1643-1651
LAS 268, 2298	Kontribution	1644-1651
LAS 268, 2299	Kontribution	1648
LAS 268, 2300	Kontribution	1649
LAS 268, 2301	Kontribution	1649
LAS 268, 2302	Kontribution	1654-1661
LAS 268, 2303	Kontribution	1657-1677
LAS 268, 2304	Kontribution	1666-1675
LAS 268, 2305	Kontribution	1675-1679
LAS 268, 2306	Kontribution	1684-1694
LAS 268, 2307	Kontribution	1684-1700
LAS 268, 2308	Kontribution	1686-1689
LAS 268, 2309	Kontribution	1717-1723
LAS 268, 2310	Kontribution	1720-1727
LAS 268, 2310	Kontribution	1720-1727
LAS 268, 2311	Kontribution	1776-1793
LAS 268, 2312	Quittungen zu Kontributionsrechnung	1626-1642
LAS 268, 2313	Quittungen zu Kontributionsrechnung	1644-1645
LAS 268, 2314	Quittungen zu Kontributionsrechnung	1645-1655
LAS 268, 2315	Quittungen zu Kontributionsrechnung	1684-1695
LAS 268, 2316	Quittungen zu Kontributionsrechnung	1702-1707
LAS 268, 2317	Quittungen zu Kontributionsrechnung	1712-1717
LAS 268, 2318	Quittungen zu Kontributionsrechnung	1721-1733
LAS 268, 2319	Quittungen zu Kontributionsrechnung	1728-1734
LAS 268, 2320	Quittungen zu Kontributionsrechnung	1735-1737
LAS 268, 2321	Quittungen zu Kontributionsrechnung	1737
LAS 268, 2322	Quittungen zu Kontributionsrechnung	1738-1739
LAS 268, 2323	Quittungen zu Kontributionsrechnung	1739-1740
LAS 268, 2324	Quittungen zu Kontributionsrechnung	1740-1742
LAS 268, 2325	Quittungen zu Kontributionsrechnung	1743-1744
LAS 268, 2326	Quittungen zu Kontributionsrechnung	1745-1749
LAS 268, 2327	Quittungen zu Kontributionsrechnung	1749-1752
LAS 268, 2328	Quittungen zu Kontributionsrechnung	1752-1755
LAS 268, 2329	Quittungen zu Kontributionsrechnung	1755-1756
LAS 268, 2330	Quittungen zu Kontributionsrechnung	1756-1757
LAS 268, 2331	Quittungen zu Kontributionsrechnung	1757-1758
LAS 268, 2332	Quittungen zu Kontributionsrechnung	1758-1759

LAS 268, 2333	Quittungen zu Kontributionsrechnung	1759-1760
LAS 268, 2334	Quittungen zu Kontributionsrechnung	1761-1763
LAS 268, 2335	Quittungen zu Kontributionsrechnung	1763-1764
LAS 268, 2336	Quittungen zu Kontributionsrechnung	1764-1765
LAS 268, 2337	Quittungen zu Kontributionsrechnung	1765-1766
LAS 268, 2338	Quittungen zu Kontributionsrechnung	1766-1767
LAS 268, 2339	Quittungen zu Kontributionsrechnung	1767-1768
LAS 268, 2340	Quittungen zu Kontributionsrechnung	1768
LAS 268, 2341	Quittungen zu Kontributionsrechnung	1769
LAS 268, 2342	Quittungen zu Kontributionsrechnung	1770
LAS 268, 2343	Quittungen zu Kontributionsrechnung	1771
LAS 268, 2344	Quittungen zu Kontributionsrechnung	1772
LAS 268, 2345	Quittungen zu Kontributionsrechnung	1773
LAS 268, 2346	Quittungen zu Kontributionsrechnung	1774
LAS 268, 2347	Quittungen zu Kontributionsrechnung	1775
LAS 268, 2348	Quittungen zu Kontributionsrechnung	1776
LAS 268, 2349	Quittungen zu Kontributionsrechnung	1777
LAS 268, 2350	Quittungen zu Kontributionsrechnung	1778
LAS 268, 2351	Quittungen zu Kontributionsrechnung	1779
LAS 268, 2352	Quittungen zu Kontributionsrechnung	1780
LAS 268, 2353	Quittungen zu Kontributionsrechnung	1781
LAS 268, 2354	Quittungen zu Kontributionsrechnung	1782
LAS 268, 2355	Quittungen zu Kontributionsrechnung	1783
LAS 268, 2356	Quittungen zu Kontributionsrechnung	1784
LAS 268, 2357	Quittungen zu Kontributionsrechnung	1785
LAS 268, 2358	Quittungen zu Kontributionsrechnung	1786
LAS 268, 2359	Quittungen zu Kontributionsrechnung	1787
LAS 268, 2360	Quittungen zu Kontributionsrechnung	1788-1790
LAS 268, 2361	Quittungen zu Kontributionsrechnung	1790-1791
LAS 268, 2362	Quittungen zu Kontributionsrechnung	1791-1792

LAS 268, 2383	Heuerregister	1534-1552
LAS 268, 2384	Heuerregister	1553-1559
LAS 268, 2385	Heuerregister	1560-1569
LAS 268, 2386	Heuerregister	1573-1579
LAS 268, 2387	Heuerregister	1580
LAS 268, 2388	Heuerregister	1581-1594
LAS 268, 2389	Heuerregister	1594-1607
LAS 268, 2390	Heuerregister	1607-1618
LAS 268, 2391	Heuerregister	1619-1626
LAS 268, 2392	Heuerregister	1627-1650
LAS 268, 2393	Heuerregister	1651-1669
LAS 268, 2394	Heuerregister	1670-1699
LAS 268, 2395	Heuerregister	1700-1722
LAS 268, 2396	Heuerregister	1723-1734

LAS 268, 2397	Heuerregister	1735-1759
LAS 268, 2398	Heuerregister	1760-1786
LAS 268, 2399	Heuerregister	1787-1803
LAS 268, 2400	Kladden von Heuerregistern	1560-1677
LAS 268, 2401	Servitium Martini (Heuer, Dienstgeld, Pflugschatz)	1538-1559
LAS 268, 2402	Servitium Martini (Heuer, Dienstgeld, Pflugschatz)	1563-1569
LAS 268, 2403	Servitium Martini (Heuer, Dienstgeld, Pflugschatz)	1584-1593
LAS 268, 2404	Servitium Martini (Heuer, Dienstgeld, Pflugschatz)	1594-1606
LAS 268, 2405	Servitium Martini (Heuer, Dienstgeld, Pflugschatz)	1607-1619
LAS 268, 2406	Servitium Martini (Heuer, Dienstgeld, Pflugschatz)	1620-1625
LAS 268, 2407	Servitium Martini (Heuer, Dienstgeld, Pflugschatz)	1626-1651
LAS 268, 2408	Servitium Martini (Heuer, Dienstgeld, Pflugschatz)	1700-1727
LAS 268, 2409	Servitium Martini (Heuer, Dienstgeld, Pflugschatz)	1728-1760
LAS 268, 2410	Servitium Martini (Heuer, Dienstgeld, Pflugschatz)	1761-1789
LAS 268, 2411	Servitium Martini (Heuer, Dienstgeld, Pflugschatz)	1790-1803
LAS 268, 2412	Kladden zum Servitium Martini	1607-1676
LAS 268, 2413	Novum Servitium Martini wegen denen Genin'schen Häusern und neuen Koppeln	1721-1773
LAS 268, 2414	Novum Servitium Martini wegen denen Genin'schen Häusern und neuen Koppeln	1774-1796
LAS 268, 2434	Dienstgeld	1609-1639
LAS 268, 2435	Dienstgeld	1640-1651
LAS 268, 2436	Dienstgeld	1652-1670
LAS 268, 2437	Dienstgeld	1671-1700
LAS 268, 2438	Dienstgeld	1701-1735
LAS 268, 2439	Dienstgeld	1736-1776
LAS 289, 19	Abgaben der einzelnen Bauern nach dem Vergleich mit dem Domkapitel	1793

Hierzu bitte gedrucktes Findbuch LAS 268, Seite 41-100 heranziehen:

LAS 268, 680-1513	Abgetane Sachen (alphabetisch) (Zivilsachen, Nachlasssachen, Sachen betr. einzelne Personen, auch Prozesse des Domkapitels)	1552-1821
LAS 268, 2485	Brandgeldregister	1610-1649
LAS 260, 10217	Volkszähllisten	1819

Staatsarchiv Oldenburg i. O.

SAO Best. 30-8-37, Nr. 16	*Konsense zum Verkauf oder zur Teilung von Landstellen*	*1812-1818*

Groß Barnitz

LAS 309 Geb. St., 1132	Gebäudesteuer	1867
LAS 309 Flur (18), 34	Flurbuch	1877

Hamberge

LAS 309 Geb. St., 1145	Gebäudesteuer	1867
LAS 309 Flur (18), 38	Flurbuch	1877

Hansfelde

LAS 309 Geb. St., 1146	Gebäudesteuer	1867
LAS 309 Flur (18), 41	Flurbuch	1877

Klein Barnitz

LAS 309 Geb. St., 1133	Gebäudesteuer	1867
LAS 309 Flur (18), 58	Flurbuch	1877

Hamburger Domkapitel

- Barsbüttel	**- Großensee**	**- Havighorst**
- Hoisdorf	**- Kronshorst**	**- Oetjendorf**
- Oststeinbek	**- Papendorf**	**- Rausdorf**
- Sprenge	**- Stemwarde**	**- Todendorf**
- Willinghusen	**- Wulfsdorf**	

LAS 7, 1176	Die Trittauer Kapitelsdörfer	1562-1700
LAS 400.5, 659	Aktenstücke betr. die 14 Dörfer des Hamburger Domkapitels im Amte Trittau und deren Kanon	1609-1674
StaHH 512-1, 3	*Kopialbuch, Verzeichnis von Liegenschaften und Gebäuden*	*ab 1408*
StaHH 512-1, 325	*Grundbuchauszüge und Nachrichten über Versteigerungen*	*1587-1760*
StaHH 512-1, 330	*Aufstellung der Kapitelsgüter*	*1744*
StaHH 512-1, 334	*Notizen und Schreiben zu Liegenschaften*	*1763-1788*
StaHH 512-1, 260	*Verzeichnis von aus einzelnen Dörfern zu erwartenden Pachtsummen und Naturallieferungen*	*16. Jh.*
StaHH 512-1, 262	*Lieferung von Naturalien aus holsteinischen Dörfern*	*1604-1788*
StaHH 512-1, 270	*Hauptregister*	*1765-1791*
StaHH 512-1, 274	*Hauptregister*	*1787-1801*
StaHH 512-1, 276	*Einnahme- und Ausgabebuch*	*1803-1806*
StaHH 512-1, 279	*Rechnungsbuch über die Domgefälle*	*1810*
StaHH 512-1, 338	*Kartografische Aufnahme der Domgebäude und der Domländereien*	*1767-1781*

Teil IV: Literaturverzeichnis

Geschichte, Landeskunde, Topographie, Übersichts- und Nachschlagewerke

Walter ASMUS, Andreas KUNZ und Ingwer E. MOMSEN (Hrsg.): Atlas zur Verkehrsgeschichte Schleswig-Holsteins im 19. Jahrhundert, Neumünster 1995.
Matthäus BERG: Aus Stormarns Geschichte. Ein Überblick. In: Die Heimat 71 (1964), S. 277–285.
Günther BOCK: Die Stormarner Overboden und der Beginn der mittelalterlichen Ostsiedlung. In: ZSHG 127 (2002), S. 35–74.
Günther BOCK, Hans-Jürgen PERREY und Michael ZAPF: Stormarn. Geschichte, Land und Leute, Hamburg 1994.
Günther BOCK: Studien zur Geschichte Stormarns im Mittelalter, Neumünster 1996 (= Stormarner Hefte 19).
Günther BOCK: Grenzen als Strukturelemente im mittelalterlichen Stormarn. In: Martin Rheinheimer (Hrsg.): Grenzen in der Geschichte Schleswig-Holsteins und Dänemarks, Neumünster 2006, S. 105–145.
Günther BOCK: Quellen und Methoden – Perspektiven der historischen Landeskunde. In: Natur- und Landeskunde 113 (2006), S. 43–54.
Constantin BOCK von WÜLFINGEN und Walter Frahm (Hrsg.): Stormarn. Der Lebensraum zwischen Hamburg und Lübeck. Eine Landes- und Volkskunde, Hamburg 1938.
Franz BÖTTGER und Emil WASCHINSKI: Alte schleswig-holsteinische Maße und Gewichte, Neumünster 1952.
Otto BRANDT: Geschichte Schleswig-Holsteins, 8. Aufl. überarbeitet von Wilhelm Klüver, Kiel 1981.
Rehder H. CARSTEN: Das alte Stormerland. Kultur- und Siedlungsgeschichte, Neumünster 1979 (= Stormarner Hefte 6).
Martin CLASEN: Zwischen Lübeck und dem Limes. Nordstormarnsches Heimatbuch, Rendsburg 1952.
Christian DEGN: Schleswig-Holstein – eine Landesgeschichte. Historischer Atlas, Neumünster 1994.
Christian DEGN und Uwe MUUSS: Topographischer Atlas Schleswig-Holsteins, 4. Aufl., Neumünster 1979.
Paul DOHM: Holsteinische Ortsnamen, die ältesten urkundlichen Belege gesammelt und erklärt, Kiel 1908.
Willy EBERHARDT (Red.): Kreis Stormarn. Starker Standort in der Metropolregion Hamburg, 2., völlig neue Ausgabe, Oldenburg 2001.
Norbert FISCHER und Barbara GÜNTHER: Überleben, Leben, Erleben. Die Nachkriegszeit und fünfziger Jahre in Stormarn, Neumünster 1996.
Norbert FISCHER, Franklin KOPITZSCH und Johannes SPALLEK (Hrsg.): Regionalgeschichte am Beispiel Stormarn: Von ländlichen Lebenswelten zur Metropolregion, Neumünster 1998 (= Stormarner Hefte 21).
Norbert FISCHER: Die modellierte Region. Stormarn und das Hamburger Umland vom Zweiten Weltkrieg bis 1980, Neumünster 2000.

Norbert FISCHER: Vom Hamburger Umland zur Metropolregion. Stormarns Geschichte seit 1980, Hamburg 2008.
Ludwig FRAHM (Hrsg.): Stormarn und Wandsbek. Ein Hand- und Hausbuch der Heimatkunde, Poppenbüttel 1907.
Kai FUHRMANN: Die Auseinandersetzung zwischen königlicher und gottorfischer Linie in den Herzogtümern Schleswig und Holstein in der zweiten Hälfte des 17. Jahrhunderts, Frankfurt am Main/Bern/New York/Paris 1990.
Walter FRAHM: Von der Entstehung des Kreises Stormarn. In: Die Heimat 71 (1964), S. 285–286.
GEMEINDE Köthel (Hrsg.): Kreis Stormarn, Kreis Herzogtum Lauenburg, Schwarzenbek 2008.
A. C. GUDME: Schleswig-Holstein – Eine statistisch-geographisch-topographische Darstellung dieser Herzogtümer etc., 1. Band, Kiel 1833.
Barbara GÜNTHER (Hrsg.): Stormarn Lexikon, Neumünster 2003.
Hanswilhelm HAEFS: Ortsnamen und Ortsgeschichten in Schleswig-Holstein – zunebst dem reichhaltigen slawischen Ortsnamenmaterial und den dänischen Einflüssen auf Fehmarn und Lauenburg, Helgoland und Nordfriesland; woraus sich Anmerkungen zur Landesgeschichte ergeben, Norderstedt 2004.
Oswald HAUSER: Provinz im Königreich Preußen, Neumünster 1966 (Geschichte Schleswig-Holsteins, Band 8, 1. Lieferung).
Burkhard von HENNIGS: Güter in Stormarn. Vorläufer, Entstehung, allgemeine Geschichte. In: JbSt 23 (2005), S. 8–22.
Hans HEUER: Aus der Geschichte des Amtes Reinbek vornehmlich in älterer Zeit. In: Magistrat der Stadt Reinbek am Sachsenwald (Hrsg.): Festschrift zur 725-Jahrfeier von Reinbek 1238–1963, Reinbek o. J., S. 80–98.
Hans HINGST: Vorgeschichte des Kreises Stormarn, Neumünster 1959.
Gottfried Ernst HOFFMANN, Klauspeter REUMANN und Hermann KELLENBENZ: Die Herzogtümer von der Landesteilung 1544 bis zur Wiedervereinigung Schleswigs 1721, Neumünster 1986 (Geschichte Schleswig-Holsteins, Band 5).
Ernst HOMANN (Hrsg.): Provinzial-Handbuch für Schleswig-Holstein und das Herzogthum Lauenburg, Kiel 1868.
Jürgen H. IBS, Eckart DEGE und Henning UNVERHAU (Hrsg.): Historischer Atlas Schleswig-Holstein, Bd. I–III, Neumünster 1999.
Alfred JESSEN: Die Geschichte des Kirchspiels und Amtes Trittau und seiner weiteren Umgebung, Hamburg 1914.
Walter KAESTNER: Tensfeld. Überlegungen zu einem Ortsnamen. In: HJbS 38 (1992), S. 21–26.
Jürgen KAWALEK: Schleswig-Holsteinische Familienkunde. Methodischer Führer zum genealogischen Schrifttum Schleswig-Holsteins, Teil 2: Orts- und Regionalteil, Landesbibliothek Kiel o. J.
Olaf KLOSE und Christian DEGN: Geschichte Schleswig-Holsteins. 6. Band: Die Herzogtümer im Gesamtstaat 1721–1830, Neumünster 1960.
Uta KNAACK: 125 Jahre Kreis Stormarn. In: Der Thie 34 (1992), Heft 172, S. 2–3.
KREIS Stormarn (Hrsg.): Kreis Stormarn, München 1979.
KREISVERWALTUNG Stormarn (Hrsg.): Der Kreis Stormarn. Geschichte – Landschaft – Wirtschaft, Oldenburg 1960.

LANDESVERMESSUNGSAMT Schleswig-Holstein (Hrsg.): Topographischer Atlas Schleswig-Holstein, 4. Aufl., Neumünster 1979.

Ulrich LANGE (Hrsg.): Geschichte Schleswig-Holsteins. Von den Anfängen bis zur Gegenwart, Neumünster 1996.

Ulrich LANGE (Hrsg.): Geschichte Schleswig-Holsteins, Neumünster 2003.

Wolfgang LAUR: Historisches Ortsnamenlexikon von Schleswig-Holstein, Neumünster 1992.

Klaus-Joachim LORENZEN-SCHMIDT: Kleines Lexikon alter schleswig-holsteinischer Gewichte, Maße und Währungseinheiten, Neumünster 1990.

Dieter-J. MEHLHORN: Klöster in Schleswig-Holstein – Itzehoe, Preetz, Schleswig, Uetersen, Heide 2004.

Nicole MEIFFERT: Die Geschichte des Amtes Reinbek 1576–1773, Reinbek 1995.

Henning OLDEKOP: Topographie des Herzogtums Holstein einschließlich Kreis Herzogtum Lauenburg, Fürstentum Lübeck, Enklaven der freien und Hansestadt Lübeck, Enklaven der freien und Hansestadt Hamburg. Bd. 1.2. Kiel 1908.

Eckardt OPITZ: Schleswig-Holstein. Das Land und seine Geschichte, Hamburg 1997.

Walter PAATSCH: Der Gebietsverlust des Kreises Stormarn durch das Groß-Hamburg-Gesetz vor 60 Jahren. In: Der Waldreiter 1997, Heft 6, S. 6–16.

Walter PAATSCH: Der Gebietsverlust des Kreises Stormarn durch das Groß-Hamburg-Gesetz. Die Vorgeschichte. In: Der Waldreiter 2007, Heft 4, S. 18–19.

Hans-Jürgen PERREY: Stormarns preußische Jahre. Die Geschichte des Kreises von 1867 bis 1946/47, Neumünster 1993.

Hans-Jürgen PERREY: Mein Stormarn. Zutaten für eine Geschichte des Kreises, Berkenthin 2003.

Wolfgang PRANGE: Holsteinische Flurkartenstudien. Dörfer und Wüstungen um Reinbek, Schleswig 1963 (= Gottorfer Schriften 7).

Alexander SCHARFF: Schleswig-Holstein und die Auflösung des dänischen Gesamtstaates 1830–1864/67, Neumünster 1975 u. 1980 (Geschichte Schleswig-Holsteins, Band 7, 1. u. 2. Lieferung).

Alexander SCHARFF: Schleswig-Holsteinische Geschichte. Ein Überblick. 5. Aufl. bearbeitet von Manfred Jessen-Klingenberg, Freiburg/Würzburg 1991.

Antje SCHMITZ: Die slavischen Ortsnamen Ost- und Südholsteins. In: Lübeckische Blätter 145 (1985), S. 209–212.

Alf SCHREYER: Das Kirchspiel Steinbek in der Zeit von 1626 bis 1639. In: JbSt 1 (1983), S. 56–61.

Johannes v. SCHRÖDER und Hermann BIERNATZKI: Topographie der Herzogthümer Holstein und Lauenburg, des Fürstenthums Lübeck und des Gebiets der freien und Hanse-Städte Hamburg und Lübeck, 2. Aufl., Oldenburg (in Holstein) 1855.

Friedrich SEESTERN-PAULY: Beiträge zur Kunde der Geschichte sowie des Staats- und Privat-Rechts des Herzogthumes Holstein, 2 Bände, Schleswig 1822/25.

Johann SIEBMACHERs Großes Wappenbuch. Herausgegeben ab 1605. Band 19: Die Wappen des niederdeutschen Adels, Nachdruck der Ausgaben des 19. Jahrhunderts, Neustadt/Aisch 1977.

Johannes SPALLEK: Zur Geschichte des Südstormarner Raumes. In: JbSt 4 (1986), S. 10–24.

Johannes SPALLEK: Über Stormarns Geschichtsschreibung. In: Norbert Fischer, Franklin Kopitzsch und Johannes Spallek (Hrsg.): Regionalgeschichte am Beispiel Stormarn: Von ländlichen Lebenswelten zur Metropolregion, Neumünster 1998 (= Stormarner Hefte 21).
Dagmar UNVERHAU: Stormarn in alten Karten und Beschreibungen. Ein Beitrag zur „Newen Landesbeschreibung Der Zwey Hertzogthümer Schleswich und Holstein“ (1652) von Caspar Danckwerth und Johannes Mejer, Neumünster 1994.
Joachim WERGIN u. a.: Blicke ins Stormarner Land. Der Kreis Stormarn, Reinbek 1992.
Jann Markus WITT und Heiko VOSGERAU (Hrsg.): Schleswig-Holstein von den Ursprüngen bis zur Gegenwart. Eine Landesgeschichte, Hamburg 2002.

Landwirtschafts-, Guts-, Familien- und Sozialgeschichte

(nach Ortschaften sortiert siehe ab Seite 253)

Wilhelm ABEL: Agrarkrisen und Agrarkonjunktur. Eine Geschichte der Land- und Ernährungswirtschaft Mitteleuropas seit dem hohen Mittelalter, 3., neu bearbeitete und erweiterte Auflage, Hamburg/Berlin 1978.
Wilhelm ABEL: Geschichte der deutschen Landwirtschaft vom frühen Mittelalter bis zum 19. Jahrhundert, 3., neu bearbeitete Auflage, Stuttgart 1978.
Volker v. ARNIM: Krisen und Konjunkturen der Landwirtschaft in Schleswig-Holstein vom 16. bis 18. Jahrhundert, Neumünster 1957.
Walter ASMUS: Zum Wandel der dörflichen Bevölkerungs- und Siedlungsstruktur im 19. Jahrhundert. In: Steinburger Jahrbuch 1979, S. 59–64.
Ingeborg AST-REIMERS: Landgemeinde und Territorialstaat. Der Wandel der Sozialstruktur im 18. Jahrhundert dargestellt an der Verkoppelung in den königlichen Ämtern Holsteins, Neumünster 1965.
Konrad BEDAL: Doppelkaten. Zu einer Hausform im gutswirtschaftlichen Bereich. In: KBlV 5 (1973), S. 93–112.
Konrad BEDAL: Bäuerliche und herrschaftliche Bauten im Gutswirtschaftsbereich. In: KBlV 6 (1974), S. 153–179.
Harald BEHREND: Die Aufhebung der Feldgemeinschaften, Neumünster 1964.
Hans BEYER: Zur Entwicklung des Bauernstandes in Schleswig-Holstein zwischen 1768 und 1848. In: Zeitschrift für Agrargeschichte und Agrarsoziologie 5 (1957), S. 50–69.
Louis BOBÉ: Die Ritterschaft in Schleswig und Holstein von der ältesten Zeit bis zum Ausgange des Römischen Reiches 1806, Glückstadt 1918.
Günther BOCK: Hennekin Scherpingh. Aus dem Leben eines Bargteheider Bauern im 14. Jahrhundert. In: Jahrbuch des Alstervereins 66 (1990), S. 34–44.
Günther BOCK: Die Kleinen traf es am härtesten. Besteuerung und Hofgröße in Bargteheide um 1685. In: JbSt 9 (1991), S. 97–111.
Günther BOCK: Zur Frage der Bevölkerungsentwicklung der Landschaft Stormarn während des Spätmittelalters. In: ZSHG 124 (1999), S. 7–29.
Günther BOCK: Eine Untersuchung der spätmittelalterlichen bäuerlichen Heuerleistungen im Stormarner Raum. In: Klaus-Joachim Lorenzen-Schmidt (Hrsg.): Quantität und Qualität. Möglichkeiten und Grenzen historisch-statistischer Methoden für die Analyse

vergangener Gesellschaften. Festschrift für Ingwer E. Momsen zum 65. Geburtstag, Neumünster 2002, S. 55–91.
Jürgen BROCKSTEDT (Hrsg.): Wirtschaftliche Wechsellagen in Schleswig-Holstein vom Mittelalter bis zur Gegenwart, Neumünster 1991.
Otto CALLSEN: Eine Kindheit in Rümpel 1855-1861. In: JbSt 7 (1989), S. 115-125.
Hans CARSTENSEN: Die ländliche Siedlung in Schleswig-Holstein. In: Die Heimat 61 (1954), S. 181–186.
Adolf CHRISTEN: Die Großenseer Baumkate. Ein typisches Beispiel für die Entwicklung südstormarnischer Zollkaten zu Bauernhöfen. In: Die Heimat 68 (1961), S. 225–228.
Adolf CHRISTEN: Die stormarnschen „Holtzdörfer“ (nach dem Erdbuch des Amtes Trittau aus dem Jahre 1708). In: Die Heimat 71 (1964), S. 302–306.
Adolf CHRISTEN: Altstormarnsches Dorfleben. Volkskundliche Einzelerzählungen, Neumünster 1982 (= Stormarner Hefte 8).
Armin CLASEN: Altes stormarnisches Bauerntum in Registern des 15. und 16. Jahrhunderts. In: Zeitschrift für Niederdeutsche Familienkunde 30 (1955), S. 50–62 und 82–110.
R. M. CLASEN: Bauernfamilien und Sippen zwischen Lübeck und Oldesloe vor vier Jahrhunderten. In: Mitteilungen der Gesellschaft für Schleswig-Holsteinische Familienforschung und Wappenkunde e. V., Heft 7/8 (1956), S. 85–96.
Alix Johanna CORD: Die ostholsteinische Gutswirtschaft im 19. Jahrhundert unter besonderer Berücksichtigung der Hufenpächter, Neumünster 2002.
Barbara CZERRANOWSKI: Das bäuerliche Altenteil in Holstein, Lauenburg und Angeln 1650–1850. Eine Studie anhand archivalischer und literarischer Quellen, Neumünster 1988 (= Studien zur Volkskunde und Kulturgeschichte Schleswig-Holsteins 20).
Georg DAVIDS: Holländer und Holländereien, Köln 1993.
Christian DEGN: Die Stellungnahmen schleswig-holsteinischer Gutsbesitzer zur Bauernbefreiung. In: Christian Degn und Dieter Lohmeier (Hrsg.): Staatsdienst und Menschlichkeit, Neumünster 1980, S. 77–87.
Nicolaus DETLEFSEN: Rittergut – Adliges Gut – Kanzleigut. In: Die Heimat 79 (1972), S. 237–238.
Albert DIETRICH: 150 Jahre Bauernbefreiung in Schleswig-Holstein. In: Zeitschrift für das gesamte Siedlungswesen 4 (1955), S. 35–37.
EINKOPPELUNGEN und Verkoppelungen. Zweifache Agrarreform im 18. Jahrhundert. In: Blätter für Heimatkunde (Eutin) 3 (1957), S. 90.
Nikolaus FALCK: Beiträge zur Geschichte der schleswig-holsteinischen Landwirtschaft, Kiel 1847.
Walter FINK: Das Amt Reinbek 1577–1800. Höfe, Mühlen, Vorwerke und ihre Besitzer, Frankfurt/M. 1969.
Dr. FUCHS: Die Entwicklung der schleswig-holsteinischen Landwirtschaft im 19. Jahrhundert. In: Die Heimat 17 (1907), S. 249–256.
Silke GÖTTSCH: „Alle für einen Mann ...“ Leibeigene und Widerständigkeit in Schleswig-Holstein im 18. Jahrhundert, Neumünster 1991.
Helmut GUMMERT und Ulrich WERSCHNITZKY: Wirtschaftliche Auswirkungen von Maßnahmen zur Verbesserung der Agrarstruktur im Zusammenhang mit der Flurbereinigung in Schleswig-Holstein und den nördlichen Teilen Niedersachsens und Nordrhein-Westfalens, Stuttgart 1965.

Theodor HÄBICH: Deutsche Latifundien. Bericht und Meinung, Stuttgart 1947.
Ernst HACKEMANN: Die Entwicklung der Landwirtschaft in Nordschleswig seit dem Ausgang des 18. Jahrhunderts, Rostock 1928.
Georg HANSSEN: Agrarhistorische Abhandlungen, Leipzig 1884.
Georg HANSSEN: Die Aufhebung der Leibeigenschaft und die Umgestaltung der gutsherrlich-bäuerlichen Verhältnisse überhaupt in den Herzogtümern Schleswig und Holstein, St. Petersburg 1861.
Günter HEISCH: Geschichte der schleswig-holsteinischen Ritterschaft 4: Privilegien und Recht von 1775 bis zur Gegenwart, Neumünster 1966.
Burkhard von HENNIGS: Güter in Stormarn. Vorläufer, Entstehung, allgemeine Geschichte. In: JbSt 23 (2005), S. 8–22.
Dietrich HILL: Milch- und Meiereiwirtschaft in Schleswig-Holstein im Wandel der Zeit. In: ZSHG 108 (1983), S. 207–223.
G. E. HOFFMANN: Von alten Hof- und Hausmarken. In: Schleswig-Holsteinischer Bauernkalender 1938, S. 109–110.
Hans HÜBNER: Das Ende der Leibeigenschaft in Schleswig-Holstein. In: Die Heimat 65 (1958), S. 82–85.
Friedrich Christoph JENSEN und Dietrich Hermann HEGEWISCH: Privilegien der Schleswig-Holsteinischen Ritterschaft, Kiel 1797.
Manfred JESSEN-KLINGENBERG: Gutsherrschaft, Gutswirtschaft und Leibeigenschaft. Zwischen gutsherrlichem Zwang und bäuerlicher Eigenverantwortung, Kiel 2005 (= Materialien für den Geschichtsunterricht 2).
Hans JOHANNSEN: Die Bevölkerung des Kirchspiels Woldenhorn im Laufe der Zeiten. In: Die Heimat 45 (1935), S. 315–322.
Hans JOHANNSEN: Bildung der Gutswirtschaften und die Entwicklung der Leibeigenschaft. In: Constantin Bock von Wülfingen und Walter Frahm (Hrsg.): Stormarn. Der Lebensraum zwischen Hamburg und Lübeck. Eine Landes- und Volkskunde, Hamburg 1938, S. 305–322.
Otto KÄHLER: Zur Geschichte des Erbhöferechts in Schleswig-Holstein. In: NE 9 (1932), S. 246–265.
Jan KLUSSMANN: Die Instenbewegung in Holstein und die soziale Frage zur Zeit der schleswig-holsteinischen Erhebung, Magisterarbeit, Kiel 1992.
Jan KLUSSMANN: „Wo sie frey seyn, und einen besseren Dienst haben solte“: Flucht aus der Leibeigenschaft in Schleswig-Holstein in der zweiten Hälfte des 18. Jahrhunderts. In: Jan Peters (Hrsg.): Konflikt und Kontrolle in Gutsherrschaftsgesellschaften. Über Resistenz- und Herrschaftsverhalten in ländlichen Sozialgebilden der Frühen Neuzeit, Göttingen 1995, S. 118–152.
Karl-Sigismund KRAMER: Nachrichten zum Komplex „Haus und Hof im Volksleben“, vorwiegend aus Holstein. In: KBlV 2 (1970), S. 53–103.
Karl-Sigismund KRAMER: Volksleben in Holstein (1550–1800), Kiel 1987.
Bernd LANGMAACK: Die Rekonstruktion der Landvermessung und Landreform vor 200 Jahren. In: Die Heimat 104 (1997), S. 226–236.
Bernd LANGMAACK: Das bäuerliche Altenteil in Mittelholstein vor der großen Agrarreform 1787. In: Die Heimat 106 (1999), S. 101–113 und 130–148.
Ingeburg LEISTER: Rittersitz und adliges Gut in Holstein und Schleswig, Kiel 1952.

Axel LOHR: „... daß alles geruhlich und friedlich im Dorfe zugehe ...“ oder: Das Leben im Gut Jersbek vor über 200 Jahren. In: JbSt 18 (2000), S. 131–150.
Axel LOHR: „... daß alles geruhlich und friedlich im Dorfe zugehe ...“ oder: Das Leben im Gut Jersbek vor über 200 Jahren. In: JbSt 19 (2001), S. 76–103.
Klaus-Joachim LORENZEN-SCHMIDT: Die Sozial- und Wirtschaftsstruktur schleswig-holsteinischer Landstädte zwischen 1500 und 1550, Neumünster 1980 (= Quellen und Forschungen zur Geschichte Schleswig-Holsteins, Band 76).
Klaus-Joachim LORENZEN-SCHMIDT: Eine Zeittafel für den schleswig-holsteinischen Wirtschafts- und Sozialhistoriker. In: Rundbr. 23 (1983), S. 2–22.
Klaus-Joachim LORENZEN-SCHMIDT: Lebenserwartung, Säuglings- und Kindersterblichkeit in drei holsteinischen Kirchspielen zwischen 1713 und 1869. In: Die Heimat 90 (1983), S. 164–169.
Klaus-Joachim LORENZEN-SCHMIDT: Zur Statistik der schleswig-holsteinischen Landwirtschaft um 1825; die vom Segeberger Amtmann v. Rosen gesammelten Daten aus den Jahren um 1825/1828. In: Rundbr. 34 (1985), S. 13–20.
Klaus-Joachim LORENZEN-SCHMIDT: Die von Rosenschen Erhebungen aus dem Jahre 1825 als Quelle für die Landwirtschaftsgeschichte. In: Klaus Greve (Hrsg.): Quellenkundliche Beiträge zur Wirtschafts- und Sozialgeschichte Schleswig-Holsteins, Kiel 1985.
Klaus-Joachim LORENZEN-SCHMIDT: Der Altonaer Viehmarkt 1833–1864. Auftrieb – Preise – Export. In: AfA 8 (1986), S. 70–93.
Klaus-Joachim LORENZEN-SCHMIDT: Haushalts- und Familienstrukturen in ausgewählten holsteinischen Kirchspielen 1800–1870. In: KBlV 18 (1986), S. 91–114.
Klaus-Joachim LORENZEN-SCHMIDT: Illegitimität in drei holsteinischen Kirchspielen zwischen 1650 und 1870. In: Die Heimat 93 (1986), S. 16–21.
Klaus-Joachim LORENZEN-SCHMIDT: Schleswig-Holsteinische Märkte im Jahr 1796. In: Rundbr. 50 (1990), S. 26–28.
Klaus-Joachim LORENZEN-SCHMIDT: Die große Agrarkrise in den Herzogtümern 1819–1829. In: Jürgen Brockstedt (Hrsg.): Wirtschaftliche Wechsellagen in Schleswig-Holstein vom Mittelalter bis zur Gegenwart, Neumünster 1991, S. 175–197.
Klaus-Joachim LORENZEN-SCHMIDT: Aufschlüsse über ländliche Kredite des 17. und 18. Jahrhunderts aus Schuld- und Pfandprotokoll-Renovaturen. In: Rundbr. 69 (1997), S. 23–31.
Klaus-Joachim LORENZEN-SCHMIDT: Die landwirtschaftliche Entwicklung zwischen 1870 und 1945 unter besonderer Berücksichtigung des Stormarner Raumes. In: Stormarner Hefte 21 (1998), S. 93–109.
J. J. H. LÜTGENS: Kurzgefaßte Charakteristik der Bauernwirtschaften in den Herzogthümern Schleswig und Holstein etc., Hamburg 1847.
Jürgen MARTENS: Stammfolge Martens aus Klein Wesenberg (Holstein) [Zweig der Stammfolge Bastian]. In: Deutsches Familienarchiv 97 (1988), S. 117–139.
Hans MEIER: Als unsere Bauern wieder frei wurden. In: Schleswig-Holsteinischer Bauernkalender 1942, S. 55–58.
Walter PAATSCH: Das Amt Tremsbüttel und die gräfliche Familie zu Stolberg. Mosaikbild einer ländlichen Vergangenheit. Teil 1 in: JbSt 7 (1989), S. 126–143; Teil 2 in: JbSt 8 (1990), S. 60–89.

Helmuth PEETS: Jersbek 1872 – Leben auf dem Lande in einer sich wandelnden Zeit. Nach dem Tagebuch des Tagelöhners J. J. Götsch, Jersbek 1997.
Jan PETERS (Hrsg.): Gutsherrschaft als soziales Modell – vergleichende Betrachtungen zur Funktionsweise frühneuzeitlicher Agrargesellschaften, München 1995.
Werner PRANGE: Erinnerungen aus meiner frühen Jugendzeit in Stormarn, 1865-1877. Aus den Erinnerungen von Julius Prange (1861-1941). In: JbSt 21 (2003), S. 51-63.
Wolfgang PRANGE: Die Anfänge der großen Agrarreformen in Schleswig-Holstein bis 1771, Neumünster 1971 (= Quellen und Forschungen zur Geschichte Schleswig-Holsteins 60).
Wolfgang PRANGE: Flucht aus der Leibeigenschaft. In: Das Recht der kleinen Leute, Berlin 1976, S. 166–178.
Wolfgang PRANGE: Die Entwicklung der adligen Eigenwirtschaft in Schleswig-Holstein. In: Die Grundherrschaft im späten Mittelalter, Band I, Sigmaringen 1983, S. 519–553.
Ernst REVENTLOW und Hans Adolf von WARNSTEDT: Daten zum Viehbestand und dem Ertrag des Ackerbaus der Herzogtümer in den 1840er Jahren. In: Rundbrief des Arbeitskreises für Wirtschafts- und Sozialgeschichte Schleswig-Holsteins, 22 (1983), S. 5–13.
Martin RHEINHEIMER (Bearb.): Bibliographie zur Wirtschafts- und Sozialgeschichte Schleswig-Holsteins, Neumünster 1997 (= Studien zur Wirtschafts- und Sozialgeschichte Schleswig-Holsteins 27).
Detleff RIESSEN: Die Landwirtschaft im Kreise Stormarn. In: Stormarner Hefte 4 (1977), S. 71–84 sowie in JbSt 1 (1983), S. 153–156.
Brar C. ROELOFFS: Die schleswig-holsteinische Landwirtschaft in der vorpreußischen Zeit – die Agrarreformen um 1800, ein markantes Ereignis. In: Bauernblatt für Schleswig-Holstein 42/138 (1988), S. 4747–4748.
August-Wilhelm SEEHUSEN: Über die Aufhebung der Feldgemeinschaft und die Teilung der Gemeinheiten in Schleswig-Holstein. In: Schleswig-Holsteinische Anzeigen 1961, S. 40–43.
Hans Hermann STORM: So war es damals. Das Leben auf dem Lande, 5 Bände, Rendsburg 1989–1992.
Erich THIESEN: Die Verkoppelung – Flurbereinigung vor 200 Jahren in Schleswig-Holstein. In: Minister für Ernährung, Landwirtschaft und Forsten des Landes Schleswig-Holstein (Hrsg.): 25 Jahre Flurbereinigung: Schleswig-Holstein, Kiel 1980, S. 52–56.
Klaus TIMM: Leibeigenschaft in Hoisbüttel – ein Zwischenbericht. In: Jahrbuch des Alstervereins 79 (2005), S. 27–33.
Dr. VOIGT: Die Aufteilung von 52 Staatsgütern in Schleswig-Holstein in den Jahren 1765–1782. In: Die Heimat 29 (1919), S. 189–190.
J. Volkert VOLQUARDSEN: Zur Agrarreform in Schleswig-Holstein nach 1945. In: ZSHG 102/103 (1977/78), S. 187–344.
Heinz WALDSCHLÄGER: Noch vor 130 Jahren: Armut machte rechtlos! Armenwesen im Kanzleigut Tangstedt. In: JbSt 9 (1991), S. 139–158.
Ingeborg WEBER-KELLERMANN: Landleben im 19. Jahrhundert, München 1988.
Martin WULF: Einkoppelung und die Aufhebung der Leibeigenschaft und die Folgen dieser Maßnahmen. In: Constantin Bock von Wülfingen und Walter Frahm (Hrsg.): Stormarn. Der Lebensraum zwischen Hamburg und Lübeck. Eine Landes- und Volkskunde, Hamburg 1938, S. 415–438.
Martin WULF: Die Leibeigenschaft in Stormarn. In: Stormarner Hefte 1 (1974), S. 11–51.

Martin WULF: Heimatkundliche Aufsätze, Neumünster 1987 (= Stormarner Hefte 12).
Heiner WULFERT: Die Agrarreformen in Schleswig-Holstein von 1765 bis zum Ende des 19. Jahrhunderts. In: Zeitschrift für Geschichtswissenschaft 34 (1986), S. 40–46.

Recht, Verwaltung, Jurisdiktion

Gadi ALGAZI: Herrengewalt und Gewalt der Herren im späten Mittelalter. Herrschaft, Gegenseitigkeit und Sprachgebrauch, Frankfurt/New York 1996.
Gustav APEL: Die Dörfer des hamburgischen Domkapitels in Stormarn. In: Constantin Bock von Wülfingen und Walter Frahm (Hrsg.): Stormarn. Der Lebensraum zwischen Hamburg und Lübeck. Eine Landes- und Volkskunde, Hamburg 1938, S. 351–355.
Manfred BENGEL und Franz SIMMERDING: Grundbuch, Grundstücke, Grenze, 3. Aufl., Neuwied/Frankfurt a. M. 1989.
Günther BOCK: Die Vogtei Trittau – Lokale Administration im Stormarn des 14. bis 16. Jahrhunderts. In: ders.: Studien zur Geschichte Stormarns im Mittelalter, Neumünster 1996 (= Stormarner Hefte 19)
Günther BOCK: Veränderungen der niederadligen Besitzstruktur und deren Auswirkungen auf die Kirchspielgliederung im Nordosten Alt-Stormarns während des Spätmittelalters. In: HJbS 47 (2001), S. 49–80.
Adolf CHRISTEN: Die altstormarnschen Ämter Reinbek, Tremsbüttel und Trittau: In: Stormarner Hefte 1 (1974), S. 52-68.
Hans DRECKMANN: Die Verwaltungseinteilung der Herzogtümer Schleswig und Holstein vor 1867. In: Die Heimat 74 (1967), S. 295–296.
Nikolaus FALCK: Handbuch des schleswig-holsteinischen Privatrechts, Band I–V, Altona 1825–1848.
Nikolaus FALCK: Sammlung der wichtigsten Urkunden, welche auf das Staatsrecht der Herzogthümer Schleswig und Holstein Bezug haben, Kiel 1847.
Walter FINK: Das Amt Reinbek 1577–1800. Höfe, Mühlen, Vorwerke und ihre Besitzer, Frankfurt/M. 1969.
Anna-Therese GRABKOWSKY: Reinbek. In: Die Männer- und Frauenklöster der Zisterzienser in Niedersachsen, Schleswig-Holstein und Hamburg, Sankt Ottilien 1994, S. 567–585.
Franz GUNDLACH (Hrsg.): Das älteste Urteilbuch des Holsteinischen Vierstädtegerichts 1497–1574, Kiel 1925 (= Quellen und Forschungen zur Geschichte Schleswig-Holsteins 10).
Oswald HAUSER: Staatliche Einheit und regionale Vielfalt in Preußen, Neumünster 1967.
Kurt HECTOR: Zur Verwaltung und Rechtspflege in Schleswig-Holstein vor 1864. In: Peter Ingwersen (Hrsg.): Methodisches Handbuch für Heimatforschung, Schleswig 1954, S. 119–135.
Burkhard von HENNIGS: Güter in Stormarn. Vorläufer, Entstehung, allgemeine Geschichte. In: JbSt 23 (2005), S. 8–22.
Hans HEUER: Aus der Geschichte des Amtes Reinbek vornehmlich in älterer Zeit. In: Magistrat der Stadt Reinbek am Sachsenwald (Hrsg.): Festschrift zur 725-Jahrfeier von Reinbek 1238–1963, Reinbek o. J., S. 80–98.

Hans HEUER: Das Kloster Reinbek, Neumünster 1985.
Georg v. HOBE-GELTING: Die rechtliche Stellung der adligen Güter und Gutsbezirke in Schleswig-Holstein in der Zeit von 1805 bis 1928, Diss., Kiel 1974.
Friedrich HÖRN: Von den Anfängen des Amtes Traventhal. In: HJbS 15 (1969), S. 70–75.
Reimut JOCHIMSEN, Peter KNOBLOCH und Peter TREUNER: Gebietsreform und regionale Strukturpolitik – Das Beispiel Schleswig-Holstein, Opladen 1971.
Heinrich KOCHENDÖRFFER: Das adelige Landgericht in Schleswig-Holstein. In: NE 3 (1924), S. 325–340.
Georg KRAUS: Das Recht der Familienfideikommisse und der Familienstiftungen in Schleswig-Holstein. In: Schleswig-Holsteinische Anzeigen 81 (1917), S. 1–46.
Ulrich LANGE: Bemerkungen zur verfassungsgeschichtlichen Stellung des holsteinischen Adels im 13. Jahrhundert. In: HJbS 22 (1976), S. 9–12.
Oliver MEESCH: Das alte Amt Trittau. Beziehungen und Wechselwirkungen mit der Geschichte des heutigen Rahlstedt. In: Rahlstedter Jahrbuch für Geschichte und Kultur 2009, S. 18–22.
Dieter-J. MEHLHORN: Klöster in Schleswig-Holstein – Itzehoe, Preetz, Schleswig, Uetersen, Heide 2004.
Nicole MEIFFERT: Die Geschichte des Amtes Reinbek 1576–1773, Neumünster 1995.
Walter PAATSCH: Das Amt Tremsbüttel und die gräfliche Familie zu Stolberg – Mosaikbild einer ländlichen Vergangenheit. Teil 1. In: JbSt 7 (1989), S. 126–143; Teil 2. In: JbSt 8 (1990), S. 60–89.
Walter PAATSCH: Alte Gerichtsakten als Quellen der Heimatgeschichte. In: HJbS 39 (1993), S. 29–32.
Volquart PAULS: Die holsteinische Lokalverwaltung im 15. Jahrhundert. In: ZSHG 38 (1908), S. 1–88, 43 (1913), S. 1–255.
Julius PELTZER: Die Begründung von Rentengütern und das Grundbuch im Gebiete des Preußischen Allgemeinen Landrechts, Berlin 1895.
Wolfgang PRANGE: Einige Bemerkungen über Leibeigenschaftsprozesse. In: ZSHG 95 (1970), S. 237–240.
Wolfgang PRANGE: Das Lübecker Domkapitel. In: 800 Jahre Dom zu Lübeck. Festschrift, Lübeck 1973, S. 109–129.
Wolfgang PRANGE: Das Adlige Gut in Schleswig-Holstein im 18. Jahrhundert. In: Christian Degn und Dieter Lohmeier (Hrsg.): Staatsdienst und Menschlichkeit. Studien zur Adelskultur des späten 18. Jahrhunderts in Schleswig-Holstein und Dänemark, Neumünster 1980, S. 57–75.
Wolfgang PRANGE: Landesherrschaft, Adel und Kirche in Schleswig-Holstein 1523 und 1581. Die Zahl der Bauern am Ende des Mittelalters und nach der Reformation. In: ZSHG 108 (1983), S. 51–90.
Wolfgang PRANGE: Trittau in lübscher Hand 1534. In: Verein für Lübeckische Geschichte und Altertumskunde 79 (1999), S. 146–163.
Horst RALF: Der Pflug als Rechtssymbol und Maß für Abgaben. In: HJbS 45 (1999), S. 46–52.
Heinrich REINCKE: Altes Rechtsleben in Stormarn. In: Constantin Bock von Wülfingen und Walter Frahm (Hrsg.): Stormarn. Der Lebensraum zwischen Hamburg und Lübeck. Eine Landes- und Volkskunde, Hamburg 1938.

Klauspeter REUMANN: Das Kloster Reinfeld und die Grafen von Holstein. Zur Gründung und Aufhebung eines Zisterzienserklosters. In: Verein für katholische Kirchengeschichte. Beiträge und Mitteilungen 2 (1988), S. 83–113.
Klauspeter REUMANN: Reinfeld. In: Die Männer- und Frauenklöster der Zisterzienser in Niedersachsen, Schleswig-Holstein und Hamburg, Sankt Ottilien 1994, S. 586–603.
Georg Alfred RUNGE: Gerichtsverfassung und Rechtsordnung in Schleswig und Holstein bis 1867. In: Schleswig-Holsteinische Anzeigen 1989, S. 149–152.
Regina SCHERPING: Das Kloster Reinbek – die Grabungen der Jahre 1985–1987. In: Offa Band 53 (1996), S. 237–294.
Friedrich SEESTERN-PAULY: Beiträge zur Kunde der Geschichte sowie des Staats- und Privat-Rechts des Herzogthumes Holstein, 2 Bände, Schleswig 1822/25.
Max SERING: Erbrecht und Agrarverfassung in Schleswig-Holstein auf geschichtlicher Grundlage, Berlin 1908.
Karl v. WARNSTEDT: Zur Kunde der Verfassung und Vertretung der Landcommünen in den Herzogthümern Schleswig und Holstein. In: Neues Staatsbürgerliches Magazin 5 (1837), S. 504–594.

Steuerwesen

Franz Heinrich ALBERS: Allgemeine Darstellung des Hebungswesens in den Ämtern und Landschaften der Herzogthümer Schleswig und Holstein; mit besonderer Rücksicht auf die herrschaftlichen Gefälle und Abgaben, Kopenhagen 1840.
Günther BOCK: Die Kleinen traf es am härtesten. Besteuerung und Hofgröße in Bargteheide um 1685. In: JbSt 9 (1991), S. 97–111.
Günther BOCK: Gestrichen voll oder gehäuft. Zur Frage des vorreformatorischen Zehnten in Alt-Stormarn. In: Festschrift Alf Schreyer, Neumünster 1990, S. 94–116 (= Stormarner Hefte 15).
Heinrich CLAUSEN: Pflug = Hufe? In: JbSG 37 (1989), S. 61–68.
Franz EHLERS: Zoll- und Steuergeschichte Schleswig-Holsteins, o. O. o. J.
Albert HÄNEL und Wilhelm SEELIG: Zur Frage der „stehenden Gefälle“ in Schleswig-Holstein, Kiel 1871.
Jan HEYDE: Die Steuern in Schleswig-Holstein im 17. und 18. Jahrhundert. In: JbSG 29 (1981), S. 204–207.
C. HORST: Das Hebungs- und Steuerwesen, Kiel 1857.
Werner PFEIFFER: Geschichte des Geldes in Schleswig-Holstein, Heide/Holstein 1977.
Horst RALF: Der Pflug als Rechtssymbol und Maß für Abgaben. In: HJbS 45 (1999), S. 46–52.
Johann Christian RAVIT: Die Steuern in Schleswig-Holstein und das preußische Steuersystem, Hamburg 1867.
Friedrich SAEFTEL: Pflug-Gespann, Fach-Haus, Grund-Steuer. Das Haus als Maßstab für Rechte und Pflichten sowie als Grundlage für den Aufbau der Münzrechnung, Eckernförde 1957.
Hans-Christian STEINBORN: Abgaben und Dienste holsteinischer Bauern im 18. Jahrhundert, Neumünster 1982 (= Quellen und Forschungen zur Schleswig-Holsteinischen Geschichte 79).

Adolf Theodor THOMSEN-OLDENSWORTH: Die Steuern der Herzogthümer Schleswig-Holstein und des Preußischen Staats, Kiel 1867.

Gedruckte Quellen, Quellenkunde, Statistiken, Archive und sonstige Hilfsmittel

Gadi ALGAZI: Ein gelehrter Blick ins lebendige Archiv. Umgangsweisen mit der Vergangenheit im 15. Jahrhundert. In: Historische Zeitschrift 266 (1998), S. 317–357.
Klaus Christoph BAUMGARTEN: Münzen und Münzhoheit der Stadt Oldesloe im 14. Jahrhundert. In: JbSt 4 (1986), S. 81–85.
Günther BOCK: Das Tremsbüttler Heuer- und Dienstgeldregister von 1490. In: JbSt 8 (1990), S. 115–134.
Michael BRÜCHMANN und Annette GÖHRES: Das Nordelbische Kirchenarchiv. In: Steinburger Jahrbuch 2003, S. 43–53.
H. CARSTENS: Die Volkszählung 15. August 1769 in Schleswig-Holstein. In: Zeitschrift für Niedersächsische Familienkunde 19 (1937), S. 180–184.
CHRONIKEN in Schleswig-Holstein. In: JbSG 41 (1993), S. 248–260.
A. CLASEN: Altes stormarnisches Bauerntum in Registern des 15. und 16. Jahrhunderts. In: Zeitschrift für Niedersächsische Familienkunde 30 (1955), S. 50–62 und 82–110.
Otto CLAUSEN: Die Bedeutung der Schuld- und Pfandprotokolle für die Hof- und Familienforschung. In: Busdorfer Hefte 1 (1988), S. 42–48.
Rainer DEMSKI: Die Flurkarte als historische Quelle. In. JbEut 29 (1995), S. 57–61.
Peter DRYGALLA: Das Verzeichnis der Leibeigenen im Amt Reinfeld 1744, Kiel 1993 (= Familienkundliches Jahrbuch Schleswig-Holstein, Sonderheft 5).
Peter DRYGALLA: Das Verzeichnis der Leibeigenen in den Ämtern Plön und Rethwisch 1744, Kiel 1996 (= Familienkundliches Jahrbuch Schleswig-Holstein, Sonderheft 6).
Peter DRYGALLA: Die Untersuchungsprotokolle zur Feststellung der Leibeigenschaft in den Ämtern Reinfeld und Rethwisch Anno 1744, Glinde 1997 (Selbstverlag).
Peter DRYGALLA: Mannzahlregister von das köngliche Amt Reinbek de Anno 1777 – nach welchen in den daselbst befindlichen Dörfern vorhanden sind. Folge 1. In: Familienkundliches Jahrbuch Schleswig-Holstein 47 (2008), S. 54–110.
Peter DRYGALLA: Mannzahlregister des Amtes Reinbek. Teil 2. In: Familienkundliches Jahrbuch Schleswig-Holstein 48 (2009), S. 4–54; Teil 3. In: Familienkundliches Jahrbuch Schleswig-Holstein 49 (2010), S. 5–53.
Albrecht ECKHARDT: Archivalien zur Geschichte des Landesteils Lübeck (Eutin) im Staatsarchiv in Oldenburg (um 1600/1773–1937), Teil 1 und 2, 1989–1990 (Veröffentlichungen der Niedersächsischen Archivverwaltung; Inventare und kleinere Schriften des Staatsarchivs in Oldenburg, Heft 33 und 34).
Veronika EISERMANN und Hans Wilhelm SCHWARZ (Bearb.): Archive in Schleswig-Holstein, Schleswig 1996 (= Veröffentlichungen des Schleswig-Holsteinischen Landesarchivs, Band 43).
Hannelies ETTRICH: ...von den Freuden und Leiden, eine Chronik zu schreiben. In: JbSt 8 (1990), S. 103–113.
Rolf GEHRMANN: Die Volkszählungslisten als Spiegel der Sozialstruktur Schleswig-Holsteins im 19. Jahrhundert. In: Die Heimat 91 (1984), S. 111–118.

Silke GÖTTSCH: Ländliche Tage- und Anschreibebücher. In: KBlV XIV (1982), S. 153–159.
Silke GÖTTSCH: Möglichkeiten der Erfassung und Auswertung von Amtsrechnungen. In: KBlV XV (1983), S. 163–172.
Kurt HECTOR: Das Schleswig-Holsteinische Landesarchiv, Schleswig 1973.
Otto HERGENHAN: Gründung einer Brandgilde in Trittau. In: JbSt 4 (1986), S. 113–118.
Gottfried Ernst HOFFMANN: Der Weg zu den archivalischen Quellen der Heimat- und Landesforschung. In: Peter Ingwersen (Hrsg.): Methodisches Handbuch für Heimatforschung, Schleswig 1954, S. 24–40.
Marie-Luise HOPF-DROSTE (Hrsg.): Katalog ländlicher Anschreibebücher aus Nordwestdeutschland, Münster 1989.
Heinrich Freiherr von HOYNINGEN und Robert KNULL: Landesarchiv Schleswig-Holstein. In: Steinburger Jahrbuch 2003, S. 31–42.
Peter INGWERSEN (Hrsg.): Methodisches Handbuch für Heimatforschung, Schleswig 1954.
Hans-Jürgen KAHLFUSS: Landesaufnahme und Flurvermessung in den Herzogtümern Schleswig, Holstein und Lauenburg vor 1864, Neumünster 1969.
Gustav KOLSS und Klaus TIMM: Verzeichnis der Bauernhofbesitzer in Hoisbüttel 1564–1900 mit Nachträgen, Ammersbek 2003.
KÖNIGLICH Preußisches Statistisches Landesamt (Hrsg.): Gemeindelexikon für die Provinz Schleswig-Holstein, Berlin 1908.
KREIS Stormarn (Hrsg.): Kommunalarchive im Kreis Stormarn – eine Übersicht, 4. aktualisierte Auflage, Bad Oldesloe 2004.
KREISARCHIV Stormarn (Hrsg.): Archive im Kreis Stormarn. Eine Übersicht und Dokumentation, 3., aktualisierte Auflage, Bad Oldesloe 2002.
Uwe KRÖGER: Vom Pfund zum Kilogramm in Schleswig-Holstein. In: Natur- und Landeskunde 112 (2005), S. 28–33.
Jürgen KÜHL: Zwei Recheneinschreibebücher aus dem 18. Jahrhundert. In: HJbS 45 (1999), S. 61–71.
LANDESVERMESSUNGSAMT Schleswig-Holstein (Hrsg.): Topographische Charte des Herzogtums Holstein (1789–1796) 1:25 000, aufgenommen unter Gustav Adolf von Varendorf durch Offiziere des Schleswigschen Infanterieregiments, Kiel 1991.
Wolfgang LANGE: Zur Volkszählung 1803. Beispiel Glinde. In: JbSt 5 (1987), S. 95–97.
Wolfgang LANGE: Drei Quellen – zur Landverteilung in Glinde 1704 – 1775 – 1783. In: Festschrift Alf Schreyer, Neumünster 1990, S. 117–146 (= Stormarner Hefte 15).
Wolfgang LANGE: Chronikalische Arbeiten aus dem Kreis Stormarn. Ein Überblick. In: JbSt 8 (1990), S. 149–155.
Klaus-Joachim LORENZEN-SCHMIDT: Getreidepreise in Schleswig-Holstein, Hamburg und Lübeck 1734 bis 1841. In: Rundbr. 11 (1981), S. 6–18.
Klaus-Joachim LORENZEN-SCHMIDT: Bäuerliche Anschreibe- und Tagebücher – ein bisher vernachlässigter Quellenbereich der Landwirtschaftsgeschichte. In: Rundbr. 12 (1981), S. 9–14.
Klaus-Joachim LORENZEN-SCHMIDT: Eine Zeittafel für den schleswig-holsteinischen Wirtschafts- und Sozialhistoriker. In: Rundbr. 23 (1983), S. 2–22.
Klaus-Joachim LORENZEN-SCHMIDT: Anschreibebücher als Quellen zur Wirtschaftsgeschichte bäuerlicher Betriebe in Schleswig-Holstein. In: ZSHG 109 (1984), S 151–165.

Klaus-Joachim LORENZEN-SCHMIDT und Bjørn POULSEN (Hrsg.): Bäuerliche Anschreibebücher als Quellen zur Wirtschaftsgeschichte, Neumünster 1992 (= Studien zur Wirtschafts- und Sozialgeschichte Schleswig-Holsteins, Band 21).
Klaus-Joachim LORENZEN-SCHMIDT: Quellenkundliche Überlegungen bei der Auswertung bäuerlicher Schreibebücher. In: Research on Peasant Diaries, Newsletter 8 (1993), S. 7–14.
Klaus-Joachim LORENZEN-SCHMIDT: Warum schrieben Bauern? In: KBlV 27 (1995), S. 109–126.
Klaus-Joachim LORENZEN-SCHMIDT: Arbeitsschritte und Arbeitsmaterialien für das Schreiben einer Ortsgeschichte. In: Steinburger Jahrbuch 1995, S. 53–61.
Klaus-Joachim LORENZEN-SCHMIDT: Lübisch und Schleswig-Holsteinisch Grob Courant. Waren-, Handels- und Geldbeziehungen zwischen Lübeck und den Herzogtümern Schleswig und Holstein im Spätmittelalter und in der Frühen Neuzeit, Lübeck 2003 (= Handel, Geld und Politik vom frühen Mittelalter bis heute, Band 6).
Ronald LUCHT: Das Landesarchiv Schleswig-Holstein. Eine Betrachtung aus archivtechnischer Sicht, Schleswig 2006 (= Veröffentlichungen des Landesarchivs Schleswig-Holstein, 89).
Andreas Ludwig Jacob MICHELSEN und Jacob ASMUSSEN: Archiv für Staats- und Kirchengeschichte der Herzogthümer Schleswig, Holstein, Lauenburg und der angrenzenden Länder und Städte, 5 Bände, Altona 1833–43.
Ingwer Ernst MOMSEN: Die allgemeinen Volkszählungen in Schleswig-Holstein in dänischer Zeit (1769–1860), Neumünster 1974 (=Quellen und Forschungen zur Geschichte Schleswig-Holsteins, Band 66).
Ute NEUHAUS-SCHRÖDER: Dorfchroniken in Schleswig-Holstein. In: Die Heimat 101 (1994), S. 57–64.
Ute NEUHAUS-SCHRÖDER: Dorfchroniken in Schleswig-Holstein. In: Steinburger Jahrbuch 1995, S. 298–308.
Ute NEUHAUS-SCHRÖDER (Hrsg.): Heimatforschung in Schleswig-Holstein. Handbuch für Chronisten, Regionalforscher und Historiker, Husum 2001.
Ute NEUHAUS-SCHRÖDER: Konzepte für eine konkrete Chronikarbeit. In: HJbS 47 (2001), S. 179–187.
Manfred Otto NIENDORF: Chronikarbeit voll im Trend? In: Steinburger Jahrbuch 1995, S. 11–32.
OBER-POSTDIREKTION Kiel (Hrsg.): Verzeichnis sämtlicher Ortschaften der Provinz Schleswig-Holstein, Berlin 1922.
Wilhelm PETERSEN: Was besagen die Endungen „thorp“, „borstel“ und „wurt“? Chronik schleswig-holsteinischer Ortsnamen. In: Jahrbuch für Schleswig-Holstein 53 (1991), S. 58–63.
J. PRANGE: Ein Freibrief aus dem Jahre 1775 (Ratzbek). In: Die Heimat 30 (1920), S. 26–27.
Wolfgang PRANGE: Geschäftsgang und Registratur der Rentekammer zu Kopenhagen 1720–1799, beschrieben als Anleitung zur Benutzung ihres Schleswig-Holstein betreffenden Archivs. In: ZSHG 93 (1968), S. 181–203.
Johann Christian RAVIT: Actenstücke zur Geschichte der Pflugzahl und insonderheit der reducierten Pflugzahl. In: Jahrbücher für die Landeskunde 9 (1867), S. 285–353.

Hugo SCHÜNEMANN: Alte Längenmaße und Meßgeräte. In: Steinburger Jahrbuch 1974, S. 83–98.
Johannes SPALLEK: Das Archivwesen des Kreises Stormarn. In: Schleswig-Holsteinische Archivtage 1985–1987. Ansprachen und Vorträge, Schleswig 1987, S. 57–65.
Barbara GÜNTHER und Johannes SPALLEK: Kreis Stormarn. In: Landesarchiv Schleswig-Holstein (Hrsg.): Archive in Schleswig-Holstein, Schleswig 1996, S. 73–79 (= Veröffentlichungen des schleswig-holsteinischen Landesarchivs 43).
Johannes SPALLEK: Kreisarchiv Stormarn wird zum Modernen Dienstleistungsbetrieb ausgebaut. In: JbSt 18 (2000), S. 151–154.
STATISTISCHES Landesamt Schleswig-Holstein (Hrsg.): Verzeichnis der Gemeinden, Ortschaften und Wohnplätze in Schleswig-Holstein, Kiel 1953.
STATISTISCHES Landesamt Schleswig-Holstein (Hrsg.): Die schleswig-holsteinischen Kreise und Verzeichnis der Gemeinden nach der Gebietsreform vom 26.4.1970, Kiel 1970.
STATISTISCHES Landesamt Schleswig-Holstein (Hrsg.): Die Bevölkerung der Gemeinden in Schleswig-Holstein 1867–1970, Kiel 1972.
Gerd STEINWASCHER: Heimatforschung und mittelalterliche Quellen. Eine Einführung, Hildesheim 1992.
Otto THIESSEN: Das Schuld- und Pfandprotokoll als Quelle der Familienforschung. In: JbAng 3 (1933), S. 48–54.
Klaus TIMM: Verzeichnis der Bauernhofbesitzer in Bünningstedt (1697)/1746–1950, Ammersbek 2006.
Martin WULF: Archivpflege im Kreise Stormarn. In: Die Heimat 71 (1964), S. 288–291.

Haus- und Familiengeschichte, Ortschroniken

(Alphabetisch nach Orten geordnet)

Angela BEHRENS: Das Adlige Gut **Ahrensburg** um 1800. Zur Dynamik eines ländlichen Herrschaftsgebietes. In: Norbert Fischer, Franklin Kopitzsch und Johannes Spallek (Hrsg.): Regionalgeschichte am Beispiel Stormarn: Von ländlichen Lebenswelten zur Metropolregion, Neumünster 1998, S. 73–92 (= Stormarner Hefte 21).
Angela BEHRENS: Das Adlige Gut **Ahrensburg** von 1715 bis 1867. Gutsherrenschaft und Agrarreformen, Neumünster 2006 (= Stormarner Hefte 23).
Henning Johann Hermann EICKE: Beschreibung des Guts **Ahrensburg**. Verfasst von H. J. H. Eicke (1771), Ahrensburg 1991 (= Historische Blätter 14).
Hans JOHANNSEN: Die Bevölkerung des Kirchspiels Woldenhorn im Laufe der Zeiten [**Ahrensburg**]. In: Die Heimat 45 (1935), S. 315–322.
Walter PAATSCH: Reimershorst – ein vergessener Siedlungsplatz bei **Ahrensburg**. In: JbSt 9 (1991), S. 159–167.
Arne WOLTER: **Ahrensburg** im Wandel in alten und neuen Bildern, Hamburg 1992.
Helmut DAHMKE (Hrsg.): **Ahrensfelde** im Wandel der Jahrhunderte. Eine Zeittafel von 1555 bis 2000, o. O. o. J. (2003).
Ursula MÜSEGAES (Red.): Chronik **Ammersbek**, Bünningstedt, Hoisbüttel, Neumünster 1988.

GEMEINDE Badendorf (Hrsg.): 700 Jahre **Badendorf** 1302–2002, Badendorf 2002.
GEMEINDE Bargfeld-Stegen (Hrsg.): 800 Jahre **Bargfeld** 1195–1995, Bargfeld 1995.
Axel LOHR: Das Wirtschaftsleben in Gräberkate [**Bargfeld**]. In: JbSt 15 (1997), S. 138–151; JbSt 16 (1998), S. 96–141.
Ursula MÜSEGAES: Dorfchronik **Bargfeld**-Stegen. Die Geschichte eines Dorfes von 1945–1985, Bargfeld-Stegen 1986.
Günther BOCK: Hennekin Scherpingh. Aus dem Leben eines **Bargteheide**r Bauern im 14. Jahrhundert. In: Jahrbuch des Alstervereins 66 (1990), S. 34–44.
Günther BOCK: Die Kleinen traf es am härtesten – Besteuerung und Hofgröße in **Bargteheide** um 1685. In: JbSt 9 (1991), S. 97–111.
Hartmut JOHN: **Bargteheide** – Entwicklung vom Dorf zur Stadt. In: JbSt 3 (1985), S. 145–148.
Wilhelm POSTL: **Bargteheide** im Amt Tremsbüttel. Die Geschichte des Dorfes, 3. Aufl., Bargteheide 1986.
Hans-Dieter ELLERBROCK (Red.): Uns **Barsbüttel**. Geschichten und Bilder von den vier Ortsteilen Barsbüttel, Stellau, Stemwarde und Willinghusen, Hamburg 2002.
Heino v. RANTZAU (Red.): Uns **Barsbüttel**. Aus der Geschichte des Ortes 1228 bis 1978, Hamburg 1978.
Anne MATTHIESEN und Hans-Gert MATTHIESEN: Groß-Hansdorf – **Beymoor**, Hamburg 1988.
Martin WULF: Das Gehöft **Beimoor** bei Großhansdorf. In: Der Waldreiter 1989, Nr. 6, S. 12–15.
Burkhard von HENNIGS: **Blumendorf**. In: Schleswig-Holstein 7/8 (1992), S. 33–36.
Joachim WERGIN: Das Gut **Blumendorf**. In: Die Heimat 107 (2000), S. 247–248.
Matthäus Christian BERG: Chronik von **Braak**. Teil 1: Aus Geschichte und Kultur eines Stormarner Dorfes, Braak 1979; Teil 4: Die Flurnamen der Dörfer Braak und Neu-Stapelfeld, Kirchspiel Altrahlstedt, im Jahre 1781 und 1875, Kiel 1944 (Nachdruck Braak 1979).
Ortwin JAHNCKE: Ein Dorf schreibt Geschichte – 750 Jahre **Braak**. Festrede von Bürgermeister Ortwin Jahncke. In: Der Thie – Heimatliches Mitteilungsblatt für die Dörfer des Amtes und des Kirchspiels Siek, Heft 206 (2000), S. 11–19.
Uta KNAACK: Die Soltaus in **Braak**. In: Der Thie – Heimatliches Mitteilungsblatt für die Dörfer des Amtes und des Kirchspiels Siek, Heft 163 (1990), S. 17–20.
Gerhard HAAK, Hartmut HENNING und Heinz-Adolf HINTZ: 25 Jahre **Brunsbek**. Die Geschichte der Dörfer Papendorf, Kronshorst, Langelohe, o. O. 1999.
Hartmut HENNING: **Brunsbek** – Notizen zur Heimatgeschichte der ehemaligen Dörfer Langelohe, Kronshorst und Papendorf. In: Der Thie – Heimatliches Mitteilungsblatt für die Dörfer des Amtes und des Kirchspiels Siek, Heft 171 (1992), S. 28–29.
Heinz A. HINTZ: Niederlegung des Dorfes [**Brunsbek**], Gründung des Meierhofes, Übernahme in Erbpacht 1701–1742. In: Der Thie – Heimatliches Mitteilungsblatt für die Dörfer des Amtes und des Kirchspiels Siek, Heft 201 (1999), S. 12–20.
Ursula MÜSEGAES: Chronik **Ammersbek**, Bünningstedt, Hoisbüttel, Neumünster 1988.
Burkhard von HENNIGS: Die **Beekkate** in Altfresenburg. In: Stormarner Hefte 9 (1983), S. 143–146.

Klaus TIMM: Verzeichnis der Bauernhofbesitzer in **Bünningstedt** (1697)/1746–1950, Ammersbek 2006.
Waltraud STROBACH: **Delingsdorf**. Die Geschichte eines Dorfes in Stormarn, Hamburg 1992.
Ilse VÖLKER: Tangstedter Historien in Wort und Bild. Ausflüge in die Geschichte der Großgemeinde Tangstedt und ihre heutigen Ortsteile Tangstedt, Wilstedt, Wulksfelde, Rade, **Ehlersberg** und Wiemerskamp, Norderstedt 1991.
Günther BOCK und Klaus GILLE: Steinburg. Blicke in die Geschichte – **Eichede**, Mollhagen, Sprenge 1259–2009, Steinburg 2009.
Katharina MAKAROWSKI: **Elmenhorst**. Chronik der Stormarner Dörfer Elmenhorst, Mönkenbrook, Fischbek, Elmenhorst 1994.
Katharina MAKAROWSKI: Elmenhorst – Chronik der Stormarner Dörfer Elmenhorst, Mönkenbrook, **Fischbek**, Elmenhorst 1994.
Burkhard von HENNIGS: Die Beekkate in Alt**fresenburg**. In: Stormarner Hefte 9 (1983), S. 143–146.
Marion BÖCKEL: Erinnerungen an **Glinde**: „… herzlichen Dampf!“, Glinde 1984.
Marion BÖCKEL (Hrsg.): **Glinde** 2004. Eine lebendige Ortsgeschichte, Glinde 2004.
GEMEINDE Glinde (Hrsg.): **Glinde** 1229-1979, Glinde 1979.
Wolfgang LANGE: Zur Volkszählung 1803. Beispiel **Glinde**. In: JbSt 5 (1987), S. 95–97.
Wolfgang LANGE: Drei Quellen – Zur Landverteilung in **Glinde** 1704 - 1775 - 1783. In: Festschrift Alf Schreyer, Neumünster 1990, S. 117–146 (= Stormarner Hefte 15).
Joachim WERGIN: Das Herrenhaus des Gutes **Glinde**. In: JbSt 11 (1993), S. 10–13.
Joachim WERGIN: Das Gut in **Glinde**. In: Die Heimat 106 (1999), S. 169–170.
Norbert FISCHER: Das Gutsdorf Grabau in den zwanziger Jahren. In: JbSt 17 (1999), S. 75-79.
Eckhard und Doris MOSSNER: Blick in die Vergangenheit. Beiträge zur Dorfchronik **Grabau**, Grabau 1994.
Joachim WERGIN: Zwei Güter mit Herrenhäusern des Historismus: Tremsbüttel und **Grabau**. In: Die Heimat 103 (1996), S. 221–225.
Axel LOHR: Das Wirtschaftsleben in **Gräberkate**. In: JbSt 15 (1997), S. 138–151; JbSt 16 (1998), S. 96–141.
Evelyn ALBERT: **Grande**. Ein Stormarner Dorf an der Bille, Berkenthin 2001.
Adolf WOLKEWITZ: Trittau und seine Amtsgemeinden: Lütjensee, Großensee, Grönwohld, Hamfelde, Hohenfelde, Köthel, **Grande**, Rausdorf, Witzhave, Schwarzenbek o. J. (1989).
Karin FEIST und Andreas WILDE: **Grönwohld**. Chronik und Bildband, Grönwohld 1998.
Adolf WOLKEWITZ: Trittau und seine Amtsgemeinden: Lütjensee, Großensee, **Grönwohld**, Hamfelde, Hohenfelde, Köthel, Grande, Rausdorf, Witzhave, Schwarzenbek o. J. (1989).
Adolf CHRISTEN: Die **Großenseer** Baumkate. Ein typisches Beispiel für die Entwicklung südstormarnischer Zollkaten zu Bauernhöfen. In: Die Heimat 68 (1961), S. 225–228.
Joachim WERGIN: **Großensee**. In: JbSt 6 (1988), S. 128–129.
Joachim WERGIN: **Großensee**. Ein Dorf in Stormarn, Großensee 1991.
Joachim WERGIN: **Großensee**. In: Unsere Heimat – die Walddörfer 29 (1991), S. 72–73.

Adolf WOLKEWITZ: Trittau und seine Amtsgemeinden: Lütjensee, **Großensee**, Grönwohld, Hamfelde, Hohenfelde, Köthel, Grande, Rausdorf, Witzhave, Schwarzenbek o. J. (1989).
Anne MATTHIESEN und Hans-Gert MATTHIESEN: **Groß-Hansdorf** – Beymoor, Hamburg 1988.
Roswitha MEYER: Beiträge zur Geschichte der Hamburgischen Walddörfer Großhansdorf und Schmalenbeck, Schmalenbeck 1964 (Hausarbeit zur Ersten Lehrerprüfung).
Jens WESTERMANN: **Großhansdorf**, wo es liegt, was es ist. In: Der Waldreiter 2007, Heft 6, S. 28–31.
Hans-Rainer ZÜHLSDORF: Geschichten aus dem alten **Großhansdorf** und Schmalenbeck, Großhansdorf 1992.
Erich Brügmann: 800 Jahre **Groß Wesenberg** 1189–1989, Wesenberg o. J. (1989).
GEMEINNÜTZIGER Verein Hamberge e. V. (Hrsg.): Von den Anfängen bis in die Gegenwart. **Hamberge** und Hansfelde – Entwicklung der kleinen ehemals zum Domkapitel Lübeck gehörenden Dörfer zu einer Ortschaft, Hamberge 2004.
Wolfgang BUCHWALD: **Hamfelde** im Kreis Stormarn, Hamfelde 2003.
Adolf WOLKEWITZ: Trittau und seine Amtsgemeinden: Lütjensee, Großensee, Grönwohld, **Hamfelde**, Hohenfelde, Köthel, Grande, Rausdorf, Witzhave, Schwarzenbek o. J. (1989).
Burkhard von HENNIGS: **Hammoor** – ein Dorf im Wandel. Gedanken anläßlich eines Dorfrundganges. In: JbSt 13 (1995), S. 42–45.
GEMEINDE Hammoor (Hrsg.): **Hammoor**. Festschrift – 725 Jahre Hammoor, Hammoor 1988.
GEMEINNÜTZIGER Verein Hamberge e. V. (Hrsg.): Von den Anfängen bis in die Gegenwart. Hamberge und **Hansfelde** – Entwicklung der kleinen ehemals zum Domkapitel Lübeck gehörenden Dörfer zu einer Ortschaft, Hamberge 2004.
Robert KLEIN: 750 Jahre **Havighorst** 1237–1987, Havighorst 1987.
Friedrich SANDER: Oststeinbek – **Havighorst** – gestern und heute, Oststeinbek 1989.
Karlheinz SCHMIDT: 750 Jahre **Havighorst** – 140 Jahre Gaststätte Schwarzenbeck. In: Oststeinbek, Nr. 25 (2007), S. 1–12.
Karlheinz SCHMIDT: **Havighorst** – Flurnamen aus der Zeit der Verkoppelung 1776/1780. Zusammenstellung und Deutungsversuche, Teil 1, Teil 2, Teil 3. In: Oststeinbek, Nr. 29 (2009) S. 1–12, Nr. 30 (2009) S. 1–12, Nr. 31 (2009) S. 1–12.
Neidhart POEDTKE: Chronik des Dorfes **Heidekamp** in seiner Landschaft und seiner Geschichte, Heidekamp 2000.
GEMEINDE Hohenfelde (Hrsg.): 700 Jahre Hogheveldt – **Hohenfelde** 1289–1989, Hohenfelde 1989.
Adolf WOLKEWITZ: Trittau und seine Amtsgemeinden: Lütjensee, Großensee, Grönwohld, Hamfelde, **Hohenfelde**, Köthel, Grande, Rausdorf, Witzhave, Schwarzenbek o. J. (1989).
Joachim WERGIN: Gut **Hohenholz** bei Bad Oldesloe. In: Der Waldreiter 2003, Heft 3, S. 38–39.
Ursula MÜSEGAES: Chronik Ammersbek, Bünningstedt, **Hoisbüttel**, Neumünster 1988.
Gustav KOLSS und Klaus TIMM: Verzeichnis der Bauernhofbesitzer in **Hoisbüttel** 1564–1900 mit Nachträgen, Ammersbek 2003.

Alf SCHREYER: **Hoisbüttel** im Mittelalter. In: Festschrift Alf Schreyer, Neumünster 1990, S. 73–77 (= Stormarner Hefte 15).
Alf SCHREYER: Aus der Vergangenheit des Dorfes **Hoisbüttel**. In: Festschrift Alf Schreyer, Neumünster 1990, S. 78–93 (= Stormarner Hefte 15).
Klaus TIMM: Friedrich Wilhelm von Schütz verkauft das Adlige Gut **Hoisbüttel**. In: Rundbr. 100 (2009), S. 99–101.
Norbert FISCHER und Klaus GILLE: **Hoisdorf** und Oetjendorf – Stormarner Dorfgeschichte im Hamburger Umland, Hoisdorf 2001.
Claus MÖLLER: Betrachtungen zur Chronik von **Hoisdorf**. In: Der Thie – Heimatliches Mitteilungsblatt für die Dörfer des Amtes und des Kirchspiels Siek 34 (1992), Heft 172, S. 23–24.
Horst OSTERMANN: Rümpel, Rohlfshagen, **Höltenklinken** – eine Heimatgeschichte, Rümpel 1988.
Joachim WERGIN: Das Gut **Höltenklinken** in Stormarn. In: Der Waldreiter 1998, Heft 3, S. 12–14.
Günther BOCK: Rade und Wulksfelde kommen an das Gut **Jersbek**. In: Unsere Heimat – die Walddörfer 26 (1988), S. 87–88.
Curt DAVIDS: Chronik des alten Gutsbezirks **Jersbek**-Stegen, Hamburg 1954.
Hannelies ETTRICH: Zur methodisch-didaktischen Aufbereitung von Ortsgeschichte – die Chronik **Jersbek**. In: Norbert Fischer, Franklin Kopitzsch und Johannes Spallek (Hrsg.): Regionalgeschichte am Beispiel Stormarn: Von ländlichen Lebenswelten zur Metropolregion, Neumünster 1998, S. 45–58 (= Stormarner Hefte 21).
Hannelies ETTRICH (Red.): Chronik **Jersbek**. Jersbek – Klein Hansdorf – Timmerhorn, Jersbek 1989.
Hermann HEITMANN: Die Güter **Jersbek** und Stegen, Jersbek 1954.
Burkhard von HENNIGS: 400 Jahre Gut und Gemeinde **Jersbek** 1588–1988, Teil 1. In: JbSt 7 (1989), S. 84–102; Teil 2. In: JbSt 8 (1990), S. 13–26.
Wolfgang LANGE: Zur Chronik **Jersbek**. In: JbSt 8 (1990), S. 98–102.
Axel LOHR: Die Geschichte des Gutes **Jersbek** von 1588 bis zur Gegenwart, Neumünster 2007 (= Stormarner Hefte 24).
Fr. Leopold IHNENFELDT: **Kirchsteinbek**. Geschichte und Geschichten des Bauern- und Kirchdorfs vor den Toren der Großstadt, Hamburg 1977.
Günther BOCK: **Klein Hansdorf** – 13. Jahrhundert bis 1778. In: Hannelies Ettrich: Chronik Jersbek. Jersbek – Klein Hansdorf – Timmerhorn, Husum 1989, S. 255–318.
Günther BOCK: 600 Jahre **Klein Hansdorf**. In: Unsere Heimat – die Walddörfer 27 (1989), S. 4–5.
Hannelies ETTRICH: **Klein Hansdorf** – 1780 bis heute. In: dies. (Hrsg.): Chronik Jersbek. Jersbek – Klein Hansdorf – Timmerhorn, Jersbek 1989, S. 319–390.
Johannes SPALLEK: ...ohne Gedächtnis sind wir nichts. Festvortrag „600 Jahre **Klein Hansdorf**“. In: JbSt 8 (1990), S. 93–97.
GEMEINDE Klein Wesenberg (Hrsg.): 800 Jahre **Klein Wesenberg** 1189–1989, Klein Wesenberg 1989.
GEMEINDEN Köthel/Kreis Stormarn und Kreis Herzogtum Lauenburg (Hrsg.): **Köthel** – Kreis Stormarn, Kreis Herzogtum Lauenburg, Schwarzenbek 2008.
Adolf WOLKEWITZ: Trittau und seine Amtsgemeinden: Lütjensee, Großensee, Grönwohld, Hamfelde, Hohenfelde, **Köthel**, Grande, Rausdorf, Witzhave, Schwarzenbek o. J. (1989).

Gerhard HAAK, Hartmut HENNING und Heinz-Adolf HINTZ: 25 Jahre Brunsbek. Die Geschichte der Dörfer Papendorf, **Kronshorst**, Langelohe, o. O. 1999.
Hartmut HENNING: Brunsbek – Notizen zur Heimatgeschichte der ehemaligen Dörfer Langelohe, **Kronshorst** und Papendorf. In: Der Thie – Heimatliches Mitteilungsblatt für die Dörfer des Amtes und des Kirchspiels Siek, Heft 171 (1992), S. 28–29.
Gerhard HAAK, Hartmut HENNING und Heinz-Adolf HINTZ: 25 Jahre Brunsbek. Die Geschichte der Dörfer Papendorf, Kronshorst, **Langelohe**, o. O. 1999.
Hartmut HENNING: Brunsbek – Notizen zur Heimatgeschichte der ehemaligen Dörfer **Langelohe**, Kronshorst und Papendorf. In: Der Thie – Heimatliches Mitteilungsblatt für die Dörfer des Amtes und des Kirchspiels Siek, Heft 171 (1992), S. 28–29.
Michael PLATA: **Lasbek** – Geschichte der Gemeinde und ihrer Ortsteile, Lasbek 2002.
Arnold FICK: 800 Jahre **Lokfeld** 1189–1989, Lokfeld 1989 (Selbstverlag).
Alf SCHREYER: **Lottbek**, ein untergegangenes Dorf zwischen Ammersbek und Hamburg. In: JbSt 8 (1990), S. 16–65.
Otfrid FISCHER, Günter JESUMANN und Berend SIEMENS: Chronik **Lütjensee**, Lütjensee 1986.
Hans Gerhard RISCH: Die „curia“ in **Lütjensee**. Ein spätmittelalterlicher adliger Wohnsitz im Kreis Stormarn. In: Die Heimat 95 (1988), S. 193–199; 96 (1989), S. 64–69.
Adolf WOLKEWITZ: Trittau und seine Amtsgemeinden: **Lütjensee**, Großensee, Grönwohld, Hamfelde, Hohenfelde, Köthel, Grande, Rausdorf, Witzhave, Schwarzenbek o. J. (1989).
Doris und Eckhard MOSSNER und Hans-Werner HILLERS: **Meddewade** – Chronik eines Dorfes im Kreis Stormarn, Meddewade 2004.
Martin WULF: Der Meierhof **Meilsdorf**. In: Stormarner Hefte 12 (1987), S. 136–139.
Burkhard von HENNIGS: Die **Mennokate** bei Bad Oldesloe. In: Stormarner Hefte 14 (1989), S. 85–90.
Günther BOCK und Klaus GILLE: Steinburg. Blicke in die Geschichte – Eichede, **Mollhagen**, Sprenge 1259–2009, Steinburg 2009.
Katharina MAKAROWSKI: Elmenhorst – Chronik der Stormarner Dörfer Elmenhorst, **Mönkenbrook**, Fischbek, Elmenhorst 1994.
Carl Hermann SCHRADER: **Mönkhagen**. Das Dorf – der Hof – das Haus. In: Stormarner Hefte 20 (1997), S. 8–100.
Doris und Eckhard MOSSNER: **Neritz**. Die Geschichte eines Hufendorfes. Beiträge zu einer Dorfchronik, Neritz 1998.
Erich KATZSCHKE: Entstehung der Gemeinden Reinfeld, Steinhof und **Neuhof** sowie ihr Zusammenschluß als Voraussetzung zur Stadtwerdung. In: JbSt 11 (1993), S. 80–87.
Ulrich BÄRWALD: **Nienwohld** hat Geschichte, Nienwohld 1996.
Renate FAHL: Die Kate Schloßstraße 12 in **Nütschau**. In: Stormarner Hefte 20 (1997), S. 154–158.
Hans-Werner RICKERT: Gut **Nütschau**. Vom Rittersitz zum Benediktinerkloster. Eine Chronik, Neumünster 2007.
P. Gaudentius SAUERMANN: Das Kloster **Nütschau**. In: Gemeinde Travenbrück (Hrsg.): **Tralau** 1197–1997, Travenbrück 1997, S. 39.
Norbert FISCHER und Klaus GILLE: Hoisdorf und **Oetjendorf** – Stormarner Dorfgeschichte im Hamburger Umland, Hoisdorf 2001.

Friedrich BANGERT: Geschichte der Stadt und des Kirchspiels Bad **Oldesloe**, Bad Oldesloe 1925 (Nachdruck 1976).
Burkhard von HENNIGS: Die Mennokate bei Bad **Oldesloe**. In: Stormarner Hefte 14 (1989), S. 85–90.
Siegfried MOLL: 750. Stadt-Jubiläum. Über die Gründung von **Oldesloe**. In: Schleswig-Holstein 5/1988, S. 34–35.
Rudolf MÖLLER: **Oldesloe** 1707. Ein kleiner Beitrag zur Stadtgeschichte. In: JbSt 4 (1986), S.75-80.
Gerhard SCHULZ: Bad **Oldesloe**-Land. Das Amt und seine Gemeinden, Neumünster 1987.
STADT Bad Oldesloe (Hrsg.): 750 Jahre Stadt Bad Oldesloe, Neumünster 1988.
Helmut WILLERT: Anfänge und frühe Entwicklung der Städte Kiel, **Oldesloe** und Plön, Neumünster 1990 (= Quellen und Forschungen zur Geschichte Schleswig-Holsteins, Band 96).
Sylvina ZANDER: **Oldesloe** – Die Stadt, die Trave und das Wasser, Neumünster 2008 (= Stormarner Hefte 25).
Walter GRÜNITZ und Karlheinz SCHMIDT: 160 Jahre Ortsansässigkeit der Familie Grünitz – 750 Jahre **Oststeinbek**. In: Oststeinbek, Nr. 18 (2005), S. 1–12.
Friedrich SANDER: **Oststeinbek** – Havighorst – gestern und heute, Oststeinbek 1989.
Gerhard HAAK, Hartmut HENNING und Heinz-Adolf HINTZ: 25 Jahre Brunsbek. Die Geschichte der Dörfer **Papendorf**, Kronshorst, Langelohe, o. O. 1999.
Hartmut HENNING: Brunsbek – Notizen zur Heimatgeschichte der ehemaligen Dörfer Langelohe, Kronshorst und **Papendorf**. In: Der Thie – Heimatliches Mitteilungsblatt für die Dörfer des Amtes und des Kirchspiels Siek, Heft 171 (1992), S. 28–29.
Günther BOCK: **Rade** und Wulksfelde kommen an das Gut Jersbek. In: Unsere Heimat – die Walddörfer 26 (1988), S. 87–88.
Ilse VÖLKER: Tangstedter Historien in Wort und Bild. Ausflüge in die Geschichte der Großgemeinde Tangstedt und ihre heutigen Ortsteile Tangstedt, Wilstedt, Wulksfelde, **Rade**, Ehlersberg und Wiemerskamp, Norderstedt 1991.
Annemarie LUTZ: **Altrahlstedt** an der Rahlau, Hamburg 1989.
J. PRANGE: Ein Freibrief aus dem Jahre 1775 (**Ratzbek**). In: Die Heimat 30 (1920), S. 26–27.
Claas RIECKEN und Norbert WALTHER: **Rausdorf** – eine Dorfgeschichte, Rausdorf 2009.
Adolf WOLKEWITZ: Trittau und seine Amtsgemeinden: Lütjensee, Großensee, Grönwohld, Hamfelde, Hohenfelde, Köthel, Grande, **Rausdorf**, Witzhave, Schwarzenbek o. J. (1989).
Walter PAATSCH: **Reimershorst** – Ein vergessener Siedlungsplatz bei Ahrensburg. In: JbSt 9 (1991), S. 159–167.
Dirk BAVENDAMM: **Reinbek**. Eine holsteinische Stadt zwischen Hamburg und Sachsenwald, Reinbek 1988.
Gisela BRAUNER: Kirchenbuch gewährt familienkundlichen Einblick in die Gottorfer Zeit von Schloß **Reinbek**. In: JbSt 6 (1988), S. 53–65.
Walter FINK: Das Amt **Reinbek** 1577–1800. Höfe, Mühlen, Vorwerke und ihre Besitzer, Frankfurt/M. 1969.

Carl-Friedrich MANZEL: **Reinbek**, gestern und heute, Zaltbommel/Niederlande 2000.
Reinbek am Sachsenwald (Hrsg.): Festschrift zur 700-Jahrfeier der Gemeinde **Reinbek** 1238-1938, Reinbek 1938.
Karl-Heinz FREIWALD: Aus Kloster „Reyneulde" wurde **Reinfeld**, die Stadt mit dem Schuppenfisch im Wappen. In: Jahrbuch für Schleswig-Holstein – Heimatkalender 66 (2004), S. 89–90.
Erich KATZSCHKE: Entstehung der Gemeinden **Reinfeld**, Steinhof und Neuhof sowie ihr Zusammenschluß als Voraussetzung zur Stadtwerdung. In: JbSt 11 (1993), S. 80–87.
Klaus REUMANN: **Reinfeld**. In: Germania Benediktina XII (1994), S. 586–603.
Michael SACHSE (Red.): **Reinfeld**: 800 Jahre Reynevelde – Reinfeld (Holstein) 1186–1986, Reinfeld 1986.
Bodo ZUNK: **Reinfeld** im Wandel der Zeit, Reinfeld 1996.
Bodo ZUNK: **Reinfeld** im 20. Jahrhundert. Chronik einer kleinen Stadt, Reinfeld 2001.
Adolf CHRISTEN: Das Herzogtum **Rethwisch** bei Oldesloe mit seinem gleichnamigen Vorwerk. In: JbSt 4 (1986), S. 98–107.
Doris MOSSNER und Inga ROGGA: Chronik der Landgemeinde **Rethwisch**, Rethwisch 2001.
Horst OSTERMANN: Rümpel, **Rohlfshagen**, Höltenklinken – eine Heimatgeschichte, Rümpel 1988.
Horst OSTERMANN: **Rümpel**, Rohlfshagen, Höltenklinken – eine Heimatgeschichte, Rümpel 1988.
Hans-Rainer ZÜHLSDORF: Geschichten aus dem alten Großhansdorf und **Schmalenbeck**, Großhansdorf 1992.
VEREIN Heimatfreunde Schönningstedt-Ohe e. V. (Hrsg.): 750 Jahre **Schönningstedt** 1224–1974, Reinbek 1974 (Festschrift).
Joachim WERGIN: **Schulenburg** – ein Stormarner Gut und Herrenhaus. In: Die Heimat 105 (1998), S. 218–219.
Fred GROCHOWSKY: **Seefeld** hat jetzt eine Chronik. In: Bauernblatt Schleswig-Holstein und Hamburg: Mitteilungsblatt der Bauernverbände Schleswig-Holstein und Hamburg 61/157 (2007), Heft 48, S. 54.
Christel LACHNIT: **Siek**. Örtlicher Mittelpunkt in Hamburger Randlage, Siek 1994.
Günther BOCK und Klaus GILLE: Steinburg. Blicke in die Geschichte – Eichede, Mollhagen, **Sprenge** 1259–2009, Steinburg 2009.
Matthäus Christian BERG: Chronik von Braak. Teil 4: Die Flurnamen der Dörfer Braak und Neu-**Stapelfeld**, Kirchspiel Altrahlstedt, im Jahre 1781 und 1875, Braak 1979.
Matthäus Christian BERG: Neu-**Stapelfeld** auf Braaker Flur. In: Der Thie – Heimatliches Mitteilungsblatt für die Dörfer des Amtes und des Kirchspiels Siek, Heft 165 (1990), S. 7–9.
GEMEINDE **Stapelfeld** (Hrsg.): Kleine Chronik. Zusammengestellt und herausgegeben aus umfangreichen Unterlagen unserer jahrhundertelangen Dorfgeschichte, Stapelfeld o. J.
Uta KNAACK: Die Kratzmannsche Kate – neuer Mittelpunkt der Gemeinde **Stapelfeld**. In: Der Thie – Heimatliches Mitteilungsblatt für die Dörfer des Amtes und des Kirchspiels Siek, Heft 174 (1992), S. 9–11.
H. WESTPHAL: Einige ältere Nachrichten über das Dorf **Stapelfeld**. In: Die Heimat 30 (1920), S. 133–135.

Curt DAVIDS: Chronik des alten Gutsbezirks Jersbek-**Stegen**, Hamburg 1954.
Hermann HEITMANN: Die Güter Jersbek und **Stegen**, Jersbek 1954.
Ursula MÜSEGAES: Dorfchronik Bargfeld-**Stegen**. Die Geschichte eines Dorfes von 1945–1985, Bargfeld-Stegen 1986.
Günther BOCK und Klaus GILLE: **Steinburg**. Blicke in die Geschichte – Eichede, Mollhagen, Sprenge 1259–2009, Steinburg 2009.
GEMEINDE Steinfeld (Hrsg.): Chronik des Stormarner Dorfes **Steinfeld**, Steinfeld o. J. (1999).
Erich KATZSCHKE: Entstehung der Gemeinden Reinfeld, **Steinhof** und Neuhof sowie ihr Zusammenschluß als Voraussetzung zur Stadtwerdung. In: JbSt 11 (1993), S. 80–87.
Hans-Dieter ELLERBROCK (Red.): Uns Barsbüttel. Geschichten und Bilder von den vier Ortsteilen Barsbüttel, **Stellau**, Stemwarde und Willinghusen, Hamburg 2002.
Carsten M. WALCZOK und Gerda MICHELS: 700 Jahre **Stellau**. In: JbSt 22 (2004), S. 34–41.
Hans-Dieter ELLERBROCK (Red.): Uns Barsbüttel. Geschichten und Bilder von den vier Ortsteilen Barsbüttel, Stellau, **Stemwarde** und Willinghusen, Hamburg 2002.
Günther BOCK: Kirche und Gesellschaft. Aus der Geschichte des Kirchspiels **Sülfeld** 1207 bis 1684, Sülfeld 2007.
Helmuth PEETS: **Tangstedt**s Dörfer. Leben auf dem Lande im Wandel der Zeit, Jersbek 2000.
Alfred SCHREYER: Das Gut **Tangstedt** im Jahre 1918. In: JbSt 10 (1991), S. 53–57.
Ilse VÖLKER: Tangstedter Historien in Wort und Bild. Ausflüge in die Geschichte der Großgemeinde **Tangstedt** und ihre heutigen Ortsteile Tangstedt, Wilstedt, Wulksfelde, Rade, Ehlersberg und Wiemerskamp, Norderstedt 1991.
Hannelies ETTRICH: **Timmerhorn** – von den Anfängen des Ortes bis heute. In: dies. (Hrsg.): Chronik Jersbek. Jersbek – Klein Hansdorf – **Timmerhorn**, Jersbek 1989, S. 391–431.
Susanne EHLBECK-PANNECKE: **Todendorf** hat Geschichte. Eine Chronik, Hamburg 1993.
GEMEINDE Travenbrück (Hrsg.): **Tralau** 1197–1997, Travenbrück 1997.
Joachim WERGIN: Das Herrenhaus in **Tralau** bei Bad Oldesloe. In: Die Heimat 107 (2000), S. 105–106.
Günther BOCK: Das **Tremsbüttler** Heuer- und Dienstgeldregister von 1490. In: JbSt 8 (1990), S. 115–134.
Walter PAATSCH: Das Amt **Tremsbüttel** und die gräfliche Familie zu Stolberg. Mosaikbild einer ländlichen Vergangenheit. Teil 1 in: JbSt 7 (1989), S. 126–143; Teil 2 in: JbSt 8 (1990), S. 60–89.
Dagmar RÖSNER: Das adelige Gut **Tremsbüttel** – die Entwicklung von einer mittelalterlichen Motte zu einem Herrenhaus des 19. Jahrhunderts. In: NE 62 (1993), S. 131–151.
Sylvia TRÄBING: **Tremsbüttel**. Lebendige Geschichte eines Stormarner Dorfes, Husum 1991.
Joachim WERGIN: Zwei Güter mit Herrenhäusern des Historismus: **Tremsbüttel** und Grabau. In: Die Heimat 103 (1996), S. 221–225.
Burkhard von HENNIGS: Historische Flurnamen in **Trenthorst**. Ein Beitrag zur Flurnamenforschung in Stormarn. In: Natur- und Landeskunde 116 (2009), S. 53–66.

Wilhelm JENSEN: **Trenthorst**. Zur Geschichte der Lübschen Güter, Neumünster 1956.
Joachim WERGIN: Adelige Güter in Stormarn: **Trenthorst** und Wulmenau. In: Die Heimat 104 (1997), S. 197–200.
Joachim WERGIN: Das Gut **Treuholz**. In: Die Heimat 106 (1999), S. 88–92.
GEMEINDE Trittau (Hrsg.): 750 Jahre **Trittau**. Aufsätze zur Geschichte einer Gemeinde und ihrer Menschen, Trittau 1989.
Otto HERGENHAN: **Trittau**, eine Heimatgeschichte, Neumünster 1978 (= Stormarner Hefte 5).
Alfred JESSEN: Die Geschichte des Kirchspiels und Amtes **Trittau** und seiner weiteren Umgebung, Trittau 1998 (Nachdruck der Ausgabe Hamburg 1914).
Adolf WOLKEWITZ: **Trittau** und seine Amtsgemeinden: Lütjensee, Großensee, Grönwohld, Hamfelde, Hohenfelde, Köthel, Grande, Rausdorf, Witzhave, Schwarzenbek o. J. (1989).
Lissy RIENHOFF: **Westerau** im Rad der Geschichte, Westerau 1993.
Ilse VÖLKER: Tangstedter Historien in Wort und Bild. Ausflüge in die Geschichte der Großgemeinde Tangstedt und ihre heutigen Ortsteile Tangstedt, Wilstedt, Wulksfelde, Rade, Ehlersberg und **Wiemerskamp**, Norderstedt 1991.
Hans-Dieter ELLERBROCK (Red.): Uns Barsbüttel. Geschichten und Bilder von den vier Ortsteilen Barsbüttel, Stellau, Stemwarde und **Willinghusen**, Hamburg 2002.
Günther BOCK: **Wilstedt** – eine verlorene Idylle? In: JbSt 12 (1994), S. 71–86.
Ilse VÖLKER: Tangstedter Historien in Wort und Bild. Ausflüge in die Geschichte der Großgemeinde Tangstedt und ihre heutigen Ortsteile Tangstedt, **Wilstedt**, Wulksfelde, Rade, Ehlersberg und Wiemerskamp, Norderstedt 1991.
Harro WITTEN: **Witzhave** von der Siedlung über das Dorf zur Landgemeinde, Witzhave 1998.
Adolf WOLKEWITZ: Trittau und seine Amtsgemeinden: Lütjensee, Großensee, Grönwohld, Hamfelde, Hohenfelde, Köthel, Grande, Rausdorf, **Witzhave**, Schwarzenbek o. J. (1989).
STADT Ahrensburg (Hrsg.): 750 Jahre **Wulfsdorf**, Ahrensburg 1988 (= Ahrensburger Hefte 4).
Alf SCHREYER: Vor 200 Jahren ließ Graf Friedrich Joseph von Schimmelmann den Meierhof **Wulksdorf** parzellieren. In: JbSt 3 (1985), S. 62–71.
Günther BOCK: Rade und **Wulksfelde** kommen an das Gut Jersbek. In: Unsere Heimat – die Walddörfer 26 (1988), S. 87–88.
Ilse VÖLKER: Tangstedter Historien in Wort und Bild. Ausflüge in die Geschichte der Großgemeinde Tangstedt und ihre heutigen Ortsteile Tangstedt, Wilstedt, **Wulksfelde**, Rade, Ehlersberg und Wiemerskamp, Norderstedt 1991.
Joachim WERGIN: Das Gut **Wulksfelde** im Alstertal. In: Der Waldreiter 2006, Heft 11, S. 32–34.
Joachim WERGIN: Adelige Güter in Stormarn: Trenthorst und **Wulmenau**. In: Die Heimat 104 (1997), S. 197–200.
Siegfried MOLL: Über das Kirchdorf **Zarpen**. In: JbSt 4 (1986), S. 119–121.

Teil V: Anhang

Adressenverzeichnis

Wissenschaftliche Einrichtungen:

Nordfriisk Instituut
Projekt: Wegweiser zu den Quellen der Landwirtschaftsgeschichte Schleswig-Holsteins
Süderstr. 30
25821 Bräist/Bredstedt, NF
Tel.: 04671-601216
Fax: 04671-1333
E-Mail: kunz@nordfriiskinstituut.de
Internet: www.nordfriiskinstituut.de

Grundbuchämter:

Grundbuchamt beim Amtsgericht Ahrensburg
Königstr. 11
22926 Ahrensburg
Tel.: 04102-5190
Fax: 04102-519199
E-Mail: verwaltung@ag-ahrensburg.landsh.de

Grundbuchamt beim Amtsgericht Lübeck
Am Burgfeld 7
23568 Lübeck
Tel.: 0451-3710
Fax: 0451-3711523
E-Mail: verwaltung@ag-luebeck.landsh.de

Grundbuchamt beim Amtsgericht Reinbek
Parkallee 6
21465 Reinbek
Tel.: 040-727590
Fax: 040-72759115
E-Mail: verwaltung@ag-reinbek.landsh.de

Grundbuchamt beim Amtsgericht Norderstedt
Rathausallee 80
22846 Norderstedt
Tel.: 040-526060
Fax: 040-52606222
E-Mail: verwaltung@ag-norderstedt.landsh.de

Katasteramt:

Katasteramt Lübeck
Brolingstr. 53b–d
23554 Lübeck
Tel.: 0451-300900
Fax: 0451-30090149
E-Mail: Poststelle@KA-Luebeck.landsh.de

Landgericht:

Landgericht Lübeck
Am Burgfeld 7
23568 Lübeck
Tel.: 0451-3710
Fax: 0451-3711519
E-Mail: verwaltung@lg-luebeck.landsh.de

Archive:
www.archive.schleswig-holstein.de

Landesarchiv Schleswig-Holstein
Prinzenpalais
Gottorfstr. 6
24837 Schleswig
Tel.: 04621-86 18 05 (Lesesaal)
Fax: 04621-86 18 01
E-Mail: landesarchiv@la.landsh.de
www.schleswig-holstein.de/archive/lash

Kreisarchiv Stormarn
Mommsenstr. 14
23843 Bad Oldesloe
Dr. Johannes Spallek
Tel.: 04531-160448
Dipl. Archivar Stefan Watzlawzik
Tel.: 04531-160691
Fax: 04531-160536
E-Mail: kreisarchiv@kreis-stormarn.de
Internet: www.kreisarchiv-stormarn.de

Staatsarchiv Hamburg
Kattunbleiche 19
22041 Hamburg
Tel.: 040-428313200
E-Mail: poststelle@staatsarchiv.hamburg.de (Beratungsdienst)
E-Mail: lesesaal@staatsarchiv.hamburg.de (Bestellung Archivgut)

Archiv der Hansestadt Lübeck
Dr. Jan Lokers
E-Mail: jan.lokers@luebeck.de
Mühlendamm 1–3
23552 Lübeck
Tel.: 0451-122 4152
Fax: 0451-122 1517
E-Mail: archiv@luebeck.de

Stadtarchiv Ahrensburg
Dr. Angela Behrens
Manfred-Samusch-Str. 5
22926 Ahrensburg
Tel.: 04102-77140
Fax: 04102-77123
E-Mail: angela.behrens@ahrensburg.de

Gemeindearchiv Ammersbek (nach Vereinbarung)
Dr. Angela Behrens
Am Gutshof 5
22949 Ammersbek
Tel.: 040-60581147
Tel.: 04102-60581115

Stadtarchiv Bad Oldesloe (nach Vereinbarung)
Dr. Sylvina Zander
Markt 5
23843 Bad Oldesloe
Tel.: 04531-504170
Fax: 04531-504121
E-Mail: sylvina.zander@badoldesloe.de

Stadtarchiv Bargteheide (nach Vereinbarung)
Rathausstr. 24–26
22941 Bargteheide
Tel.: 04532-285213
Fax: 04532-285219
E-Mail: stadtarchiv@bargteheide.de

Gemeindearchiv Barsbütttel
Stiefenhoferplatz 1
22885 Barsbüttel
Tel.: 040-67072118
Fax: 040-67072101 oder 67072102
E-Mail: carsten.walczok@barsbuettel.landsh.de

Stadtarchiv Glinde
Markt 1
21509 Glinde
Tel.: 040-71002503
Fax: 040-71002128
E-Mail: stadt@glinde.de

Gemeindearchiv Großhansdorf (nach Vereinbarung)
Barkholt 64
22927 Großhansdorf
Tel.: 04102-694121
Fax: 04102-694127
E-Mail: hauptamt.hoffmann@grosshansdorf.de

Gemeindearchiv Oststeinbek
Möllner Landstraße 20
22113 Oststeinbek
Tel.: 040-7130030
Fax: 040-71300339
E-Mail: Rathaus@GemeindeOststeinbek.landsh.de

Stadtarchiv Reinbek
Hamburger Str. 5–7
21465 Reinbek
Tel.: 040-72750317
Fax: 040-72750315

Stadtarchiv Reinfeld
Rathaus
23858 Reinfeld
Tel.: 04533-200110
Fax: 04533-200169

Amtsarchiv Siek (nach Vereinbarung)
Hauptstr. 49
22962 Siek
Tel.: 04107-889360
Fax: 04107-889393
E-Mail: oliver.mesch@amtsiek.de

Gemeindearchiv Tangstedt (nach Vereinbarung)
Hauptstr. 93
22889 Tangstedt
Tel.: 04109-510
Fax: 04109-5155
E-Mail: info@amt-itzstedt.de

Gemeindearchiv Trittau
Europaplatz 5
22946 Trittau
Tel.: 04154-807938
Fax: 04154-807975
E-Mail: oliver.mesch@trittau.de

Untere Denkmalschutzbehörde

Mommsenstr. 14 (Gebäude F)
23843 Bad Oldesloe
Tel.: 04531-160277
Fax: 04531-160623
E-Mail: j.weich@kreis-stormarn.de
Internet: www.kreis-stormarn.de/service/fachbereiche/bau/hochbau.html

Kirchenbuchämter:

Eine hervorragende Internet-Seite:
www.genealogienetz.de/reg/SCN/k-buecher-d.html

Kirchbuchamt des Kirchenkreises Stormarn
Rockenhof 1
22359 Hamburg

Erzbistum Hamburg Bistumsarchiv
Danziger Straße 52a
20099 Hamburg
Tel.: 040-24877294
Fax: 040-24877295

Schleswig-Holsteinischer Heimatbund (SHHB)
Hamburger Landstr. 101
24113 Molfsee
Tel.: 0431-983840
Fax: 0431-9838423
E-Mail: shhb.lv@t-online.de
Internet: www.shhb.lernnetz.de

SHHB, Kreisverband Stormarn
Parkring 20
22941 Jersbek/Timmerhorn
Vorsitzender: Helmuth Peets
Tel.: 04532-7797
Fax: 04532-262734
E-Mail: info@shhb-stormarn.de

Abkürzungen

Abt.	Abteilung
AfA	Archiv für Agrargeschichte der holsteinischen Elbmarschen
AHL	Archiv der Hansestadt Lübeck
AR	Amtsrechnungen
ASA	Altes Senatsarchiv
Aufl.	Auflage
Bd.	Band
Best.	Bestand
betr.	betrifft
bzw.	beziehungsweise
ca.	circa
etc.	et cetera
f.	folgende (Seite)
Fasz.	Faszikel (Bündel, Heft)
ff.	folgende (Seiten)
Flur	Flurbücher
Geb.St.	Gebäudesteuer
HJbS	Heimatkundliches Jahrbuch für den Kreis Segeberg
Hrsg.	Herausgeber
JbEut	Jahrbuch für Heimatkunde Eutin
JbSG	Jahrbuch für die Schleswigsche Geest
JbSt	Jahrbuch für den Kreis Stormarn
Jh.	Jahrhundert
KBlV	Kieler Blätter zur Volkskunde
Kr.	Kreis
LAS	Landesarchiv Schleswig-Holstein
Lit.	Litera (Buchstabe)
NE	Nordelbingen. Beiträge zur Heimatforschung in Schleswig-Holstein, Hamburg und Lübeck
Nr.	Nummer
o. J.	ohne Jahresangabe
Old.	Oldenburg
pag.	pagina (Seite)
Rundbr.	Rundbrief des Arbeitskreises für Wirtschafts- und Sozialgeschichte Schleswig-Holsteins
S.	Seite
SAO	Staatsarchiv Oldenburg i. O.
SchuPfPr	Schuld- und Pfandprotokolle
SHHK	Schleswig-Holsteinischer Heimatkalender
StaHH	Staatsarchiv Hamburg
Tom.	tomus (Band)
u. a.	unter anderem
usw.	und so weiter

vgl.	vergleiche
z. B.	zum Beispiel
ZSHG	Zeitschrift der Gesellschaft für Schleswig-Holsteinische Geschichte
z. T.	zum Teil

Die im Rahmen des von der Stiftung Schleswig-Holsteinische Landschaft geförderten Projekts bereits erschienenen Arbeiten:

Wegweiser zu den Quellen der Haus- und Hofgeschichte Nordfrieslands
Bräist/Bredstedt 1998, 263 Seiten,
ISBN 978-3-88007-259-6, € 20,35.

Wegweiser zu den Quellen der Landwirtschaftsgeschichte Schleswig-Holsteins. Landschaft Dithmarschen
Bräist/Bredstedt 1999, 272 Seiten,
ISBN 978-3-88007-276-3, € 20,35.

Wegweiser zu den Quellen der Landwirtschaftsgeschichte Schleswig-Holsteins. Kreis Schleswig-Flensburg
Bräist/Bredstedt 2001, 332 Seiten,
ISBN 978-3-88007-289-3, € 20,35.

Wegweiser zu den Quellen der Landwirtschaftsgeschichte Schleswig-Holsteins. Kreis Ostholstein
Bräist/Bredstedt 2003, 409 Seiten,
ISBN 978-3-88007-303-6, € 19,90.

Wegweiser zu den Quellen der Landwirtschaftsgeschichte Schleswig-Holsteins. Kreis Plön
Bräist/Bredstedt 2005, 270 Seiten,
ISBN 978-3-88007-321-0, € 24,00.

Wegweiser zu den Quellen der Landwirtschaftsgeschichte Schleswig-Holsteins. Kreis Steinburg
Bräist/Bredstedt 2007, 314 Seiten,
ISBN 978-3-88007-340-1, € 29,80.

Wegweiser zu den Quellen der Landwirtschaftsgeschichte Schleswig-Holsteins. Kreis Segeberg
Bräist/Bredstedt 2009, 263 Seiten,
ISBN 978-3-88007-354-8, € 27,90.

Die Bücher sind im Buchhandel oder beim Nordfriisk Instituut erhältlich.
Tel.: 04671-60120; Fax: 04671-1333; E-Mail: boeke@nordfriiskinstituut.de